"博学而笃志,切问而近思。"
(《论语》)

博晓古今,可立一家之说;
学贯中西,或成经国之才。

复旦博学·复旦博学·复旦博学·复旦博学·复旦博学·复旦博学

作者简介

戴元光，上海大学影视学院副院长，教授、博士生导师。兼任中国传播学会副会长，教育部新闻学科教学指导委员会委员，中国传播学会副会长，上海市高等教育教学名师。

1952年出生于江苏，先后在兰州大学、复旦大学、美国夏威夷大学学习，美国EWC访问学者。先后主持国家重点社科项目、国家教委社科项目、省市社科项目13项，出版专著（主编）14部，发表论文（含译文）60余篇。曾获国家教委人文社科奖、省优秀园丁奖、上海市育才奖、省优秀图书奖、国家优秀教材奖等10余项。主要研究领域包括传播学理论、文化传播、传播学研究方法。

新闻与传播学系列教材／新世纪版

传播学研究理论与方法

（第二版）

戴元光 著

JC

复旦大学出版社

内容提要

"传播学是一门旨在研究人类如何创制、交换和解读信息的社会科学,因此,传播学研究需要将科学与人文研究结合起来。"这是著名传播学者史蒂芬·小约翰在其名作《人类传播理论》中提出的极其重要的观点。

从传播研究的历史看,欧洲学者的批判学派和美国学者的经验学派恰恰对应了这两种不同的研究方法——质化研究方法和量化研究方法,各自取得了极其丰富的成果。基于这样的考虑,《传播学研究理论与方法》(第二版)从一开始就将二者紧密结合,旨在提供全面、系统的传播学研究方法,这也是本书的最大特色。

本书共分14章两大部分。第1—2章对传播学的基本理论和主要流派作了精炼扼要的论述,为传播学研究者提供了简明的理论分析框架。第3—14章则对传播学实证研究方法细致阐发,从流程和类别两个角度提供了量化研究的完整图景,具体包括:程序与设计、实地调查、内容分析、控制实验、个案研究等等。

新版调整了部分内容,特别强化了案例分析,并配备了教学光盘。本书适用于高校新闻传播学、广告学、广播电视学本科基础课程使用。

再版自序

从事研究工作,首先要学会或掌握研究方法,这是毋庸置疑的。因此研究方法与研究息息相关,也因此,只要想做研究或想跨入研究行列,第一要紧的是学习和掌握研究方法。

我是上世纪八十年代初加入传播学研究队伍的,二十多年来经历和经验告诉我,研究方法对于学者来说至关重要。至今,我仍在学习和钻研研究方法。

1985—1987年我在复旦大学新闻系学习时,首次听祝建华老师讲传播学定量研究方法,我就有浓厚兴趣。1989—1990年,我在美国学习,也把研究方法的学习作为主要内容。1991年,美国EWC的朱谦教授又邀请我去专门学习研究方法。即便这样,我还是深感不足。

应该说,传播学定量研究方法是传播学众多研究方法的一种,它较多地吸收了社会学的研究方法,是社会学研究方法在传播学中的应用和移植,是传播学的重要研究方法,但不是传播学的唯一研究方法。由于传播学的学科性质、特点和传播的实践性,使得传播学研究方法具有实践性、交叉性、即时性特点。它和社会学的不同点在于,社会学更多的关注社会和组织,而传播学更多的关注人和人的沟通。

过去曾有人说,定量研究方法就靠几个数据说话,未免简单。殊不知获得这几个数据的代价或成本是很高的。因为定量研究是程序化、科学化和客观性很强的研究,它用调查、内容分析、实验等方法收集资料,然后用计算机进行统计分析,研究人员再根据计算机提供的数据进行分析,解释、证实或否定研究假设,提出新的假设。定量研究对研究者有很高的要求,包括严肃的学术态度,较高的数学基础和外语基础。

了解了研究方法,不用也不行。我1992—1996年受美国学者的委托,在国内作传媒方面的量化研究,尝到不少甜头,但那时的研究还比较初步,主要是描述性研究。1996年以后,就慢慢深入了。我的直接体会是,作了田野研究,说什么心里踏实;好长时间不作田野研究,写文章时心里会犯嘀咕。

　　本书写作的背景在于，当代传媒发展速度和媒介生态的变化令传播者和传播研究者困惑不已，研究人员越来越难以把握自己的研究，不确定性越来越多，人们的研究能力受到很大限制，人们不得不投入大量的人力资源去关注昨天还比较容易把握而今天却很难有作为的研究领域。本书旨在向传播研究者提供一本便利的关于方法的教材。

　　本书凡十四章，前三章主要是从理论层面提出传播学研究中的各种关系，介绍传播学研究方法的成长和发展，中间八章主要介绍传播学定量研究方法技术特点与研究设计，是研究如何收集资料的，后三章是介绍数据分析方法，是研究如何将数据变成有说服力的"后果"。我还想增加一个光盘，直观地介绍 SPSS 使用。

　　本书力求用最通俗的文字去叙述，可还是有点力不从心，因为研究对象本身比较拗口。而且，严谨的传播学研究方法，需要一定的数学基础，所以对一些同学来说，是有些难度的。

2008 年 7 月于上海家中

目 录

第一章　引论 ·· 1
　第一节　媒介与传播学研究 ·· 1
　第二节　科学方法与学科方法 ·· 4
　第三节　传播学研究的交叉性 ·· 9
　第四节　"三论"与传播学研究 ··· 13

第二章　传播效果研究理论 ·· 22
　第一节　传播效果研究的学术传统 ··· 22
　第二节　传播效果研究轨迹 ·· 26
　第三节　传播效果研究的经典成果 ··· 34
　第四节　态度改变理论——学习论 ··· 60
　第五节　态度改变理论——一致论 ··· 68
　第六节　态度改变理论之深入研究 ··· 72

第三章　传播学定量研究理论 ·· 77
　第一节　定量研究的特点 ··· 78
　第二节　经验社会学与定量研究 ·· 80
　第三节　定量研究中的统计数学 ·· 86
　第四节　心理学对定量研究的渗透 ··· 88
　第五节　计算机在定量研究中的应用 ······································ 90

第四章　程序与设计 ·· 92
　第一节　定量研究的基本步骤 ··· 92
　第二节　课题选择与假设 ··· 94

第三节　研究设计 ·· 99
　　第四节　资料分析与解释 ·· 101
　　第五节　工作定义 ·· 102

第五章　实地调查 ·· 109
　　第一节　概述 ·· 109
　　第二节　问题设计 ·· 111
　　第三节　抽样设计 ·· 113
　　第四节　实地访问 ·· 115
　　第五节　实地观察 ·· 117
　　第六节　统计分析 ·· 119

第六章　内容分析法 ·· 123
　　第一节　奈斯比特的内容分析 ································ 123
　　第二节　贝雷尔森和梅里尔的研究 ·························· 125
　　第三节　内容分析的特点 ······································ 126
　　第四节　内容分析的运用 ······································ 127
　　第五节　内容分析的步骤 ······································ 128

第七章　控制实验 ·· 134
　　第一节　实验的目的 ·· 135
　　第二节　实验的特征与控制 ···································· 136
　　第三节　实验的实施 ·· 137
　　第四节　实验的设计 ·· 141

第八章　个案研究 ·· 146
　　第一节　个案研究的意义 ······································ 146
　　第二节　个案研究的特点 ······································ 147
　　第三节　个案研究的实施 ······································ 149
　　第四节　撰写研究报告 ··· 150

第九章　抽样设计与实施 ··· 151
第一节　概述 ··· 151
第二节　随机和非随机抽样 ··· 153
第三节　样本数量、抽样误差和抽样加权 ··· 157

第十章　问卷设计与可行性分析 ··· 160
第一节　概述 ··· 160
第二节　问卷的类型 ··· 165
第三节　问卷的结构 ··· 170
第四节　问卷的制作 ··· 187
第五节　问卷的效度与信度 ··· 192

第十一章　描述性统计分析 ··· 205
第一节　概述 ··· 205
第二节　主要功能 ··· 206
第三节　常态曲线 ··· 211
第四节　样本分析 ··· 212

第十二章　推断性统计分析 ··· 215
第一节　非参数统计 ··· 215
第二节　回归分析 ··· 224

第十三章　SPSS系统在传播学研究中的应用 ··· 228
第一节　SPSS系统的基本情况 ··· 228
第二节　SPSS系统的运行管理 ··· 234
第三节　SPSS统计分析系统 ··· 242

第十四章　研究案例 ··· 254
第一节　"知沟"研究——社会结构与媒介知识差异研究 ··· 254
第二节　文化传播研究——文化观念变革的传播学分析 ··· 261

第三节　大众传播媒体舆论监督研究 …………………… 273
第四节　内容分析——两岸媒体"9·11"事件报道比较 …… 285
第五节　第三道数字鸿沟：互联网上的知识沟 …………… 302

参考文献 ……………………………………………………… 318

附录一　关键词解释 …………………………………… 325
附录二　t 分布 ………………………………………… 339
附录三　t 分布（常态曲线以下部分）………………… 340
附录四　卡方分布 ……………………………………… 341
附录五　随机数表 ……………………………………… 343
附录六　标准化正态分布表 …………………………… 345

再版后记 ……………………………………………………… 346

第一章

引　论

研究方法始终是一种手段,被用于搜集信息,通过将研究结果直接用于改良社会病态或用于检验社会科学的理论问题而使社会受益。

研究传播学的研究方法,最主要的目的是使传播学研究具有科学性,并使之形成一种有系统的研究方法。其次,通过研究传播学可以求得传播学的系统知识,掌握其规律性。

传播学研究方法,可分为定性分析和定量分析两大类,前者如哲学思辨、历史求证、法律判别等,主要研究传播的社会结构与功能、传播的社会控制、传播与社会发展及变迁等,是传统的人文科学方法在传播学研究中的具体运用;后者如实地调查、控制试验、内容分析等,则属于20世纪兴起的现代科学方法对传播学研究的输入或移植。

从传播学发展的轨迹看,大部分专家认为,传播学研究有从定性分析走向定量分析,从人文科学方法转向现代科学方法,从对伟人的研究转向对过程与结构的研究,从一国的研究转向对世界性传播学体系研究的发展趋势。

第一节　媒介与传播学研究

传播学研究包含的方面很多,但重点是对媒介的研究。罗杰·韦默(Roger Wimmer)和约瑟夫·多米尼克(Joseph Dominick)在他们的《大众媒体研究导论》(Mass Media Research — An Introduction)[①]中把媒介研究分为四个阶段,这四个阶段既反映了传播学研究的轨迹,也

---

① *Mass Media Research — An Introduction* by wads worth, A Division of wadsh worth, Inc, 1991.

反映了传播学研究的几个层面。

第一个阶段主要是研究媒介本身,如媒介是什么?媒介如何运行,媒介之间的联系和区别是什么?媒介具何种功能?媒介如何管理?这是媒介研究的第一层面,也可以说是媒介研究的最初思考。

第二个阶段主要是研究媒介的使用。这个层面包括着媒介的使用和使用媒介的人,具体内容又包括媒介与现实生活的关系,人们使用媒介的目的,儿童与媒介,成人与媒介,新媒介在现实生活中的地位与作用,媒介的发展等。这个层面的研究重点是媒介的社会分布、社会认知、社会地位以及社会成员对媒介的认同和亲合力。

第三个阶段是研究媒介的社会效果,是传播学研究中较深层次的研究,是测度媒介对人的影响的研究,它包括人在媒介上的时间消费和经济投入,媒介在多大程度上影响了人,媒介的公信力,媒介对社会发展的推动,媒介的负面影响。这个层面的研究具有社会学、心理学性质。

第四个阶段是研究媒介的发展问题。传播对社会发展的推动是巨大的,全社会公认,但媒介也在社会发展中,特别是在科学的发展中发展自己。由于科学技术的发展,新技术和新装备不断地推动媒介的现代化,媒介会不断地提高科学技术含量。由于媒介会不断地引进新的技术,便会更多更好地满足受众的需求,不断地提高传播效果。这个层面的重点是研究媒介的发展和新的传播技术与方法。这四个阶段如图1-1所示。

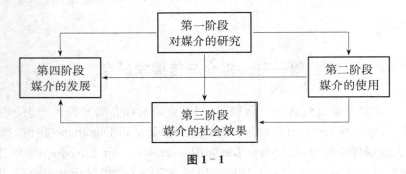

图1-1

从图1-1可以看出,作为传播学研究的主要内容,媒介研究的四个层面的研究是步步深入的,从一般的研究到深层的研究。但这种研究不是因为存在四个层面而截然分开。相反,这四个层面的研究会相互交叉,互为支持的,有时是同时进行四个层面的研究,如在一项研究中,可能会覆盖或包含四个层面的研究,即便是非常专门性的研究也可能包含着几个层面的研究,或者回答了几个层面的问题。

传播学研究中,媒介研究是重要内容。如果没有了媒介研究,传播学研究会变得十分的苍白和无力。媒介的研究又可以分为两个部分,或不外乎两个部分,一个是学术研究,也可以称为基础的研究,另一个部分是应用的研究。在西方国家,基础研究大部分集中在研究机构或大专院校,研究内容较为客观;应用研究大部分集中在民间,具有商业特点。我国的传播学研究主要集中在学校和社会研究机构,一般来讲基础研究和应用研究是结合紧密的。罗杰·韦默和约瑟夫·多米尼克认为,在媒介研究的发展中大约经历了四个时间段。这四个时间段是与媒介的发展相联系的。第一时间段的研究发生在第一次世界大战期间,研究人员主要想了解媒介对人的影响程度。那时,以拉斯韦尔为首的研究人员从刺激反应(Stimulus-response)观点出发,研究媒体影响,得出的结论是,媒体对受众影响巨大,并提出了"皮下注射论"(hypodermic needle)。这种理论认为,信息如"炸弹",传播者只要将"信息炸弹"射向受众,就会产生预期的全部效果,并且相信所有的人在接受媒介信息(media messages)时会有相同的行为,后来人们称之为"魔弹论"。

20世纪中叶,广告业迅速发展,广告商积极发展媒介广告,以开发消费市场。广告的发展也推动了媒介研究的深入,使与广告有关的媒介研究受到激发,研究视角走向有关广告词效力、受众结构与规模、广告设计、广告播出的时机与频率、媒介选择等。这时期的研究结果表明,广告有助于开发受众的消费能力,影响受众的消费指向,但不是决定性的。就是说传播有很大的影响,但是是有限的。人们对媒介信息的选择是有区别的,是受许多因素影响的。

20世纪50年代以后,电子媒介迅速发展和普及,社会对传播媒介的影响力,特别是电视对儿童的影响日益关注。许多西方发达国家耗巨资开展关于电视节目中色情与暴力对儿童影响的研究,包括对积极影响和消极影响的两方面研究。其中对媒介中商业性内容的研究更受关注,对流行音乐,MTV等研究也都受到重视。这时候的研究与此前的研究有很大的不同,社会成员对媒介内容褒贬不一,争论不休。研究人员得出结论,人们对媒介信息的接收是根据需要而采取不同的态度,是需要选择的,而不是盲目的被动接受,这就是后来的"使用与满足"

理论。

20世纪80年代末,媒介间争夺受众和争夺广告收入的竞争呈白热化,这对媒介的研究无疑是起着很大的推动作用。媒介要生存,就必须花钱去研究受众的价值观和兴趣的变化,了解人们生活水平的变化,了解一切与消费相关的信息,这时候的研究出现了新的特点,趋势研究、预测研究、形象研究、社区和群体关系研究成为主题,研究方法也更严谨,要求更高,增加了社会学、心理学等内容。

中国内地的媒介研究起于20世纪80年代中叶,当时的研究层次较浅,如局限于媒介的受众率和视听率调查,一般的民意调查,重大新闻事件传播效果调查。进入90年代,个别专门研究才逐步开展。目前的研究水准大致相当于西方的60年代初期,但研究的经费投入还相当少,只局限于少数研究机构和很小的研究范围,并且缺少比较的研究和长期跟踪研究。

第二节 科学方法与学科方法

在认识传播这个社会现象过程中,作为认识主体的人,必须与客体发生能动的反映关系。在这个过程中,人们不但要借助物质的手段,更要借助科学方法这个主观手段,来讨论传播学的本质和过程,从观察、研究和试验中获得传播学的系统认识。

科学方法是正确反映研究对象客观规律的主观手段,也是客观规律的具体应用,是哲学方法最一般规律的运用。

科学方法是实现科学认识的最有效工具。它所提供的思考步骤和操作步骤能够引导科学认识主体沿着正确的反映途径前进,并按照它提供的一定程序,去科学地认识和研究客体,有效地达到科学认识的目的。

一、科学方法论的内容和意义

科学方法论是科学研究实践经验概括的总和,是关于科学方法的理论和学说,是指导科学研究沿着正确道路前进的理论、原则和手段。从本质上说,科学方法就是认识研究对象和改造研究对象的方法。

认识研究对象是科学方法最基本的目的,是研究客体的直接前提和基础。认识是一种反映,是外界事物刺激人脑后产生的主观映象,这种映象最初表现为感觉、知觉和表象,高级形式就是思维,而思维过程就是人脑对感性认识材料进行加工制作形成的概念、判断、推理过程[①]。

思维过程也存在科学方法问题,就是通过正确认识方法去认识客体,认识和掌握客体的特点与规律,发现新的领域,从而将现有理论和知识推向前进。

科学方法作为科学研究工作正确进行的理论、原则、方法和手段,既表现为从实践或理论上把握现实,为解决具体课题而采取的具体方法和手段,又包括表现过去活动成果的方法,即研究客体过程中所采取的具体方法和手段。

科学方法包括研究对象、物质手段、思维方法和理论工具等内容。研究对象就是研究和认识的客体,是客观存在的那一部分。例如传播,无论作为自然现象,还是作为社会现象,都是独立于主体之外而客观存在的。它的特点、本质、结构和规律在主体认识之前就存在了。主体要认识传播,首先要承认其存在,同时又要根据传播的这些特点去确立研究方法和方式。因此,客观对于主体认识客体、研究客体影响很大,客体的性质和特点制约了主体所采取的研究方法的性质和特点。换句话说,主体所采取的方法必须适应客体。在自然领域里,不同的研究客体采用不同的方法。在社会科学领域里,历史唯物主义则是最一般的方法论。传播学是自然科学和社会科学相互交叉的学科,因此就存在着适用于这两个领域的共同科学方法。

物质手段是主体在研究客体过程中使用的各种工具,是人类创造出来的、物化的智力。物质手段是主体在实践中创造出来的,是人类认识的物质成果,又制约着人类的新的研究,推动人们去获得新的成果。

传播学研究中既有精神工具,如历史唯物主义方法,又有物质工具,如实验设备。传播模式则是精神工具和物质工具的结合,人们通过模式,才能"看到"抽象的传播过程。

思维方法是思维过程中所使用的概念,而判断推理这些基本思维形式以及归纳和演绎、分析和综合、抽象和类比、假设都是基本的逻辑方法。这些方法是人脑对信号的叠加和变换,是神经的联系和中断、组

---

① 吴元梁:《科学方法论基础》,中国社会科学出版社 1984 年版。

合和分化这种高级神经生理过程最直接的思维表现,是人脑对材料等进行加工,从思维和理论上把握客观对象的基本形式和方法,是组成更为复杂的思维形式和方法的要素和成分。实验和归纳相结合形成了实验归纳方法;假设和演绎相结合形成了实验演绎方法;演绎、抽象相结合形成了综合为主的方法。在传播学研究中,这些方法都是经常采用的。例如,人类对传播的社会本质的认识,对传播与社会发展的关系的认识,对传播的社会结构的认识,都是经过对社会传播现象考察之后,进行思维加工后形成的。

理论工具是人类在科学研究过程中所使用的理论知识的总和,是人类认识水平的标志。理论知识高,科学研究起点也就高,科学方法也就新,就能够迅速地向未知的领域探索。因此,理论工具是对科学研究的总指导。例如,传播学研究不仅要有丰富的理论知识,如数理知识、社会学知识、传播学知识、辩证唯物主义理论水平,还必须有丰富的实践经验——不具备这些深厚的知识,开展传播学研究就是困难的。

科学方法是适用于所有科学的研究方法,即世界观意义的最一般方法,是从事所有科学认识活动的总指导。其中有适用于某个领域的方法,也有应用于某个门类的具体方法。在进行传播学研究中,科学方法对传播学研究起着指出开拓和发展方向的作用。用科学的方法研究传播学是指用客观的态度和科学的理论、原则、方法和手段探讨传播现象,而得到有系统的权威性的知识,重点在于观察与试验。通过科学的程序,收集有关传播的资料,进行综合和分析,得出结论,然后对结论加以解释。

二、科学方法的特性

科学方法之所以科学,是因为它具有某些特性。吴元梁先生在他的《科学方法论基础》中列举了科学方法的特性,对于传播学来说,这些特性就更明显更突出,也更容易理解。

(1) 规律性

科学方法的规律性首先表现在科学方法是进行有系统的研究的方法,目的是求得对某个社会现象的系统知识。所以,科学方法是程序化了的,在一定的科学发展时期有相对的稳定性,在科学认识中起作用。用科学方法研究社会现象时,讲究程序和方法。用科学方法指导传播学研究的目的,不是将传播现象搞得复杂,而是从中找出规律,使人们了解并应用。我们在研究传播现象时,视传播为社会系统的一个子系统,将其放在社会大系统中,从整个社会系统的视角考察传播的社会特质,了解其运行规律。这种认识和研究就属于高水平和高层次的研究。

(2) 实践性

科学是从社会现实中来的——靠自己的知觉对环境加以认识,并通过实践加以肯定或否定。实践是科学指导下的实践,是对科学方法的应用,预测和假设是科学方法对一定科学认识的前提和结果。预测和假设没有实践加以论证就不能成为科学。传播学更是一门实践性强的学科,研究传播学最需要对传播现象进行具体的和实地的考察。传播学的许多具体研究方法也正是建立在实地考察和调查的基础上的,这也恰恰表现出科学方法的实践性。换言之,传播学的许多研究方法正是对科学方法的应用。

(3) 经验性

科学的认识是从经验世界来的,是实践的结果,也是实践的总和。经验指导科学实践,并通过实践进一步检验和充实,科学又是在实践基础上总结出来的经验,是一种系统的经过实践的知识。

(4) 解释性

科学研究的目的不仅仅是为了弄清楚是什么,更重要的是弄清楚为什么。用科学方法研究传播学,就是为了对传播学的研究结果作出系统的解释,提出假设。

(5) 认知性

说科学方法是认知的,是因为科学方法不以人的意志为转移,不以人的感情为转移,不以个人的价值观念为转移。这就是说,科学方法是为了揭示事物的真相,而不是为了某种需要进行臆造虚构,把"是"说成"不是",把"不是"说成"是"。如前所述,科学方法是主观手段,因此是抽象的,是理论上的抽象和抽象上的科学,不是某件具体事实。科学讲究实事求是,并不是代替每一件事实,但又能说明和解释每件事实。当然这主要是从总体上把握和解释事实,研究事实。换言之,科学方法是从理论上告诉人们是什么和为什么,科学方法不是玄学家的向壁虚构,而必须以事实为起点,但又并不以事实为终结,而是以假设为终结。

(6) 多样性

由于科学方法的各种具体内容,表现出科学方法的多样性。例如,一个完整的科学认识往往要经过感性认识、理性认识及其回归实践等各阶段，每个阶段都有科学方法的具体内容相对应。特别是系统论、控制论、信息论等新学科的出现，极大地丰富了科学方法的内容。这些综合性的科学方法为人们研究传播学，直至一切社会现象提供了强有力的主观手段的认识工具。

三、科学方法与传播学研究

实际上，科学方法不是为哪一专门学科设计的研究方法，而是通用的方法，对所有学科的研究都有指导作用。换言之，科学方法是对诸社会现象的归纳和演绎，是诸学科的通则。但同时又不能否定科学的分支问题，因为每门学科都有自己的某种独立性。但科学又不是孤立的，它们是互相联系的。

科学共存于一个世界，有共同的基本假设。表面上看，科学家们都在不同的环境里，用不同的具体方法去探索和研究该学科的已知与未知，提出自己的基本假设。但他们都基于一个共同的前提：宇宙是可知的，宇宙是无限的，宇宙是变化的，宇宙的变化是有规律的，空间是同质的。不管你的学科多么深奥，也不管你的学科多么特别，这些都是基本的前提。此外，每个人各自有别的基本假设都必须与这个基本前提相一致。这一点，毫无疑问，适用于所有的经验学，不遵从这个基本前提，就是玄学，就是伪科学。

科学有共同的逻辑思维方法和结构。逻辑思维是指正确的思维形式，人的思维过程是人的理性认识过程，它来源于感性认识阶段，又高于感性认识阶段。感性认识随着社会实践的继续，上升到理性认识，产生概念，并循此前进，应用判断和推理方法，产生合乎逻辑的结论。任何科学家，对任何一种科学认识，都必须借助正确的思维形式，否则就不能达到科学认识的目的。可以说，逻辑是一门工具性的科学，任何科学认识都不能离开逻辑而实现。真正的科学家都必须遵从这一逻辑方法和结构。

科学方法是传播学研究的最一般的方法，是传播学研究的精神手段。这种精神手段首先表现在传播学研究应该强调的客观态度和实事求是精神，力避主观的价值判断。许多教科书和研究成果都或多或少地证明，传播学研究一直存在着主观性，即一部分研究者在研究过程中过多地注意,或只注意能证明自己的价值观念。这就是说,研究者背离了科学方法。例如,西方传播学者,特别是美国传播学者往往只强调传播的过程,却不顾媒介的所有权和传播垄断现象;只注意传播的形式而不注意传播的内容,从而抹杀传播的所有权和传播的集团特性。明明是资产阶级垄断着传播媒介,却标榜所谓自由传播和传播自由;明明是对落后国家进行传播输出和传播垄断,却自诩帮助第三世界发展传播业。虽然一般认为西方资本主义国家的传播自由从表面上看比其他国家多一些,但在还存在着阶级差别的世界里,传播自由只能是对部分人而言。就是在社会主义国家里,也不能说每个人都享有传播自由。虽然包括社会主义国家在内的所有国家从来都宣称自己的国家传播是自由的,实际上对传播自由的种种限制和政治条件比所给的传播自由多得多。科学态度是正视传播的集团性,承认传播媒介总是被某些代表本集团利益的阶层垄断着或操纵着。倒是有一点值得称道,资产阶级内部的尔虞我诈从来不对传播媒介回避,这也是资产阶级津津乐道的理由。可是,他们的传播媒介很难找到人民或反对者的声音,这也是不难发现的。

第三节　传播学研究的交叉性

传播学是一门应用学科,涉及社会科学领域、自然科学领域及工程技术领域中的许多学科,这就决定了传播学的交叉学科性质和研究方法的跨学科。首先把传播学、新闻学、社会学、心理学、政治学、行为科学等综合起来进行研究的是美国传播学者施拉姆。虽然施拉姆的某些理论在现在看来是幼稚的,但他是第一个将新闻学引入传播学,并使其系统化的专家。

一、社会学方法

社会学方法是应用社会学的原理和方法,以解决实际的社会问题,改进社会的一门学科方法。美国社会学家华德认为,社会学是研究在社会进程中关于社会力量的运用技术。前苏联哲学博士达维久克认为,社会学是一门关于具体的社会系统、社会过程、社会结构、社会组织以及它们的组成部分形成、发展和发挥作用的特殊规律的科学。我们通常所说的社会学方法在西方被认为是应用社会学方法,也叫实践社会学方法。

社会学是一种意识的形式,一种观察角度。运用社会学的原理和方法研究传播学,可以从更高的角度、更大的历史范围分析传播过程:研究传播对人类的影响,包含对人的影响,对团体、阶层、国家的影响;了解传播的功能,评价其地位,寻找其发展趋向。换言之,社会学可以帮助人们把握传播与人类、传播与社会的各种联系。

用社会学的原理与方法研究传播学主要分为三个层次。

理论方面:研究传播的社会结构,传播的社会功能和传播的规律、特性,研究社会舆论问题以及互相影响。

经验方面:通过考察、比较、证实和检验,了解传播与社会的各方面联系和互动关系,一般是从事实和假设出发,作出某种推论,到实践中去证实,再反过来否定或肯定推论,并作出新的假设。

实践方面:应用社会学的研究程序和方法,揭示具体传播现象和过程的本质联系和特征,找出解决传播中实际问题的办法。传播学研究借用社会学研究方法主要是:1)调查方法,包括问卷法、抽样法、分析法、观察法、实验法、个案法、比较法。2)统计方法,主要是数表排列法、数量统计法、分析法。3)组织实施方法,包括研究设计、搜集资料、加工分析、分析结果和撰写报告等。实际上这一层次是社会学原理和方法在传播学研究中的具体运用。

传播学应用社会学原理与方法主要是考察:1)历史上社会结构和传播结构的延续和变迁。2)不同的社会结构所产生的不同的传播结构,不同社会结构里传播结构的构成和在社会诸结构中的地位与作传播的过程。3)传播的反馈。4)传播学的未来和发展。

二、心理学方法

心理学是研究人的心理规律的科学。心理规律指认识、情感、意志等心理过程和能力、性格等特征,辩证唯物主义心理学肯定心理是客观现实在人脑中的反映。从脑的反映机制来说,人是自然实体,从反映的现实内容来说,人又是社会实体。因此,心理学既有自然科学性质,又有社会科学性质。

　　人离不开他人——一个人是无法生活的,众多的人形成的群体才能延续和发展。人是相互影响的——帮助他人;攻击他人;影响他人,受他人影响;支配他人,受他人支配。总之,人需要同他人在一起,并且无时无刻不在互相影响。

　　可是人是如何影响他人或受他人影响的呢?改变态度的心理过程是什么?哪些信息最容易被人接受并最能改变人的态度呢?人在何种时候、何种状态、何种环境下最容易受人影响?在社会阶层、社会群体中,哪些阶层或群体中的个体最容易被人说服?个体是如何理解信息并把其组合成为一定的知识结构的?人际交往和群体交往的特点和规律是什么?宣传对人和群体的心理影响是什么?传播对个人的心理定势、观点形成和变化产生何种影响等,这一系列问题仅仅靠传播学自身的努力是无法回答的,可以借用心理学关于知觉、认识、态度形成和行为效果的理论来研究、来解释。

　　西方传播学者,特别是拉扎斯菲尔德,在这方面的贡献举世公认。他提出的"二级传播理论"(以后发展为"多级传播理论"),对西方传播学,尤其是美国传播学的建立和发展起了重要作用,其代表作《传播研究》(1949)和《个人的影响力——人在大众传播中的地位》(1964)就是他的研究成果的精华。美国的另一位传播学家卡尔·霍夫兰的关于说服力和说服方法的研究,对美国传播学的建立和发展也是举足轻重的。他的代表作则是《传播与说服》(1954)和《说服的次序》(1957)。

三、语言学方法

　　语言是一种社会现象,是人类最重要的交际工具和思维工具。语言作为人的交际工具,它所代表的是事物的符号,如讲到"红"字,你就能想到"红灯"、"红花"等带有红颜色的事物,也能使你想到印象深刻的"红卫兵"、"红宝书"等往事,整个语言就是由这种无数的符号组成的一个系统。因此,一个人只有掌握了符号才能知道符号所代表的东西。

　　符号和它所代表的事物是两回事情,相互之间没有必然的联系。符号包含形式和意义两个方面。形式是人的感官可以感觉到的,如各种颜色,意义是人赋予的。语言符号的形式和意义的结合完全是由社会约定俗成的,它们之间没有必然的、本质的联系。符号只有经过人们的约定俗成，赋予一定的价值或意义，才能起交际作用。

由社会约定俗成的符号在使用中有两个特点：一是能重复使用。如果符号只能使用一次，那么人们每天必须创造无数的符号，实际上等于人的交际无法实现。正由于符号可以重复使用，才使人们将符号变成无数的句子，进行交际。另一个特点是语言符号由人们自身掌握，使用简便，容量无限，使用效果好。

运用语言学方法研究传播学主要包含以下几个方面：分析语言在传播过程中的作用；研究语言符号与指说对象及使用者之间的关系；语言符号对传播过程、传播效果的影响；语言符号系统的发展与传播发展的互相制约的特点和规律以及传播内容的结构、语言特点和价值；语言的交际功能、思维功能、认识功能、承载信息的功能、执行功能等等。在这方面做出过重大贡献的有美国的莫里斯、奥格登、理查德、兰格等。莫里斯的《符号、语言和行为》(1946)一书是这方面的代表作。英国罗·亨·罗宾斯的《普通语言学概论》(1964)对传播学研究产生过重大影响。这些在其他传播学著作中都会有详细的叙述。

四、政治学方法

传播是社会大系统中一个小系统，政治也是社会大系统中的一个小系统。这两个系统同时存在于社会大系统中不可能是毫不相干的。

就传播的特点和功能来说，它与政治的关系最为密切。许多人已经运用系统理论和功能分析理论，对传播和政治的关系进行深入的探讨。

传播作为一种社会现象，最容易受到政治的制约和干预。在最民主的国家里，传播的自由也是必须符合一定的政治背景的，是结合履行某种职责来行使的，与遵守法律更需相一致，而且不能被用来损害他人利益。对于一个公民或一个群体或阶层，传播自由不是无原则的。这清楚地表明传播强烈地带有政治、经济和社会的色彩。同时政治对传播常常有强制性的要求。

传播也不完全是被动地处于被支配的地位，传播对政治的影响甚至比其他任何社会现象对政治的影响更明显、更重要。在一个国家里，既能看到传播对政治的某种依赖，也能看到政治对传播的某种需求。

由于政治同传播的特殊关系以及传播在政治中的特殊地位和作

用,因而产生了许多新的研究课题。政治学方法就是从政治学角度来研究这些课题,具体地说,就是运用辩证唯物主义和历史唯物主义方法客观地认识和分析传播现象,认识其客观性,揭示其规律性,考察其阶级性;运用历史学、经济学、法律学研究传播在社会生活中的影响,从历史角度理解传播的变迁和发展的规律,从经济学角度分析传播对经济发展的依赖和需求,从法律学角度分析在人际交往中传播的作用及对人的心理情绪和社会行为的影响;运用系统分析、功能分析、模式分析、行为分析、定量分析、心理分析等方法,研究公众意见的形成和表达方式以及宣传对个人、群体和阶层的社会影响与作用等。

运用政治学方法研究传播理论上的一些基本概念,如情报、负重、时滞、畸变、增益、反馈、学习和预测等,已被研究者们提出。在用政治学研究传播学方面做出贡献的首推美国政治学家哈罗德·拉斯韦尔。他于1948年首先提出"五个w"的传播模式,即,谁?说什么?通过什么?对谁?产生什么效果?这一模式长期以来一直影响传播学研究。

五、文化学方法

文化是生活条件、物质、精神价值、思想和知识的总体。它不仅是形成人们意识和价值观的重要因素,而且对社会的发展有着实际的推动作用。无论是物质生产还是精神生产,文化都是以特殊的方式促进社会和个人充分发挥其作用而获得成功的必要条件。不同的文化群体有着不同的传播结构、传播途径和传播方式。文化的发展又极大地依靠传播,所有的传播都具有文化传播的性质。文化学方法是指运用美学、文化社会学、文化人类学的理论研究传播学,主要是研究和评价传播在文化发展中的地位与作用,不同文化的沟通与人类文明的发展,文化的延续、继承和传播,传播对社会化的影响和作用以及媒介文化等。

第四节 "三论"与传播学研究

在人类科学认识的长河中,科学方法本身在不断地完善,作用也在增长。作为科学认识的主观手段,科学方法在现代科学发展中,占有越来越重要的地位。20世纪大量的新学科的出现,改变了科学方法论的体系。事实上,20世纪的新科学形成的科学方法本身就已成为一门新的科学,并且有别于一般科学方法。这就是为什么把科学方法单列为一节。而又将现代科学方法分列出来论述的主要原因。

20世纪以来创立的新科学是人类科学史上最令人眼花缭乱的一段,无论是从理论上还是从实践上,都是带有突破和开拓性的。传播学也正是在众多新科学不断诱发和推助下产生的。面对传播学起到启迪、开拓和发展作用的诸学科中,莫过于系统论、信息论和控制论以及统计数学方法了。它们的出现使传播学突破了传统方法的局限性,与哲学方法、社会心理学方法、逻辑学方法相比,它无论在形式上还是在内容上都使传播学研究更加科学化和程序化。统计数学方法则是传播学研究具体方法的理论基础。

以系统论、信息论和控制论以及统计数学方法为代表的现代科学方法,为传播学研究提供了强有力的手段,深刻地改变了传播学研究科学方法体系。这些全新的科学方法是传播学研究现代化的综合方法。

一、系统论方法

系统论方法是奥地利生物学家 L·V·贝塔朗菲在20世纪上半叶创立"普通系统论"时,为现代科学提供的一种认识工具。有人认为系统论的思想改变了世界的科学图景和思维方法①。

1. 系统论的一般概念

系统论是研究系统的模式、原则和规律,并对其功能进行数学描述的一门学科。

系统论的主要课题是:系统的基本理论、基本范围和发展规律,包括对系统的科学含义、特点、结构、功能、熵的理论研究等;系统分析技术和方法论,包括系统工程、系统管理、数学模型以及规划论、排队论、决策论、可靠性理论与方法等的应用;系统哲学,主要是从认识和逻辑综合角度,研究人在系统中的地位与作用,人与系统的关系等;系统论与马克思主义认识论、唯物辩证法的关系;系统论在社会经济发展中的地位和作用。

---

① 维纳:《控制论》,科学出版社1963年版。

系统论的基本出发点是把生物作为一个有机体的整体来加以考察,以寻求解决整体与部分之间相互关系问题的模式、原则和方法。系统论的基本观点是系统的观点、开放的观点和层次的观点。

系统的观点。一切事物或机体都是一个整体,即系统。整体不是部分的简单相加,而是有机的结合,例如,人的五官,离开了人的身体,便不能发挥其功能。系统的性质不能用孤立部分的性质来解释,而是由复合体内的整体的特定关系决定的。因此,我们不能只研究部分,而要研究部分之间的相互关系,从而确定整体的性质,也就是从要素的关系推导系统的特性,从要素的行为推导出系统的行为。系统又不是孤立的,每个系统又要受到更大系统的制约,因此系统与要素的区别又是相对的。每个系统对更大系统来说,又成为要素或子系统。

开放的观点。一切有机体之所以能有组织地处于活动状态,并保持活的生命运动,是由系统与环境不断地进行物质、能量的交换,这种能与环境进行交换的系统称之为开放系统。这种开放系统理论可以广泛应用于新陈代谢、生长、发展、调节、刺激反应、天然的能动性等生命的基本特征方面,并且正被广泛地应用于社会科学各个领域。例如,传播是一个系统,是社会的一个小系统,传播又有自己的不同要素,一般称之为五要素,即传者、内容、媒体、受者、反应。传播要素彼此关联,贯穿传播过程中。信息传播的目的地同时也是反馈信息的信源,这样传播成为双向流动的过程。信息反馈可以调节和控制传播系统的行为,这就是传播的自我组织性,自我调节性。同时,传播又不是自我封闭的系统,社会这个母系统在渐变或突变中对传播产生着巨大的影响,并且极大地制约着传播。而传播又对社会的发展和社会成员的心理、行为产生巨大影响。

层次的观点。每个系统都有子系统或要素,这些要素的组织形式就是系统的结构,而系统的结构是由不同层次的要素所构成,而要素不是同等级的。一般来说,在系统的多层次结构中,高层次支配着低层次,决定着系统的性质。如人具有物质属性,即由各种有机物和无机物构成;具有生物属性,有食欲、性欲等要求;具有社会属性,是社会成员;具有自我意识。在这些属性中,社会属性和自我意识是高层次的,支配着其他属性,因此人的行为受社会制约,受理性支配。而人的其他层次也非可有可无,也不仅仅是被动的,它有相对的独立性,食欲维持机体的运转,性欲满足生理需要和延续后代。

2. 系统论方法的哲学意义及对传播学的影响

古代哲学是包罗万象的科学，无独立的哲学体系即理论体系，范畴是极为模糊的，充满了神秘色彩。亚里士多德虽然提出了部分与整体、偶然与必然、原因与结果等一系列哲学范畴，但却很难做出确定的解释。

近代哲学的主要特点是哲学与科学的分手。科学走向实验、实证、分析，哲学走向思辨。黑格尔建立了一套哲学体系，并且用思辨的方式和语言阐述了范畴间的关系。黑格尔的哲学经过马克思的改造，形成唯物辩证法。但是唯物辩证法如何同现代科学结合起来，使哲学范畴、原理的解释和运用科学化、规范化、精确化，这是唯物辩证法发展面临的重大问题。

系统论用要素、结构、层次、功能、系统、环境等一系列概念以及其整体性、自调节性、相关性、开放性、目的性、层次性、优化原则等，揭示了事物的普遍属性和规律，可以使哲学范畴和原理更加规范、科学、精确。如哲学的部分与整体就是系统论中的要素与系统，哲学的全面性、互相联系就是系统论中的整体性和相关性原则，哲学的运动发展观点就是系统论中的动态与转化原则，哲学的内部矛盾的有机统一就是系统论中的自调节。总之，系统的基本原则既符合哲学方法论，又能使哲学在现代科学的基础上进一步发展。

用系统论方法研究传播学，是从系统的角度考察传播学，把传播学看成是整个社会系统中的一个子系统，是与社会进程相关联的完整过程，具有整体性、动态性、交互性和层次性。运用系统方法解释和研究传播学，有助于丰富对传播与社会的关系及社会功能的认识。例如，将传播视为一个具开放性的动态系统，是相互联系的诸要素有序结构的系统整体，从而考察传播与社会系统的关系，了解传播学的发展过程，预测传播学的未来和发展。再如，传播学研究的实地调查是传播学研究的重要方法，不仅需要以唯物辩证法作指导，还需要用系统方法，即功能分析、要素分析、结构分析和整体性、有序性、最优化、模型化诸原则，以及信息方法中的信息获取、加工、反馈方法、控制论方法在内的系统方法，从而使实地调查更加科学化、精确化和现代化。

二、信息论方法

信息论方法是美国物理学家 C·E·香农在 20 世纪上半叶创立

"信息论"时为现代科学提供的一种认识工具。信息概念一经产生,便从最初的狭隘含义上升到具有普遍意义的概念,并渗透到所有学科领域。

1. 信息论的产生和发展

信息论是研究信息的本质,并用数学的方法研究信息的计量、传递、变换和存贮的一门学科。现在对信息论有三种解释:1) 狭义信息论,主要研究信息的信息量、信道容量及信息的编码问题。2) 一般信息论,主要研究通信问题。3) 广义信息论,包含了所有与信息有关的理论、概念及领域。

香农关于信息论的思想是建立在前人的研究成果上的。1922年,卡松提出了边常理论,提出了信号在编码过程中频谱展宽的信号保护法则,美国的奈奎斯特和德国的开夫曼尔进而认为,一定速率的电报信号的传递,要求与一定的宽带相适应。后来,哈特莱在《信息传输》一文中,首先提出了信息的概念,并试图用数学公式加以描述,为创立信息论提供了有益的启示。1945年波特发表了《声音的可视图形》,两年以后他又与柯普等人写了《可视语言》,以明暗程度表示强度,横轴表示时间,纵轴代表频率,介绍了各种声音的谱图。此后,前苏联的戈尔莫戈洛夫,美国的费希尔都从各个不同方面研究了信息理论。香农的信息论正是在这些人的开拓性工作的基础上建立的。

信息论创立后,经历了50—60年代的消化时期和70年代的发展时期。50年代,信息论向各门科学发起冲击。人们试图用信息概念、方法来解决本学科面临的许多未能解决的问题,如解决组织学、语义学、生理学、心理学等问题。人们纷纷举行信息问题讨论会,尽可能从广义上来解释信息论。但由于研究还不够深入,许多理论问题无法解决,困难很大,收效甚微。60年代,信息论的研究已经深入,研究的重点是信息和信源编码问题,在噪声、信息编码等方面取得了重大进展。离散信源编码,因为熵的定义出现,以基本的形式得到解决。并且,信息理论被推广应用于生物学,神经生物学,从系统分析的角度研究信息的本质,从而开辟了信息论研究的新方向。这时,人们已把信息论分为狭义信息论、一般信息论和广义信息论。70年代,信息论已经发展得足以使整个科学必须重新建立自己的理论,这是由于计算机的广泛应用,通讯能力极大的提高,有效地处理和应用信息的问题摆在各学科的面前。同时,信息概念和方法渗透到各学科,又迫切要求突破香农信息论的狭隘性,建立全新的信息问题的基础理论。人们已经认识到:信息已能作为与材料和能源一样的资源而加以充分利用和共享。今天,人们已视信息为一门科学——信息科学,开展认识信息和利用信息的科学研究,并将早先建立的有关信息的规律与理论广泛应用于自然科学、哲学与社会科学的研究。

2. 信息科学方法在传播学研究中的应用

以信息为主要对象,以信息的运动规律和应用方法为主要内容,以计算机等技术为主要研究工具,以扩展人类的信息功能,特别是智力功能为主要研究目标的信息科学已成为一门新兴的具有交叉性、边缘性、综合性的科学。信息科学同传统科学的最主要区别和最大特点是前者以信息为主要研究对象,包括讨论信息的本质和质量方法,研究信息的产生、提取、变换、检测、传递、存贮、识别和处理,揭示利用信息进行控制的原理和方法,寻求利用信息最优化的途径。信息科学的基础理论包括数学、物理学、化学和生理学,它的主体是信息论、控制论、系统论及人工智能。其中信息论主要涉及信息的认识问题,控制论和系统论主要涉及信息利用问题。

信息论方法就是运用信息观点和方法,把研究的客体视为信息的获取、存贮、转换、处理、反馈而重视目的性运动的过程,以此达到对复杂系统运动过程的规律性认识。信息论方法区别于传统的研究方法的主要特征在于,这种方法撇开研究客体的具体运动形态,将系统的运动过程抽象为一个信息变换过程,不必对系统的整体结构加以剖析,而仅从信息流程,从整体观念出发,对其各部的内在联系加以综合考察,以揭示研究对象的本质属性。信息论方法正是由于反馈信息的存在,才能使系统按预定的目标实现控制,而且认为两个系统的相互联系必须通过信息通道进行交换才能实现。

信息论方法的主要作用是:1)揭示了机器、生物有机体和社会不同物质运动形态之间的信息联系,而传统的方法很难发现他们之间的联系。2)使科学整体化。科学间互相渗透、互相交叉,是当前科学知识发展的整体化趋势的一种表现形式。信息论方法为科学整体化提供了重要手段,自觉运用信息论方法可以加速科学整体化的过程。3)为人类生命学研究提供了基础。过去的医学、生理学研究采用了一些物理学、化学、生物学的观点和方法,探索了生命体的结构、功能及其规律性,但缺乏系统的观点,因而无法精确而定量地描述人体结构与功能及规律。用信息论方法来分析生命系统各部分之间,生命与外部环境之间相互影响、相互作用的信息联系,可以实现对生命机体运动过程的定量描述。4)揭示了某些事物运动的新规律,从而能对过去无法解释的现象作科学说明。5)为科学管理提供了武器。人类的各种社会实践活动都存在共同的流动过程:人流、物质(材料)流和信息流。而信息流调节着人流和物质流的数量、方向、速度、目标,使人流和物质流有目的、有规则地运动。

信息论方法在传播学研究中起着重要的作用。它不仅是研究传播的复杂性、系统性和整体性所不可缺少的主观手段,而且也为传播学研究的程序、思考步骤和操作方法提供了可靠的科学依据。在传播学研究中,运用信息反馈概念,使传播通过反馈来调整传播行为,从而达到传播目的。用信息量的概念来研究传播效果就是用信息论中的"熵"这种度量,来刻画对象不确定程度,收到信息后"熵"的减少来标志不确定程度的减少,还可通过信息量来度量信息的传播价值等。

三、控制论方法

控制论方法是美国物理学家 N·维纳于 1948 年创立"控制论"时,为现代科学认识提供的一种主观手段,是科学方法论中的一个新的创造。控制论是"关于动物和机器中控制和通讯的科学",是横向联系的新学科。它的客观基础是人类社会和自然界中普遍存在着的控制系统,这是其行为方式的一种共同属性。在所有的控制系统中,都是通过信息的传递、处理来完成受控、反馈和调整过程,维纳创立控制论时将动物的目的性行为赋予机器,从而把握了一切通讯和控制系统中所共有的特性。因此,控制论能揭示机器、生命体和人类社会这些性质极为不同的系统所共有的一般规律。

1. 控制论的基本理论

控制是指按照给定的条件和预定的目标,对一个过程或事件施加影响的一种行为,目的在于保持、维护和改进系统职能活动的合理规范。当系统进入运行后,由于各种原因,系统的发展会发生偏离轨道的现象。控制正是控制干扰的影响,尽可能清除干扰,保证系统的正常运转。而控制论则是研究各种系统的控制和调节的一般规律的科学。

控制论的基本概念是信息概念和反馈概念。维纳认为,客观世界有一种普遍的联系,即信息联系,任何系统之所以能保持自身的稳定和平衡,就在于它具有取得、使用、保存和传递信息的方法。而系统的输出信息反作用于输入信息,并对信息再输出发生影响,起着控制和调节作用的便是反馈。

控制论的产生大约经过三个阶段。1) 20 世纪 40—50 年代,为经典控制论时期。这一时期着重研究各种自动调节系统,用于工业生产。因此,工程控制论有了较大发展。2) 60 年代,是现代控制论时期,即从单变量控制到多变量控制。3) 大系统控制理论时期。大系统控制理论从工程控制领域发展到生物控制领域,进而发展到社会领域和思维领域。

控制论的产生,给传统的方法论许多重要的启发,不仅指出了当代科学技术发展的特点,使其适应当代科学互相渗透的潮流,而且突破了动物和机器的局限,抓住了一切通讯和控制系统中共有的特征,站在更高的理论角度加以综合,形成一门具有普遍意义的新理论。同时,根据自动控制系统随环境变化来进行自我调节的特点,抛弃了机械决定论,把控制论建立在新的统计理论的基础上,从信息方面研究系统的功能、行为方式和状态及变化趋势。

2. 控制论方法对传播学的输入和移植

控制论和系统论、信息论一样,都是新兴学科,并且相互紧密地联系着。控制论也研究信息,但着重研究信息的内容和变换及其在系统调节、反馈、控制上的意义,即如何通过信息的传输,控制系统整体性的相互联系,而有意识地忽视产生、传递信息的物质和能量在形式上的差异。控制论也研究客体的内外关系,但着重从数量和功能上来研究这一系统的诸种关系。控制论也研究动态,但主要是研究客体的动作方式、功能和运动规律。因此控制论方法就是运用信息概念和反馈概念研究对象的运动方式、运动规律、社会功能和反馈规律,对整体性的相互关系进行系统沟通和控制的方法。

控制论从信息角度揭示了不同研究客体的共同规律,沟通了不同的系统,从而跳出了传统方法局部、孤立、静止观点的束缚和以抽象分析、归纳为核心的圈子,克服了传统方法所造成的局限性。归纳起来,控制论的方法主要是:1) 信息方法,着重从信息方面来研究系统的功能。2) 黑箱方法。黑箱是指其内部构造和机理还不清楚,只能通过外部观察和试验去认识事物的功能和特性。3) 反馈方法。反馈是运用反馈原理,用系统运动的结果来调整系统活动的方法,特点是根据过去操作情况去调整未来的行为。用反馈方法控制系统的活动,一般有两种结果,一种是系统给定信息与真实信息的差异倾向于加剧系统正在进行的偏离目标的活动。它使系统趋向于不稳定状态,被称为正反馈。另一种是给定信息和真实信息的差异倾向于加剧系统正在偏离目标的运动,它使系统趋向于稳定状态,被称为负反馈。在控制系统中,一般是用负反馈系统来调节和控制系统做合乎目的的运动。4)功能模拟方法。这种方法是根据模型和原型之间的相似关系来模拟对象,通过模型来研究原型的规律性。

传播学运用控制论方法不仅仅运用其抽象的理论,主要是运用其具体的方法。首先是运用控制论的反馈方法,调整传播行为。例如,从受控系统的输出目的地传回部分信息到达信源,帮助调节以后的输出。这种反馈包括受传者的信件、电话,甚至受传者的面部表情,内容如对广告的反应,广播的收听率,报纸订户的增减,对报纸内容的意见等等。其次是从信息方面研究传播的功能。传播现象之所以发生是因为借助于信息的获取、传递、加工和处理,运用控制论中的信息概念可帮助人们掌握和了解客观规律的能力。传播过程的实现,主要是传播了信息,人们通过信息传播获取信息和利用信息,而传播学研究的控制试验就是控制论中黑箱法的具体运用。

此外,传播学把社会看成是活的自组织系统,有信息反馈。同时,社会又是由个体、群体构成的,运用控制论方法可以了解传播与社会控制的关系及传播的社会控制,决定传播体制的条件和因素,从而研究传播政策,确定传播模式。

第二章

传播效果研究理论

效果研究不仅是传播学的主要分支,也是迄今为止最受重视、开拓最深、成果最丰的传播研究领域,而且是大众传播研究的基石。效果涉及大众传播研究的方方面面。从传者、信息、媒介到受众,他们的功能和状况,都可以通过效果加以检测。即使是传者发动传播和受众接受或参与传播的动机和目的,也可以理解为一种预期效果。70多年来,欧美社会科学家和传播学者以经验观察、实验和社会文化研究的方法,孜孜不倦地探索这一传播研究的中心问题。

然而,关于传播效果的性质、形态、程度和范围,学界历来众说纷纭,有时甚至扑朔迷离。传媒一般不可能是效果产生的唯一的必要和重要原因,其他相关因素极其复杂,很难测量和评估。在许多场合中,传播效果是影响人们道德、观念和行为的主要因素。但是,由于人们的思想、文化、行为诸规范深深扎根于纷繁复杂的社会和历史之中,因此我们仍然无法对于他们在传媒影响下所发生的变化加以圆满的阐释。尽管如此,传播效果研究仍然经久不衰地吸引着社会科学工作者、媒介人士和广大公众。

第一节 传播效果研究的学术传统

一、传播效果定义

所谓传播效果,依据传统的传者中心说,是指传者发出的讯息,通过一定的媒介渠道到达受众后,所引起受者的思想和行为的变化。实际上,传受双方是处在讯息传递、接受、反馈的互动关系里,不仅受者的思想与行为,而且传者,乃至社会都会发生变动。另外,受传双方所从属的集体也可能或快或慢地产生大小不一的变化。

在英语中,effect 这个词兼有"效果"、"结果"、"效应"、"影响"、"功效"等层次的含义。由于学术背景、经验、理论、视角、论断、方法各不相同,西方学者在运用这一术语时也是互有差异,不尽一致。引入我国之后,它有多种译法。人们在具体使用这一概念的过程中,更是分歧迭现,存在一定的含糊混乱状况。

安德森(James A. Anderson)和梅耶(Timothy P. Meyer)将传播效果分为直接和间接两类,又从功能角度将之分为行为的、体制的和文化的三大类,并且指出传播效果在整个社会过程中起着协同作用[1]。

克拉伯(J. Klapper)认为传播效果可以在个人、社会、机构、文化四个层面上,依据预期状态和程度强弱以及性质加以划分。所谓性质划分,即把传播效果区别为巩固现存状况、促进变化和防止变化三大类[2]。

温达尔等人(Windahl)阐述了阿斯帕(Kent Asp)所提出的传播效果分类法:级别上分为个体性的和系统性的,时间上分为长期的和短期的,来源上分为媒体内容和信源[3]。

朗格夫妇(G. Lang and K. Lang)提出其他传播效果分类法,即互容效果(在传受双方的互动关系里,受者所发生的变化)、回逆效果(传者在受者方面所引发的变化,不仅出乎传者预期意图,而且攻击矛头指向传者),他方效果(传受者之间的互动关系引起其他方观念、思想和行为上的变化,而传受者却不受什么影响)[4]。

英国传播学大家麦奎尔(D. McQuail)在分析了众多传播效果定义后,对此概念作了以下多层次多取向的划分,从而提出了一个博采众长、扬长避短的传播效果存在模式。

---

[1] James A. Anderson and Timothy P. Meyer, *Mediated Communication*, London: Sage Publications, 1988, pp. 161—165.
[2] J. Klapper, *The Effects of Mass Communication*, New York: Free Press, 1960.
[3] Windahl et al., *Using Communication Theory*, London and Newbury Park: Sage Publications, 1992.
[4] G. Lang and K. Lang, "Mass Communication and Public Opinion: Strategies for Perspectives", in M. Rosenberg and R. H. Turnor (eds), *Social Psychology*, New York: Basic Books, 1981, pp. 653—682.

第一，从传者与受者意图和动机看，传播效果可分为：预期效果和非预期效果。

第二，从时间层次上看，传播效果可分为：长期效果和短期效果。

第三，从外在形态看，传播效果可分为：传媒的"效果"（media effects），指大众传播已经产生的直接效果，而无论其是否符合传者的预期；传媒的"效能"（media effectiviness），指大众传媒达成有关预期目标的功效；传媒的"效力"（media power），指传媒在给定条件下，可能发挥的潜在影响，或可能产生的间接效应。

第四，从效果的内在性质看，传播效果可分为：心理效果、文化效果、政治效果和经济效果等等。

第五，从传媒影响力的作用范围看，传播效果可分为：对受众个体的影响，对小团体和组织的影响，对社会机构的影响和对整个社会和整个文化的影响。

第六，由传播效果的种类可区别出：受众个体主动有意或被动无意的反应；传媒群的社会动员；新闻学习；集体反应；新闻散布；创新和文明传播；知识传播；社会化（社会行为和思想之规范化、社会控制、真实的确认、意义的构建等）；机构组织变化和文化变化。

应该指出，传播效果各层次和取向之间互相联系，彼此作用，共存互动[①]。在西方传播学界，尤其是美国大多数有关传播效果的经典研究，着重研究传媒对受众个体或小团体的心理和行为的影响。六七十年代，从社会文化角度研究传播效果的学术派别崛起，从而形成全方位地研究传播效果的态势。

二、传播效果研究的学术传统

实证主义和批判理论是传播效果研究的两大基本学术传统。实证主义学术传统，是欧洲文艺复兴以来所形成的科学实验主义传统在社会科学和人文科学领域的表现形式。它以"现代社会能够合理运行"为理念（民主政治、世俗社会、自由市场、自由意识、多元竞争、和平公正、机会均等、法制规范、社会整合），主要采用社会调查、心理实验和统计

---

① Denis McQuail, *Mass Communication Theory*, London: Sage Publications, 1996, pp. 333—338.

分析方法，侧重于研究媒体在改变和引导人们的价值观念和思想意识及行为、传递信息、动员社会、形成舆论、改善和增强传媒之商业作用、影响社会制度和文化、传播创新和文明等方面的效果问题。其理论来源主要是社会学、社会心理学和由香农(C. Shannon)和韦弗(W. Weaver)所创立的信息科学，以行为主义和功能主义为基本的理论形态。拉斯韦尔(H. Lasswell)在20世纪40年代第一次明确阐述了传播在社会中的主要功能。这些理论跟现代心理测定和统计分析诸方法结合而成传播学实证主义效果研究传统的支柱。

这一主流学术传统的弱点也是显而易见的：一是忽视了社会体制性冲突与矛盾；二是囿于小范围的定量研究和统计分析，侧重于个体和小团体的观念、思想及行为分析。到目前为止，社会、历史、文化这些人类存在的整体方面，还很难用定量分析和实验方法加以研究，社会与历史还不可能成为实验室的研究对象。因此，实证主义研究传统，在论述传播效果普遍性问题时就必然显得捉襟见肘。

批判理论是西方传播效果研究的另一大学术传统。其主要组成部分，是霍克海默尔(M. Horkheimer)和阿多诺(T. Adorno)创立和哈贝马斯(J. Habermas)继承光大的法兰克福学派，英国列维斯(F. R. Leavis)以及其后继者赫格特(R. Hoggart)、威廉姆斯(R. Williams)和霍尔(S. Hall)诸人的文化研究，法国以福柯(M. Foucault)和鲍德里亚(J. Baudrillard)为代表的社会文化研究以及欧美费斯克(J. Fiske)等人的语义批评和当代女性主义批评。美国的密尔(C. W. Mill)和马尔库赛(H. Marcuse)等人从五六十年代开始追随欧洲的批判理论。这一学术传统虽然变化多，而且内容比较庞杂，但是仍有其内在的关联性。它反对功能主义和自由多元的社会意识形态，强调现代社会的矛盾对抗性质，批判现代社会的霸权统治，揭露传媒中占统治地位的意识形态和大众商业文化之骗人虚幻的实质，鼓吹激烈的反叛行为，在激化对抗冲突中解决社会矛盾；它反对以市场、统治、军事诸需要引导对传播效果的研究，批评过分注重定量分析方法和个体心理行为主义，主张文化研究，重视定性分析方法；要求扩大传播效果研究范围，尤其是要涉及文化和社会潮流；在对传媒效果的观察结果进行阐释时，它反对以过度的玫瑰色彩加以渲染，抨击传媒技术潜在的非人性倾向。

这一学术传统产生的社会历史背景，是当代社会经济和技术的发展、两次世界大战、40年之久的东西方冷战和西方社会自20世纪30年代起,尤其是六七十年代以来所急剧展开的社会转型。麦奎尔(D. McQuail)则精辟地指出了这一学术传统之所以产生在理论和方法方面的原因:首先是现代传媒内容中的意识形态趋于精巧繁复,因此研究者有可能阐释其中所蕴含的深层次的意识形态信息;其次是现代阐释学的发展,人们是在一定社会历史语境内,依据特定的利益、权力、兴趣、意识形态和表述方法,观察、理解和解释传媒内容,这一理论观念在学界流行,实证主义学术传统中保守的决定论倾向就日见其绌;其三是大众传媒组织之社会和阶级倾向以及意识形态特征日益显见,学界愈加关心下层阶级、青年运动、亚文化、性别、种族、意识形态等问题,文化研究应运而生;其四是发达国家和发展中国家日趋频繁的双向交流,促使思考大众传媒的新方法与新思路孕育而成,传播效果研究领域得以拓展,诸如跨国跨文化研究[①]。

实证主义传播效果研究的学术传统仍然居于主导地位。但是,批判理论的学术传统也日见强盛,其核心是在社会和文化的境遇里分析与理解传媒的内容、运行机制及其效果。总而言之,它们在传播效果研究领域中互相激励、彼此补充。

第二节 传播效果研究轨迹

美国学者卡茨(ELihu Katz)在1977年将过去的40多年的传播效果研究分为三大阶段:第一阶段是1935年到1955年,认为传播媒介是"枪弹"、"注射器",威力巨大,从传者到受者是单向传递;第二阶段是1956年到1960年,认为大众传播媒介极难改变一般人的意见、态度和行为,其效果十分有限;第三阶段是1960年迄今,采取了折中立场,既承认大众传媒有相当强的效果,也强调它并非万能。传播效果研究的轨迹显示出大众传播的力量是沿着"强—有限—相当强但非万能"的过程演变的。卡茨的这种分期理论,固然不乏许多合理之处,但是由于传

---

① Denis McQuail, *Mass Communication Theory*, London: Sage Publications, 1996, pp. 41—48.

播效果研究的复杂性、交叉性和延伸性,用具体时间分段,一味地割裂各种理论之间的内在联系,就显得勉强和武断了①。

美国学者赛弗林(Werner Sevrin)和坦卡特(James W. Tankard)于1981年在合理吸收卡茨分期理论的有用成分后,将前后传播研究时间又作了相应延伸,依据各种理论对传播效果的探索,对传播效果的发展阶段作了四个方面的概括,即"枪弹论"、"有限效果论"、"适度效果论"、"强大效果论"。他们同时指出,根据传播效果研究的轨迹,可以清楚地看到这些理论显示的循环特征。但是,这种循环绝不是简单的机械往复,而是呈螺旋状向前渐进,并且有合理的理论内核和科学的数据作支撑。这些理论还不能算是系统的科学理论,而只是对大众传播效果的一些理性看法。

麦奎尔(D. McQuail)1983年于强大效果论阶段之后,借鉴盖姆逊(W. Gamson)和蒙迪克莱尼(A. Modigliani)的社会建构说②,提出了"谈判性的传媒效果论",其核心是在一定的社会生活和文化传统的环境里,受传双方基于"谈判",也即互相商讨和彼此斗争,依据各自的处境、利益、兴趣及意图等,建构媒体所传导的意义系统③。

麦奎尔(D. McQuail)所谓的"谈判"(negotiation),在某种意义上,也即八九十年代在西方学界盛行的话语概念(discourse)。普赖斯(S. Price)认为,90年代的传播是一种讨论式的言语过程④。

因此,可以将西方传播效果研究分成时空上交叉复合的五个发展阶段。

第一阶段从20世纪初到30年代,是所谓"超强效果论"流行的时代。其基本观点,认为大众传媒威力巨大,可以形成舆论,改变信念和生活习惯,并且或多或少按照大众传媒及其内容控制者之意志支配受众行为,代表性理论是"枪弹论",也即"同一效果论"。它的理论基础主要是生物学上的"刺激-反应论";在方法上以思辨为主,并且囿于对现代报纸、广播、电影全面侵入人们的日常生活和事物之直观,缺乏科学

---

① 戴元光等:《传播学原理与应用》,兰州大学出版社1988年版,第256—257页。
② W. Gamson and A. Modigliani, "Media Discourse and Public Opinion on Nuclear Power: A Constructivist Approach", *American Journal of Sociology*, 95: pp. 1—37.
③ Denis McQuail, *Mass Communication Theory*, London: Sage Publications, 1996, pp. 333—338.
④ S. Price, *Communication Studies*, London: Longman, 1996, pp. 4—5.

的调查研究。在欧洲,广告商、战争鼓吹者、独裁政权广泛利用大众传媒以操纵民众。这些构成了"超强效果论"的时代背景和社会环境。

正是由于大众传媒之超强效果论成为社会的普遍意识,一些学者日夜关注传播效果问题,在20世纪20年代至30年代间,主要依据社会心理学,采用调查和实验方法,开展系统的研究活动,其目的是改善大众传媒,使之有利于社会公众,诸如发展教育,反对偏见,增加公共信息。虽然他们主观上持超强效果论立场,但是他们的研究客观上导致这种理论的终结。

第二阶段是"有限效果论",有时被称为"最低效果法则"。首先提出这种说法的是约瑟夫·克拉伯(J. Klapper)的妻子霍普·克拉伯(H. Klapper)(纽约大学教师)。这一理论的经典形态,孕育于20世纪30年代初完成的佩恩基金会有关电影对儿童影响的系列研究(1929年至1932年),并且延伸至20世纪60年代初。这时期的传播效果研究,以电影和政治动员等为主要研究对象,集中考察利用电影、广播、报纸、传单等改变人们信念、态度和行为的可能性,验证大众传媒可能造成的一些有害效果,诸如少年犯罪、偏见和侵犯行为等。除了佩恩基金会的系列研究外,其他著名的研究有霍夫兰(C. Hovland)等人的新兵电影教育研究,库柏(E. Cooper)和雅霍达(M. Jahoda)的"比格特先生"漫画研究,斯达(S. A. Star)和霍格斯(H. M. Hughes)关于教育运动的研究报告以及贝雷尔森(B. Berelson)、麦奎尔(D. McQuail)、塔勒纳曼(J. S. M. Trenaman)等的研究。20世纪40年代,以哥伦比亚大学应用社会学研究部的拉扎斯菲尔德(P. F. Lazarsfeld)为首的一些社会学家,首先向"枪弹论"发起挑战,对大众传播效果进行了更为系统全面的研究。至20世纪50年代,第一次革命性转折基本完成,并导致对"超强效果论"的否定。

这一时期,传播效果研究理论和方法都有很大的发展与变化。人们在社会与心理视角的结合中研究传播效果,引入多种变量,广泛而又深入地运用社会调查和统计方法。克拉伯总结道:"大众传播并非简单地充当受众之必要而又充足的原因,它是通过传媒所联结的众多因素发挥作用的。"[1]大众传媒是在现存的个人、社会、文化条件下形成舆

---

[1] J. Klapper, *The Effects of Mass Communication*, New York: Free Press, 1960, p. 8.

论,改变人们的思想、态度和行为,影响传媒自己的选择、聚焦点和对受众的反应。除了这样的个体差异论和社会分类论之外,其时的有限效果论还包括其他一些新见解。例如,行为不变,态度可以变化;态度不变,仍可能获取信息;受传双方处在双向互动关系之中,这种动态关系会影响传播效果;大众传播的效果是多种多样的;许多中介因素对传播效果具有重要意义,等等。"有限效果论"的核心是:传媒并非万能,而是在多种制约因素的互动关系里产生相当有限的效果。

第三阶段是 20 世纪 60 年代至 70 年代末的"适度效果论"。美国学者赛弗林和坦卡特在《传播学的起源、研究与应用》中提出这一论点,其后麦奎尔(D. McQuail)等人又作了更为深入细致的述评[1]。它主要包括这样一系列研究:知识传播论、知识鸿沟说、创新-文明扩散论、使用与满足论、议题设置论、真实建构与认同论、舆论氛围形成论、社会化理论、文化规范论等。

G·朗格和K·朗格说:"即使跟某些否定性的发现旗鼓相当时,50 年代末的可靠证据也并不证实传媒效果相当弱小的论断。"[2]在这些学者看来,人们之所以推论出"有限效果论"或者"弱效果论"是因为他们的研究范围局限较大,主要集中在大众传播的短期效果,并不涉及更为广阔的社会和体制方面的长期效果。而且,他们所使用的方法过分倚重行为主义心理学,尤其是皮下注射模式和粗陋的刺激—反应模式。另外,"有限效果论"者主要是凭借拉扎斯菲尔德(P. F. Lazarsfeld)等的《人际影响》(1955 年)和克拉伯(J. Klapper)的《大众传播效果》(1960 年)两大研究文献推断而出。

与"枪弹论"和"有限效果论"不同,"适度效果论"既不过分夸大,也不过分贬低大众传播的效果,认为大众传播的效果在不同条件下有时威力巨大,有时效果微弱或不明显,有时则介于这两者之间。如果说"枪弹论"否定了受众的主动性与选择性,"有限效果论"忽视传媒的劝服效果,过分重视受众态度的固执性,那么"适度效果论"则以为在传受双方的互动关系中,由于所处境遇不同,传受者的主动性与选择性也就

---

[1] Denis McQuail, *Mass Communication Theory*, London: Sage Publications, 1996, pp. 333—338.

[2] G. Lang and K. Lang, "Mass Communication and Public Opinion: Strategies for Perspectives", in M. Rosenberg and R. H. Turnor(eds), *Social Psychology*, New York: Basic Books, 1981, pp. 653—682.

千差万别;传媒的劝服效果和受众态度、思想、信仰、行为诸方面之变易程度也是各不相同的,不可绝对而论。如果说以往传播效果研究的重点是验证个人对传媒内容的接触程度跟个人态度、意见、信息获取等变量的相关性,那么,"适度效果论"既重视传播的直接短期效果,更注重传播的间接长期效果,重视认知胜于态度,尤其是境遇、意向、动机、舆论的社会氛围、信仰结构、意识形态、文化规范和传媒运行机制等问题。

值得指出的是,电视在五六十年代的迅猛发展和20世纪60年代欧美发达国家急速的社会转型(反战、青年反叛运动、后工业社会、地球村、信息化浪潮等),促使人们关注大众传媒在当代的意义与作用,重新反思以往的研究成果及其基本假设。

第四阶段是"强大效果论"时期。赛弗林和坦卡特在考察了一些实证研究的基础上,以"强大效果论"概括20世纪70年代以来正在形成中的传播的社会效果现象及其某种趋势。但是他们认为这种概括只是一种理论上的推测,具有许多模糊性和不确定性[1]。麦奎尔则将这一阶段跟"适度效果论"阶段一起统称为"强大效果论"阶段[2]。

1973年德国学者纽曼(E. Noelle-Neumann)在《重归大众传媒的强力观》一文中最早明确提出这一观点[3]。20世纪60年代,新左派确信大众传媒在鼓吹和巩固资产阶级和官僚国家利益之合法性、控制民众诸方面具有强大效果。纽曼的观点跟新左派这一政治思潮是相一致的。她认为以往的研究低估了大众传媒对舆论的强大效果,实际上大众传媒的累积性、普遍性、和谐性的有机结合,就能够有力影响或塑造社会舆论。所谓和谐性,她认为是关于某事件或问题所形成的统一印象,这往往是由于不同报纸和广播电视所共同造成的;这种和谐的效力足以克服人们的选择性接触,使人们无法选择任何其他讯息;它还足以造成一种印象,让大多数人按着大众传媒所表现的那样认识事物。在这种情况之下,另一个起作用的因素被纽曼称为"沉默的假设"。一个社会成员不同意大多数人的意见(或看来似是大多数人的意见)时,往往采取对此事保持沉默的态度。这甚至也会加强那个看似已成为大多

---

[1] 赛弗林、坦卡特:《传播学的起源研究与应用》,福建人民出版社1985年版。
[2] Denis McQuail *Mass Communication Theory*, London: Sage Publications, 1996, pp. 330—331.
[3] E. Noelle-Neumann, "The Return to the Concept of Power of Mass Media", *in Studies of Broadcasting*, 9: pp. 66—112, 1973.

数人的意见。纽曼的"和谐性"和"沉默的假设",分别跟李普曼(W. Lippman)的"大众传媒制造某种关于现实的图景"说和密尔(J. S. Mill)的"持异端者的沉默"说有着一定的联系。纽曼主张更多地对大众传媒的累积性、普遍性、和谐性的有机结合开展实地调查,因为这三项因素在实验室中是很难模拟的。

门德尔松(H. Mendelsohn)、麦戈比(N. Maccoby)和法夸尔(J. W. Farguhar)等人所从事的大规模调查研究项目,也有力地支持着"强大效果论"[1]。

门德尔松(H. Mendelsohn)曾参与三个项目的调查研究。第一个项目是哥伦比亚广播公司的全国驾驶员测验,其结果有3.5万名观众参加了驾驶训练班。第二个项目是一部有关酗酒与驾驶的短片。这部片子富有娱乐性,可以在电影院内作为短片放映,结果有30%的观众说他们对于安全驾驶的观念较前有了改变。第三个项目是一部告知性的连续剧,以洛杉矶的墨西哥美国人为对象,其结果使6%的观众(即13 400人)报告说他们已参加了社区活动。

麦戈比(N. Maccoby)和法夸尔(J. W. Farguhar)承担了一个试图利用大众传媒以减少心脏病的宏伟计划。这项研究在三个城镇内进行。动员之前,对三个城镇都作了预测,其内容包括信息、态度、行为的度量和体格检查。大众传媒运动以及深入指导的目标,都在于形成人们行为的变化,以减低患冠心病的危险。这些行为包括减少或停止吸烟,改进饮食(尤其是减少含有高胆固醇的食品)并增加运动量。研究结果表明,上述两种类型的传播运动对于减少食蛋量和吸烟量、降低胆固醇水平和患心脏病的危险,都很有效果。

八九十年代之交,人们多侧面、全方位地研究了东欧和前苏联的社会动荡与转型,考察了海湾战争和前南斯拉夫地区的战争,进一步证实了,在一定社会历史和文化条件下,大众传播具有很大的效果。

应该说,"强大效果论"是"适度效果论"的存在方式之一。其重要原则是:在一定的社会、历史、文化境况中,如果能够顺应事态的客观

---

[1] H. Mendelsohn, "Listening to Radio", in L. A. Dexter and D. M. White (eds), *People, Society and Mass Communication*. New York: Free Press, 1964; *Mass Entertainment*. New Haven: College and University Press, 1966; "Some Reasons Why Information Campaigns Can Succeed", *Public Opinion Quarterly*, 37: pp. 50—60, 1973.

发展和公众普遍的内在需求；如果能够抓住时机，控制局面，引导受众的感知、认识、情绪和行为；如果能够根据传播理论的原则，谨慎地筹划节目和传播运动，确立明确的传播目标，妥善重复有关讯息，那么，大众传媒就可以产生强大的效果。

第五阶段是20世纪80年代至90年代的"谈判效果论"，指在传受双方互动的意象建构过程中，大众传媒产生其效果。实际上，在时代精神、社会集体意识、具体的社会环境、特定的社会利益团体的深刻制约下，一方面大众传媒通过按计划、有秩序地建构关于现实的意象（或真或假），并且系统地向受众传播；另一方面受众在接受和以对大众传媒所传递的意象世界的过程中，建构自己的关于现实的景象和见解。在这双向交流中，传受双方凭借各自所处的地位、所拥有的权力以及利益和兴趣，互相应接，彼此影响。大众传媒由此发挥的传播效果，就具有了"谈判"性质。在一个受众属于弱势群体和少数统治阶级的意识形态占统治地位的社会，大众传媒就倾向于代表统治阶级的利益，建构关于现实的神话，而受众在跟大众传媒交往的过程中，就处于劣势，受制于大众传媒的程度就高。但是，一般而言，受传双方所建构的意象世界并不会完全重合。受众由于实际生存状况和自己的意识形态有其独特性，它依然具有抗争的空间。当然，正如受众有其独特性一样，传媒也具有独立性，它在一定的社会历史和文化意识形态的制约下积极建构自己的意象世界。受传双方之间的批评与批判，成为当代大众传播发挥效果的基础。

因此，谈判效果理论揭示，大众传媒不仅是大众传媒所有者及其专业人员的工具，而且还是社会批判与批评的舞台；大众传播的内容不仅是传者所传导的内容，而且受到受众的深刻影响，传、受双方在批评与批判中积极建构大众传播内容的意义系统。大众传播效果之产生、变化及其程度和特征，取决于传受双方在具体的社会、历史、文化环境内的批评与批判关系。

"谈判效果论"的显著特点是，大众传播过程中存在三大彼此关联的互动关系：一是传、受双方积极的编码解码活动；二是传、受双方的社会权力关系；三是大众传播效果形成、发展、变化的动力机制（批评与反批评）。

"谈判效果论"并不取代以前各种有关传播效果的看法，它更注重大众传播在重大而又激烈的社会事变中的效果问题，更关注大众传播跟社会结构、历史变迁、社会意识形态、阶级与集团、利益与权力等的关系,更注重个人和集体意象世界的编码解码机制。在理论与方法上,它更侧重于文化研究,而不是行为主义和功能主义,更强调定性分析的重大意义与作用。跟"适度效果论"与"强大效果论"一样,它注重在具体社会、历史、文化环境内传受双方的互动关系,但是强调大众传播中的意象建构活动,这一活动不仅构成大众传播的内容,而且或多或少,或快或慢地改变着大众传播所处的社会、历史、文化的环境。

戈特林(T. Gitlin)对60年代美国学生运动的阐释,盖姆逊(W. Gamson)和蒙迪克莱尼(A. Modigliani)有关核舆论形成的分析[1],都是"谈判效果论"的经典例子。凡·左娜(Van Zoonen)关于当代荷兰妇女运动的研究,也是运用这一论说的典范。她指出,大众传媒并非平实而是有选择地输送有关妇女运动的讯息,并且在新闻机构内部协调和冲突的影响下,建构了此妇女运动的观念和活动。她评论道:"传媒所建构的有关此运动的印象,是传媒与传媒之间以及传者与受众之间互相作用的结果。这一互动关系错综复杂,并且导致确定的公共认同。"[2]

近百年来,西方传播效果理论经历了两次革命性转折。20世纪30年代初至50年代,传播效果理论由"超强效果论"基本完成了"有限效果论"之革命性转折。在这一过程中,实证主义学术传统起了决定作用,学界完善了传播效果研究的理论与技术,实验方法、社会调查和统计手段得到广泛运用,社会和心理诸多变量受到综合考虑。20世纪60年代下半叶,传播效果理论转入"适度效果论"的新阶段,并向两个方向深入发展:一是"强大效果论",另一是"谈判效果论"。

"适度效果论"及其发展,开创了传播效果研究的新纪元,呈现出一系列重大的特征:首先是理论上的开放性和方法上的多元化,实证主义和批判理论两大学术传统兼收并蓄,各种理论学说彼此竞争,各擅所长,实验、调查、统计、社会历史批评和文化研究异彩纷呈;第二是研究重心由直接的、表面的和短期的效果,转向间接的、深层的和长期的效果;第三是不再仅仅从传者和传媒角度研究传播效果,而是在传受双方的互动关系中研究传播效果问题,并且逐步发展到在历史变化、社会结

---

[1] T. Gitlin, *The Whole World is Watching — Mass Media in Making and Unmaking of the New Left*, Berkeley: University of California Press.

[2] Van Zoonen, "The women's Movement and Media: Constructing a Public Identity", *European Journal of Communication*, 7: pp. 453—476.

构、利益集团、权力关系、社会意识形态、集体意识、文化传统等环境内，考察传受双方以及传媒与社会之间的互动关系，探索传播效果形成、发展、变化的内在机制。

第三节 传播效果研究的经典成果

一、枪弹论

"枪弹论"，也即伯罗(D. Berlo, 1960)所谓的"皮下注射论"，1970年德弗勒(M. DeFleur)称之为机械的"刺激-反应论"。它是一种认为大众传播具有骇人威力的观点，主要以生物学上机械的"刺激-反应"模式为理论依据，将观众描写成受其本能驱使、人数庞大、缺乏教养、没有个性和独立见解的群众。在现代城市内，他们孤寂无援，彼此隔离，难以沟通，除了有限的社会规章、法制、契约外，严重依赖大众传媒跟社会发生联系。由于这些社会和个人原因，他们被假定为由大众传播讯息所控制：受众像射击场里一个固定不动的靶子或护士面前一位昏迷的病人，是处于消极被动的地位，只要枪口对准靶子，针头对准人体部位，子弹和注射器就会产生出神奇的新效果；控制了大众传媒，也就控制了大众。

20世纪70年代，施拉姆(W. Shramm)对于"枪弹论"的观点作过论述和分析，在《大众传播的过程和效果》一书中，他写道：在过去的几十年中，对受众的看法处于不断变化之中。第一次世界大战以后，受众曾被认为是一个静止的靶子；如果传播者能够击中"靶子"，他就能影响受众。受众总是被动的和毫无反抗的目标，他们受强大的传媒力量的控制和摆布。于是，宣传成了令人恐怖和让人憎恶的字眼，传媒被认为威力无比。这种看法是当时许多宣传研究的出发点。这也说明为什么当时拉斯韦尔(H. Lasswell)等人只重视研究宣传技巧的原因。施拉姆进而说："我在别的地方曾将这种观点称作传播的'枪弹论'。传播被认为是魔弹，它可以毫无阻拦地传递观念、情感、知识和欲望。"[1]施拉

---

[1] 张隆栋主编：《传播学概论》，新华出版社1984年版，第155页。

姆在《传播学概论》中指出:"枪弹论"不是一种学者的理论,尽管曾广为流传,但从未获得学者的拥护,"而是一种记者的'发明'罢了"①。

罗威勒(S. A. Lowery)和德弗勒(M. DeFleur)精辟地总结了"枪弹论"的基本理论设定:第一,由于来自五湖四海,并不共同拥有一套规范、价值和信仰体系,因此,大众社会的群众间除了极有限的社会联系外,彼此孤立无援;第二,像动物一样,人类凭借与生俱来的本能应对周边世界;第三,因为人们之间缺少文化共同体的联络(亲情、友情、文化习俗、传统社区关系),而由相同的自然本能所引导,所以人们对环境(诸如大众传媒的讯息)的反应千篇一律;第四,先天固有的本性和彼此隔绝的社会状况,使人们以同一方式接受和解释传媒信息;第五,因此,传媒讯息就像魔弹一样,以相同的方式袭击人们的眼睛与耳朵,对他们的思想与行为产生相同的、直接的强大影响②。

总之,大众社会的人们均质孤单,为本能所引导,以简单的生物反应方式感知和应对环境,极易受到控制。在大众传媒影响下,他们往往处于非理性的迷茫狂乱状态。

随着18世纪开始的工业化、城市化、现代化的迅速发展,欧美由农业社会急剧向现代工业社会转型,漂泊不定、落后涣散、孤单无援的产业大军集聚于城市,构成了现代社会的主体。在工业规章制度和现代官僚科层体制的笼罩下,产业工人虚弱无力,既失去了传统的社区生活及文化习俗,又没有形成集体自治组织和自觉的阶级意识,严重依赖大众传播。在这一历史背景下,基于孔德(August Comte)、斯宾塞(Herbert Spencer)的社会有机体思想和杜克海姆(Emile Durkheim)、韦伯(Max Weber)等有关工业化社会理论,形成了大众社会理论。这一理论认为,大众社会中的个人是一群混杂体,他们聚居于工业化的城市,分散而又孤单,本能支配行动,彼此隔绝,互相冲突,缺乏全面的社会联系,而每个个体的本性、情绪、感受和见解又大致相似,对传媒依赖性很强。因此,大众社会中的群众容易受到大众传播的影响。这一大众社会理论还深深打上了达尔文以后流行科学界的社会生物学观点的烙印,强调从生物本能的视角观察与解释人的行为与思想。可以说,现代大众

---

① 威伯尔·施拉姆:《传播学概论》,新华出版社1984年版,第201页。
② S. A. Lowery and Melvin DeFleur, *Milestones in Mass Communication Research*, London:Longman, 1995, p.14.

社会理论和生物社会学是"枪弹论"的理论支柱。而早期工业社会和世界大战期间宣传机器所显示的巨大威力则是"枪弹论"之所以产生的历史背景。

任何新生事物都会引起恐惧。现代大众传媒的迅速发展,从物质与文化意识上猛烈冲击了当时的社会。实际上,自大众传媒出现以来,人们就在责难大众传媒对个人的思想观点、态度和行为产生了极大的消极影响。第一批大众报纸在19世纪30年代一出现,批评家就群起而攻之。电影、广播和电视问世之时,也成了恐惧、蔑视和斥责的对象。20世纪20年代,有人指责电影破坏了道德价值,导致青年犯罪。人们特别重视大众传媒对儿童的不利影响和对民众参与社会政治的重大影响。认为大众传播会产生可怕而又有害的巨大影响,这样一种恐惧感长期积淀在民众的思想和感情里。这也是造成枪弹论的重要原因。

(枪弹论)缺乏系统的理论形态,具有很大的虚幻成分。但是,它为科学工作者深入研究大众传播现象设定了重要的题目,从而为学者们在四五十年代最终摒弃这一论说铺平了道路。

二、佩恩基金会的系列研究:电影对青少年的影响

美国佩恩基金会在20世纪20年代末至30年代初进行了13项有关电影对青少年影响的调查研究,采用典型调查、实验、统计方法,侧重研究利用电影媒体积极主动地告知消息并进行劝服的可能性,以及出于防范动机而测定电影媒体在造成青少年罪错、社会偏见、侵犯行为和色情刺激方面的消极影响。佩恩基金会的系列研究,既是当时有关此主题最有影响的评论,又是大众传播研究史上首次规模巨大的调查研究[①]。

其时,公众对电影影响社会日甚一日深感忧虑。在20世纪第一个十年里,电影是一种新奇之物;第二个十年电影成了家庭娱乐的主要媒介;至20年代末,人们普遍一周看一次或几次电影。同时,电影对儿童的影响使公众感到特别不安。1929年,估计每周有2 800万未成年人看电影,其中14岁以下的儿童有1 100万。电影是否对美国青少年造

---

① Sheavon A. Lowery and Melvin DeFleur, *Milestones in Mass Communication Research*, London: Longman, 1995, pp. 24—45.

成有害的影响呢？这成为美国公众普遍关注的问题。那些以恐怖、犯罪、不正当关系为题材的电影尤其令人惊恐。与此同时，社会科学中的定量分析趋于成熟。这两大深刻变化导致一批学院派心理学家、社会学家和教育学家在民营佩恩基金会的资助下，开展了为期三年的电影效果研究。1970年，阿诺出版社和纽约时报社再次刊行这批经典研究成果。

佩恩基金会系列研究中最有趣的研究项目是由社会学家布卢默（H. Blumer）进行的[①]。它试图提供一幅关于看电影如何影响青少年生活的画面，包括如何影响他们的游玩和日常行为，诸如穿着、举止、言谈、情感、幻想、抱负、诱惑以及职业打算。他所使用的方法很简单，让青少年回忆并记下他们童年时所看电影对他们的影响。最后，他收集了1 800多人的自述，其中的大多数是大学生，也有一些工人和职员。他没有作统计分析。只是引用自述材料中的例子来证明他的结论：电影是模仿，是无意识的学习，并且是情绪化的一个根源。少年儿童模仿了银幕形象的举止言谈及其他行为，在观看电影时经受了深刻的感情历程，激发出很强的感情冲动。这些对他们思想与感情的发展以及对成人世界的理解都产生了很大的影响。

就今天社会科学研究标准而论，布卢默的研究缺乏严谨精细的实验设计和客观真实的统计分析，定性的表述和推断大于定量的实证研究。另外，由于时过境迁，他的研究也不一定符合现在的情况。但是，他积累了大量实证材料。更重要的是，他的论题已经深刻涉及当代的塑造模式论（利用演员作为塑造个人行为的模式）和意义建构论（利用电影所供给的规范和从电影中所感知和认同的解码方式，有效地建构关于真实的意象）。在当时，人们并没意识到他开创了当代的塑造模式论和意义建构论之先河。

在佩恩基金会系列研究中以方法精确、最接近当代社会科学水平而著称的研究项目，是由彼得森（R. C. Peterson）和瑟斯顿（L. L. Thurston）完成的。其研究重点是电影如何影响儿童对社会问题的态度[②]。他们从几百部电影里最后精心选定13部。这些电影描写了对

---

① Herbert Blumer, *The Movies and Conduct*, New York: Macmillan, 1933.

② Ruth C. Peterson and L. L. Thurston, *Motion Pictures and the Social Attitudes of Children*, New York: Macmillan, 1933.

以下诸问题的态度：① 德国人和第一次世界大战；② 赌博；③ 禁酒；④ 中国人；⑤ 惩罚罪犯；⑥ 黑人。他们让大约4 000名初中生和高小生观看选定的电影，并严格测量这些调查对象在观看电影前后在态度上的变化。有时，在两个半月和18个月之后，还要对调查对象进行一次测试，以检验电影的影响是否继续存在。他们的结论是：电影可以改变儿童的态度，有时甚至引起显著的变化。

彼得森和瑟斯顿采用了最新研制的测量态度的等级法，并且用统计分析方法检验研究成果。但是，他们在研究方法和思路上也存在几大弱点：首先，没有采取措施防止抽样调查可能出现的某种片面性；其次，没有对那些未从头至尾参加调查的学生进行研究；其三，没有同时使用控制小组和实验小组。人们之所以认为彼得森和瑟斯顿的研究非常重要，是因为这些研究提供给人以印象深刻的图表和实验公式。他们不仅激发其他人也去研究态度转变问题，而且为有关大众传播提供了证据。但是，正是他们相当精确的调查与实验方法以及引人入胜的研究主题，为人们以后克服"枪弹论"作了铺垫工作。这也正是佩恩基金会13项研究的基本特点和意义。

佩恩基金会的系列研究无疑为科学地研究传播效果问题打开了通道，预示了"意义建构论"和"塑造模式论"的发展，开拓了传播效果研究的新领域，诸如态度改变，睡眠效果，使用与满足，调查和实验的方法。

三、个人差异论、社会分类论、二级传播论、中介因素论

如果说佩恩基金会系列研究标示了超越枪弹论的基本途径（调查、实验、统计），那么，其后的个人差异论、社会分类论、二级传播论、中介因素论则宣告了枪弹论时代的终结。

1. 广播剧《火星人入侵地球调查》（个人差异论）

1938年10月30日晚上，美国哥伦比亚广播公司根据威尔斯（H. G. Wells）科幻小说《星球大战》改编的广播剧播出时，600万听众收听了此广播。成千上万人误以为火星人真的在进攻地球，世界末日到了。恐慌一时间笼罩美国。

哥伦比亚广播公司、《水星舞台》栏目和演员们都无意欺骗观众。剧本和节目是为了庆祝万圣节而按"鬼怪故事"的传统编排的。在这出广播剧播出前后，以及在报纸节目预告中都清楚地说明这是一出戏剧。

然而,播送的风格、导演的高超和演员的杰出表演,使得这出广播剧显得十分逼真。结果,它成为历史上著名的传媒事件之一。

事件发生后,公众、联邦通讯委员会和广播业极为震惊。普林斯顿大学广播研究室以坎特里尔(Hadley Cantril)为目标的研究小组,随即着手开展调查研究。他们深入访问了135人,翻阅了1 250份有关火星人入侵的简报,分析了哥伦比亚广播公司为研究人员提供的两份范围广泛的听众调查,研究了《水星舞台》节目组、哥伦比亚广播电台经理和联邦通讯委员会所收到的所有邮件,其后得出了跟"枪弹论"不同的结论:时代、社会环境、传媒发展状况和受众个人特点共同构成了传媒发挥效果的原因,其中受众的批判能力更是人们对广播节目做出反应的最有意义的变量,而批判能力的大小,又跟人们的宗教信仰、教育、情绪、个性、人际关系紧密相连[1]。

当时,美国处在经济动荡和战争的阴影里,同时无线电广播的发展已使公众对之产生信赖,成为他们主要的信息来源,他们也习惯于从广播中获取当前有关时事的通告。另外,广播电视制作技术相当出色,尤其是"现场报道"和"专家访谈",而且许多听众没有听到广播电台关于广播剧的预告说明。这些都是这次传媒事件的原因。但是,更重要的原因是个人内在因素方面的差异。研究表明,批判能力低的人,倾向于相信那是一次真的侵犯,而不去核查;具有强烈宗教信仰的人,易于认为火星人在入侵地球;感情脆弱、胆小、缺乏强烈自信和有宿命观念的人会受影响;教育程度的高低关系到人们批判力的大小,也是衡量人们是否用其他信息来源检查广播真实性的惟一最佳因素;家庭成员、朋友同事和社会人士也起了不可忽视的作用。几年以后,类似事件在智利和秘鲁再次产生相同的效果。

虽然,研究人员无意发展出一套理论,推出普遍结论,因为他们在方法上也没有创新之处,但是,他们在大众传播效果研究史上首次研究了重大的历史事件,综合考察了受众个人、社会历史、传媒及其内容三大因素,形成个体差异论,也即选择性影响理论,就是个人在情绪、理智、动机、兴趣、信仰、态度、知识等方面的差异,对大众传播效果之产生及大小至关重要。

---

[1] Hadley Cantril, *The Invasion from Mars*, Princeton: Princeton University Press, 1940.

霍夫兰(C. Hovland)在40年代,切费(S. H. Chaffee)和罗瑟(C. Roser)在80年代都详细研究了传播效果之发挥在受众方面的原因,尤其是受众的兴趣和注意这些心理因素等①。法兰西(J. R. P. French)和雷文(B. H. Raven)在50年代指出,传媒符合受众需要与否,受众对传媒的权威(名誉、地位、知识、合法性)是否认可(注意和遵从),这些跟传播效果问题息息相关②。凯尔门(H. Kelman)60年代在受众的动机、需求和愿望三大因素中研究传播效果的机制。他认为,希望得到奖励和逃避惩罚,喜欢和愿意仿效,契合先前存在的需求和价值观念,这些是解释传播效果的重要因素③。1960年,施拉姆(W. Schramm)等人公布了美国有关儿童使用电视情况的首次大规模调研报告。他们侧重研究儿童怎样对待电视问题,在美国和加拿大访问了6 000名儿童和1 500名家长、教师以及学校行政人员后,他们得出结论:电视对儿童的影响因他们的年龄、性别、智力程度、观看方式而异④。1971年美国国立精神病研究所所完成的大型调查报告《电视与社会行为》再次证实了个人差异论之有效性。

值得指出,要注重大众传播研究中人际的因素(如果惊恐的邻居和朋友跑来告诉某人,并让他打开收音机听这个广播剧,那么他往往会受到同样的感染而信以为真)。这是坎特里尔(Hadley Cantril)研究小组的重要研究成果。这实际上涉及两级传播问题。

2. 政治竞选研究("社会分类论"和"两级传播论")

1944年拉扎斯菲尔德(P. F. Lazarsfeld)、贝雷尔森(B. Berelson)和高德特(H. Gaudet)的《人民的选择》在传播效果研究史上具有里程碑意义:一是证实了社会分类论(社会结构中地位不同的人,对传媒注意程度和应对方式也不同,反之则大体相似);二是提出了二级传播论(人际因素是影响传媒和受众间互动关系的重要变量,它往往处在传媒

---

① C. Hovland et al, *Experiments in Mass Communication*, Princeton: Princeton University Press, 1949. S. H. Chaffee "Involvement and Consistency of Knowledge, Attitudes and Behavior", Communication Research, 3: pp. 373—399.

② J. R. P. French and B. H. Raven, "The Bases of Social Power", in D. Castwright and A. Zandeer(eds), *Group Dynamics*, London: Tavistock, pp. 259—269.

③ H. Kelman, "Processes of Opinion Change", *Public Opinion Quarterly*, 25: pp. 57—78.

④ W. Schramm, J. Lyle and E. Parker, *Television in the Lives of Our Children*, Stanford: Stanford University Press, 1961.

和受众之间);其后,卡茨(E. Katz)和拉扎斯菲尔德在《人际影响》中验证和发展了两级传播理论。

1940年11月美国举行总统大选,拉扎斯菲尔德等人在美国俄亥俄州伊里县就美国总统竞选宣传进行了一次实地调查,调查结果汇集成《人民的选择》一书。他们的目的是观察选民的投票意向的发展变化,探究其原因,由此了解大众传播在现实竞选活动中的意义和发挥作用的条件及其方式。

伊里县位于大城市克里夫兰和托里多之间,有居民4.3万人,多数是白人,40年间人口变化不大,大体分为务农和做工两类。这个县有地方报纸,但大多数居民阅读克里夫兰出版的日报,收听克里夫兰和托里多以及全国广播公司的节目。在历届总统选举中,这个县选举的投票结果跟全国大选的结果很相近。正是由于伊里县具有典型性质,而且规模适宜,所以研究人员选定了这个点。

调查设计了新的方法(实验组与控制组)。调查活动从5月开始,直至11月富兰克林·罗斯福在总统竞选中击败温德尔·威尔基。5月,研究人员采访了3 000居民,并随意将其中2 400名调查对象分成四组,每组600人。其中一个小组为主组,从5月至11月,该组成员每月接受一次采访,共计7次。其他三个小组为控制小组,7个月中,除第一次外,对每组则增加一次采访。研究人员把对三个控制组的采访结果跟主组的采访结果进行比较,以观察重复采访对主组产生什么影响。他们发现,重复采访并未产生显著的积累性效果。因此,研究人员确信,调查结果是有意义的,而不是人为制定的。

他们分析比较了人们的不同社会结构分类(居住区域、收入、宗教背景、党派倾向、年龄、性别、教育、职业以及使用传媒的习惯等),以观察人们的这些特点跟选民投票意图及其变化发展的关系。调查表明:不同社会特点,决定了人们的选举意图与行为,而传媒在直接影响选民意图与行为方面只起微小作用。其时,"枪弹论"仍然十分盛行。所以,调查结果大大出乎研究者原先的假设,"社会分类论"因此而成为解释大众传播效果的一个新模式。

传媒对于选民主要产生三种影响:激活性、强化性和转变性。激活性,就是促使人们做其愿意做的事情,推动人们沿着既定方向继续前进的过程。一般而言,投票行为是由选民的社会特点决定的,而且大多数选民在竞选开始时已有了明确的选举意向。但是,仍有些选民处在潜在状态，或犹豫不决，或还没萌生参选的动机与热情。大众传媒可以通过宣传帮助选民明确选举意向，形成动机，了解信息和采取行动。拉扎斯菲尔德等人的调查对象中，这类选民约占15%，而在传媒宣传影响下，53%的选民则表现为思想更加坚定，仅仅8%的选民转变了立场，9%的选民受到混合影响。

因此，激活效果和强化效果是大众传播的主导效果。拉扎斯菲尔德等人同时指出，在特定的条件下（例如，只有一种观点具有垄断地位，而且整个环境又是封闭的），如果能够利用特殊的宣传方法（例如组织面对面的讨论或交流来辅助传媒的宣传），那么，大众传播活动有可能产生强大的社会效果。

《人民的选择》另一项意料之外的重大成果是发现选民的主要消息和影响来源是其他人。这也就是所谓的不同于"传媒影响"的"人际影响"。当一个选民向其他选民打听或跟他们讨论有关候选人的问题时，他人不仅提供无意或有意地选择过的有关信息，而且，也加上自己的一些解释。选民中间存在一些舆论领袖。大众传播的内容基本上是由大众传媒流向舆论领袖，然后由他们传给他们想要影响的人们。这样的人际传播，不仅扩大了传播范围，而且往往比直接的大众传播更有说服力，因为舆论领袖往往是他人所熟识、尊重和信赖的人。同时，这些领袖传递消息和表述意见的活动更具针对性，更灵活，更容易被人接受与相信。拉扎斯菲尔德等人据此得出"二级传播论"。

"二级传播"概念具有划时代的意义。无论是大众社会理论，还是它的分支学说"枪弹论"，都否认人与人之间的社会联系具有极其重要的作用。"二级传播论"无疑从根本上动摇了当时流行的理论范式，启发了一种全新的传播效果研究思路。1955年，卡茨和拉扎斯菲尔德在《人际影响》一书中深入而又全面地阐述了二级传播现象，从而确立了"二级传播论"。

首先，"基础团体"（内部关系亲密的小团体）获得了巨大的关注。因为在二级传播的过程中，关系紧密的人们所组成的团体（诸如家庭与同类人），具有最为重要的作用。库利（C. H. Cooley）在20世纪初就提出"基础团体"的概念[①]。以后，少数社会科学家给予基础团体在人的

[①] C. H. Cooley, *Social Organization*, New York, Charles Scribner's Sons, 1909, pp. 80—90.

社会化过程中以中心地位。但至 30 年代初，这一概念并没引起学术界的普遍重视。30 年代末至 40 年代初，情况有所转变，例如，鲁斯列斯贝克(Fritz J. Rothlisberger)、迪克松(William J. Dixon)、华纳(W. Lloyd Warner)和狄格森(William J. Dickson)等人有关工人工作效率和美国社区中社会关系形态的著作①。卡茨和拉扎斯菲尔德等人的研究从属于这一社会科学新思潮，而后者也为前者提供了从新的角度透视传播效果问题的丰厚资源。在总统竞选中，传媒所提供的讯息常常是混杂而又矛盾的。许多选民在多种人际交往方式中，尤其是亲密小团体内部的交流里，获取自己关于选举事务和候选人的印象、知识和见解。其中，亲密小团体成员的叙述和见解对于个人接受和理解传播信息以及做出自己的应对具有决定性意义。这些亲密的小团体成员或关系特殊，或价值观念相似，或社会角色相同。

"二级传播论"中第二个核心概念，就是所谓的舆论领袖。舆论领袖，是人们所认识和信赖的人，往往跟他们有相同的社会地位，被认为具有某些专长和对某些问题见解深刻。舆论领袖能够向人们提供建议和解释，改变他们的态度，影响他们的行为。与社会正规组织的领导人物不一样，舆论领袖是非正式的领导，给人出谋划策，其影响力常常比大众传媒更大。

一般可以用四种方法去确认舆论领袖。其一是"影响普遍的人"，即某人在一系列问题上可以给人以建议，而人们碰到问题又常常向他请教和咨询。例如，妻子就会在许多事务上征求丈夫的意见，此时，丈夫就充当舆论领袖的角色。其二是"影响特殊的人"，通过研究人们特定的态度变化是受何人影响的问题，可以确定这类人。其三是"日常对谈人"，即研究跟人们经常谈论问题的人，他们往往在潜移默化的过程中间接地影响他人。其四是"自我任命法"，就是了解人们是否向他人提供建议，或有意影响他人，并且佐以考察这些建议和影响他人行为是否有效，以此鉴定此人是否为舆论领袖。舆论领袖通常在购物、时尚以及选看电影等方面发挥很大的作用。在政治领域，那些积极参与政治活动、消息灵通和社会联系广泛的人常常成为舆论领袖。

---

① Fritz J. Rothlisberger and William J. Dickson, *Management and Worker*, Cambridge: Harvard University Press, 1939; W. Lloyd Warner and Paul S. Lunt, *The Social Life of Modern Community*, New Haven: Yale University Press, 1949.

舆论领袖往往跟人们有一定的紧密关系，他在他所熟悉的领域里的见解会受到重视。因此，人际关系和见识是舆论领袖的两大本质规定。

总而言之，大众传播往往是通过人际关系(尤其是基础团体和小团体)来影响受众，发挥改变受众态度和行为的效果。

卡茨和拉扎斯菲尔德等人所建立的"二级传播论"，为人们研究大众传播过程中长期而又间接的效果提供了有力的理论武器。虽然，他们在测量方法、统计分析、抽样技术和实验方式诸方面存在明显的局限，但是他们最先明确而又集中地研究了大众传播过程中的社会关系和中间角色。把人际关系影响大众传播过程的作用看得比传媒内容、传者形象和受者心理更重要，这不无偏颇之处，但引导人们研究传播效果中的一个新的重要问题——人际传播跟偏见散布、创新吸纳和新闻交流等的关系问题。

应当说，"二级传播论"最大的贡献是对于当时影响仍然很大的枪弹论之否定。

3. 中介因素论

至20世纪50年代末，以"个人差异论"、"社会分类论"和"二级传播论"为代表的传播效果研究形成了众理论的内核，即传播是在一定的内在和外在、主观和客观条件下发挥作用的。克拉伯在1960年全面完整地总结了这一新的研究思路："传媒是在总的局势中通过相关的诸因素而产生实际影响的。"[①]这里所谓的"诸因素"也就是中介因素。克拉伯的基本观点是：正是这些中介因素，使大众传播主要是作为一种激活、强化和维持受众原有态度和观点的力量而发挥作用。在一般情况下，大众传播经过这些中介因素的过滤(阻挡、回避、取舍、缓和、磨合、重塑等)，很少有可能性从根本上改变受者原先的观点和态度，其改变力量相当有限。中介因素往往使传者的预期意图不能完全按照原定的方向和强度发挥作用。长此以往，在中介因素的制约下，传受双方或快或慢彼此适应。

实际上，克拉伯的见解是建立在社会历史和人的常态层面上的。在主要时空段上，历史呈现稳态的发展状况，社会与个人处于平衡的状态。因此，在大众传播过程中，无论是社会大环境，还是受众个人或集

---

① J. Klapper, *The Effects of the Mass Media*, Glencoe: Free of Glencoe, 1960.

体，其过滤机制一般属于保守性质的（趋于保持和加强平衡状态；如果有变化，也主要是调整）。不过，当社会、历史、个人、集体进入戏剧性的飞跃或质变时期，讯息接受的过滤机制的变更作用，决定了传播效果的发挥，传受双方及其所处的社会历史大环境，也就由动态平衡转入翻天覆地的变革格局之中。因为克拉伯重视传媒加强与维持现状的作用，所以，有人称其理论为"强化固有观念说"。

在克拉伯看来，大众传播过程中，重要的中介因素包括：受者的心理倾向性和选择过程；群体和群体规范与习俗；人际关系及其活动和自由企业社会中的传播工具及其体制。

所谓受者的心理倾向性和选择过程，是指接受者原有的观点、兴趣、动机、态度影响接受者对传者和讯息的选择、感知、理解、解释及记忆，从而制约传受双方的亲疏关系、信息交换和效果的实现。一般而言，受者易于有选择地感知跟他们原有观点、兴趣、动机、态度、相同或相似的传播内容，并作出自己的理解和解释。由此，一方面记住自己所赞成的内容，忘掉跟自己相异的内容；另一方面重塑讯息，乃至曲解，以此维持或强化自己的感情与认知及其深层的文化心理结构。当然，这一重塑过程不是纯粹受者对传播内容的主观变更，而是在传受双方的互动关系里受者主体性和传播内容对象性的磨合过程。传受双方共同参与和建立传播文本的现实形态，促使其潜在效果实现创造性的转化。

传受双方心理上的互动关系处在一定的群体之中，而一定群体都有特定的思想、价值、信仰、行为诸规范与习俗。社会是由众多群体组成，诸如家庭、社区、社会团体、生产组织、机构等正式或非正式、公共或私人、国家或民间的群体机制。个人可以是多种群体的成员，各种群体也存在或简单或复杂、或单一或多重的关系。每一群体按照自己的规范在实际交往中活动。群体抵制其成员违背群体的规范与习俗。群体成员间的交流在通常情况下，对传播活动起着主导作用。在诸群体中，民族、阶级、阶层、家庭等是主要的群体。近代以来发展起来的国家，无论在集权还是民主体制中，都发挥着巨大的作用。

因此，群体及其规范与习俗一定跟人际关系相联系。"二级传播"和"舆论领袖"等研究，充分证明人际关系在大众传播过程中的意义与作用。舆论领袖往往代表群体的规范，是群体其他成员认同的典范。舆论领袖能够引导和加强群体成员的观点、信仰、兴趣、动机、态度，影响他们选择与感知、理解与解释传播内容的心理过程。在群体成员的实际活动中，舆论领袖具有强烈的号召力，发挥着深刻的示范作用。

一定的传播活动，总是在一定的传播环境和传播制度内进行的。现代西方大众传播是在以自由企业为中心的市场经济形态中运行的。虽然欧洲大陆和英美社会制度及其传播体制差异很大，但是，大众传播经营活动都必须以不同的方式遵循现代大众文化的基本商业原则和社会公德。例如，商业性报刊的发行数，广播电视的收视率，电影的票房收入，隐私权和反淫秽规章，等等。

四、创新和讯息扩散理论

工业革命，尤其是第二次世界大战以来，科学技术、社会体制、生活方式、文化规范及习俗诸领域内的创新层出不穷。究其原因，不仅在于形形色色的创新更替迅捷，而且在于现代大众传媒的快速发展极大地促进了创新的交流和扩散。创新是现代社会变迁的基础，而大众传播在这一过程中举足轻重。因此，自20世纪40年代开始，创新和信息扩散研究成为大众传播效果研究的重要方面。

对于社会变革扩散的研究至少可以追溯到19世纪。1890年法国社会学家泰德(Gabriel Tarde)提出重大的研究命题："我们的问题是：为什么90%同时在语言、神话观念、工业过程中构想而成的创新被遗忘了，只有其中的10%传播出去了呢？"[①] 他研究人类面临创新时的应对策略，他的结论是模仿使创新得以扩散。他忽视了大众传播在创新及其扩散过程中的重大意义，其基于心理概念的模仿论经不起时间考验。

20世纪初先是生物学家后是经济学家，发现某些生物和经济现象的增长呈现S形曲线（起初缓慢，逐步加速，至峰值段又趋缓慢）。20年代，一些社会学家诸如蓬佩尔顿(H. Earl Pemberton)利用这个模型研究社会与文化现象。40年代以后，在社会科学和人文科学有关创新扩散研究成果的启示下，传播学界先后进行了推广简易收音机、杂交玉米种、新教学法和卫生措施等研究，形成S形曲线和J形曲线两种创新和讯息扩散模式。

---

① Gabriel Tarde, *The Laws of Imitation*, trans. E. c. Parsons, p. 140, New York: Henry Holt, 1903.

1943年,瑞恩(Bryce Ryan)和格罗斯(Neal C. Cross)发表了有关衣阿华两个社区1927年至1949年间玉米新品种推广的研究论文[①]。他们发现,农民对新生事物的接受过程大多显示正升状的S形曲线:1927年至1935年间,只有少数敢冒风险的农民首先试种;1935年至1937年间,首次采用新品种的农民人数由原先的7%急剧上升为峰值的24%;1937年至1941年间,首次种植新玉米的农民人数逐年减少。在这一过程中,农民从传媒和人际传播中获得的讯息分别占21%和67.1%,影响率最大的是人际传播(约81.7%);教育程度较高和年龄较轻的农民容易接受创新,反之则不然。

S形曲线是创新和讯息扩散的常规模式,它不仅显示了创新和讯息扩散的总体形态和速度,而且表明了一系列影响创新和讯息扩散的因素:

其一,戏剧性强和意义重大的讯息传播速度快,范围广,反之则相反。例如,在肯尼迪总统遭枪击的30分钟内,美国68%的成人就得知了这一事件。

其二,传媒界所重视的讯息,传媒就会大规模和重复报道。因此,这些讯息也就传得快,而且广。但是,重复过多就会导致讯息传播递减的结果。50年代,德弗勒(Melvin L. DeFLeur)和拉尔森(Otto N. Larsen)发表了《信息流动:大众传播中的一项实验》。他们在特点相似的八个地区,散发数量不等的有关民防紧急情况的传单,而媒介进行配合,不报道有关这次事件的任何消息。四天以后,他们对每个地区进行抽样调查。结果表明:随着传单发放数增加,得知这一信息的人数占总人口的比例也增加。但是,人数百分比的增加呈递减趋势。

其三,人际传播在讯息扩散中起了积极作用。50年代美国所进行的大规模信息传播研究"里维尔工程",再次证实了瑞恩和格罗斯的重大发现:传媒和从传媒与他人那儿获得信息的人,共同构成讯息"扩散之链"。这一成果将《人民的选择》中所提出的"二级传播"扩展为"多级传播"概念。

其四,受众的教育程度、社会角色、年龄、个性特点是重要因素。

J形曲线模式,可以说是对S形曲线模式的补充和发展。在一个

---

① Bryce Ryan and Neal C. Cross, "The Diffusion of Hybrid Seed Corn in two Iowa Communities", *Rural Sociology 8* (March 1941):15.

最后人人皆知的传播案例里（诸如肯尼迪遇刺事件），50%以上的受众是从其他人而不是传媒获知消息；随着获知信息的人数下降，人际传播的作用随之减弱，而信源的作用就上升；但是，在讯息仅为很少数人知道的传播案例里（诸如学术动态），人际传播的作用再次增大，因为他们往往属于特殊群体，这类讯息对他们显得很重要，所以一旦获知，就很可能马上告诉自己的同志。

五六十年代，创新的讯息扩散成为热门话题。1962年，罗杰斯（Everett Rogers）总结了506个创新扩散研究项目。1973年，他和舒梅克（F. Shoemaker）对此作了最具代表性的综合分析①。罗杰斯（Everett Rogers）把创新扩散过程概括为五个阶段：得知；兴趣；评价；试用和采用。他指出：创新扩散的第一阶段是得知一项创新，因此，一次变革的广泛传播首先要让人知道。大众传媒可以加速和扩大创新信息的传播，从而促进社会进步。

七八十年代，创新和讯息的扩散研究重心，向在社会与文化境况中研究传媒和受众的两个向度转移。编码与解码、传媒与社会发展等问题成为分析热点。德弗勒和罗杰斯等人指出：大众传播本身就是一种创新机制，在其发挥引导和加强社会创新扩散过程的作用之前，它必须获得发展，现代社会和发达国家之所以创新扩散快捷的重大原因也就在于此。

创新和讯息扩散研究另一个重要方面，是大众传播和发展中国家发展的关系问题②。60年代初，联合国开展传媒与发展中国家社会发展的研究，1964年，施拉姆发表《大众传播媒介与社会发展》，主张大众传媒有利于发展中国家实现现代化，发展了50年代勒纳（D. Lerner）诸人的观点③。

依据此种在西方占主流地位的现代化传播理论，大众传媒的发展对发展中国家主要有两方面的重要作用：一是大众传媒的发展有利于促进发展中国家和发达国家的社会交往，传播西方价值、思想观念、社

---

① E. Rogers, *Diffusion of Innovations*, pp. 80—85. New York: free Press, 1963; E. Rogers and F. Shoemaker, *Communication of Innovations: A Cross Cultural Approach*, pp. 52—70. New York: free Press, 1976.

② E. Katz et al, "Traditions of Research on the diffusion of Innovation", in *American Sociological Review*, 28: pp. 237—252.

③ D. Lerner, *The Passing of Traditional Society*, New York: Free Press, 1958.

会制度、科学技术以及生活方式,这些对于发展中国家的现代化至关重要;二是有利于发展中国家的领导人及其社会组织利用大众传媒推动社会内部的变革(诸如提高教育水平、实行计划生育政策、影响民众意识等),为引入西方创新机制创造条件。

总而言之,对发展中国家来说,大众传媒可以成为有计划的社会变革的重要因素。

但是,以法兰克福学派为代表的批判理论,猛烈抨击施拉姆等人的现代化传播论。席勒(H. Shiller)认为:当代大众传媒技术具有广泛的压迫力,结果是广大人民和弱小国家失去了拥有信息的自由和均等机会以及自己的文化认同性与生活方式[1]。

五、使用与满足论

大众传播接触论(无论是传统的枪弹论,还是选择影响理论,诸如个人差异论、社会分类论、多级传播论和大多数劝服研究),都侧重于分析受众对传媒及其内容的反应,讯息内容是这类传播效果研究的出发点。"使用与满足论"则注重研究受者的内在需要和目的(求知、娱乐、个人认同、社会交往等),从这一受众主体的角度分析大众传播如何服务于受众内在功能的问题。这一传播效果模式的基本假设是:个人对传媒及其内容怀有某些期望,他们是有目的地选择媒体及其内容以满足自己某些需求。在此,传媒是解决个人需求的工具,不具有决定作用。

达到传播效果的关键,是了解和把握受众的内在需求。在当代市场经济形态的大众社会里,消费引导生产和民众主导政治构成最基本的社会特征。在这一社会中,使用与满足论的适用性十分明显。

1959年,贝雷尔森(B. Berelson)提出传播研究已经趋向死亡的论点。同年,卡茨(E. Katz)撰文加以反驳。他认为,正在死亡的是把大众传播作为劝服来研究的领域。这类研究目的在于"传媒给了人们什么?"的问题。他指出,如果转变研究取向,从"人们用传媒做什么?"的问题出发,那么,传播研究也许柳暗花明[2]。

---

[1] H. Schiller, *Mass Communication and American Empire*, Westriew Press, 1992.
[2] 赛弗林、坦卡特:《传播学的起源研究与应用》,福建人民出版社1985年版,第258页。

实际上，从受众使用传媒的角度进行研究的尝试，差不多跟伊里县调查项目同期进行。1942年，赫佐格（H. Herzog）对在白天收听连续广播剧的2500名妇女进行了短期采访，并对其中的100名进行长期回访。调查证明：妇女爱好这些广播剧的原因，有的是借以发泄对现实的不满，有的是沉湎其中做白日梦，以此排遣苦闷，有的是为了获取处世之道[①]。

1949年，纽约报界举行大规模罢工，致使报纸停刊。贝雷尔森（B. Berelson）立即进行调研。大多数调查对象说，读报已成习惯，没有报纸觉得与世隔绝，茫然若失，似乎感到自己不复存在；跟原先熟悉的生活脱了节，不得不寻找新办法来消磨原先读报的时间[②]。由此可见，读报对大多数人来说，不仅是一种需求，而且很大程度上是为了消遣。

1958年至1960年，施拉姆（W. Schramm）、李尔（Jack Lyle）和帕克（E. Parker）等人从"使用与满足论"视角出发，运用选择接触论和意义建构论，在加拿大和美国进行了有关电视和儿童关系的大型调查研究。其重点不是单纯研究电视对儿童的影响，而是儿童使用电视以满足自己需求的问题。调查表明：儿童由于家庭、社会关系、性意识、年龄、智力等诸多原因而形成不同的内在需求，看电视很大程度上是为了满足这些需求，尤其是满足历险体验的需要。施拉姆（W. Schramm）及其同事指出："在一定条件下，电视对某些孩子是有害的，而对另一些孩子却有好处；或者条件不同，同样的电视对同样的孩子的影响会截然相反。"[③]儿童不同的目的和需求决定他们对电视节目及其内容的选择，而电视则通过满足儿童的需求发挥其效果。

1964年，布卢姆勒（J. G. Blumler）和麦奎尔（D. McQuail）着重从使用与满足的视角，探讨了英国此年的普选。他们的目的是，了解人们观看或拒绝收听和如何使用党派广播以及他们喜欢哪种有关政治家的

[①] H. Herzog "What Do We Really Know about Daytime Serial Listeners?", in P. F. Lazarsfeld(ed), *Radio Research*, 1942—1943, pp. 2—23, New York: Duel, solan and Pearce, 1942.

[②] B. Berelson, "What Missing the Newspaper Means", in P. F. Lazarsfeld(ed), *Radio Research* 1948—1949, pp. 111—129, New York: Duel, solan and Pearce, 1949.

[③] S. A. Lowery and Melvin DeFleur, *Milestones in Mass communication Research*, London: Longman, 1995, pp. 293—263; W. Schramm et al, *Television Lives of our Children*, pp. 11—12. Cali: Stanford University Press, 1961.

电视介绍方式的问题。50％以上的调查对象的理由是：① 要知道如果某政党得势,将有何为；② 了解当前重大事件；③ 为了对政治家们作出判断。约33％的调查对象是为了了解某党派的优点和哪派会在大选中获胜。25％的调查对象是为了利于投票。调查结果表明：政治广播的听众是有目的地选择传媒及其内容。

六七十年代,"使用与满足论"研究再掀高潮,许多学者对此进行了理论总结。施拉姆在1973年出版的《传播学概论》中评论道：受众如何使用传媒及其内容部分地决定了大众传播效果；受众所要达到的目的,或为了了解现实,或为了逃避现实,或为了消遣,另外还有感情和知识诸方面的原因。

1953年,法兰西(G. R. P. French)和雷文(B. H. Raven)提出在传受双向的交流关系里,传者运用"五大权力"的观点：奖励(例如给受者以娱乐与忠告)、惩治(例如暴露与抨击)、典范(在受众眼里,大众传媒具有很大的魅力与声誉)、正统(可以遵从,尤其是传媒的许多信息来源于社会实力集团)、专业权威(受众认为传媒具备专业知识方面的优势)[1]。

1961年,凯尔门(H. Kelman)认为,受众接受传媒影响有三个过程：一是顺从以获取奖励或逃避惩罚；二是由于希望自己像传媒及其内容所表现的对象一样,具有诱人的权力；三是受众先前的需要与价值,在接受传播活动中得以外化或对象化(即自己的需求与价值获得肯定和在讯息的意象世界里得以实现)[2]。

实际上,凯尔门的"三过程说"及法兰西和雷文的"五大权力说",涉及一般受众的基本动机。施拉姆等人在1958年至1960年间所从事的儿童与电视研究项目中,从使用与满足的角度,揭示了受众在性方面的需求。这可以作为对法兰西和雷文以及凯尔门等人见解的重大补充和实证。

D·卡茨(D. Katz)在1960年指出,学界研究传播效果分成非理性与理性两种模式：第一种模式认为受众由非理性所驱使,没有见识,不能自主,成为传媒捕获的对象而无能为力；第二种模式以为受众是有理

---

[1] J. R. P. French and B. H. Raven, "The Bases of Social Power", in D. Castwright and A. Zander (eds), *Group Dynamics*, London: Tavistock, pp. 259—269.

[2] H. Kelman, "Process of Opinion Change", *Public Opinion Quarterly*, 25: pp. 57—58.

性的,能够运用自己的判断能力,以接受传媒和获取信息,自主地抵抗控制与欺骗。他说,这两种模式都不如功能主义的传播效果观(包括使用与满足论)那样,能够确切地解释传播效果问题①。1973年至1974年间,E·卡茨等人从社会动因的角度,分析了受者使用传媒的需求,认为社会变动可能导致受众对大众传媒的依赖和使用,例如社会动荡可以通过利用大众传媒来加以缓解②。

有些理论家认为,受众以自己的方式使用传媒,可以抵制来自政府机构和传媒集团的控制③。伯奇(A. A. Berge)依据许多重要学者的研究成果,列出受众的需求细目,包括:① 娱乐;② 看权威升迁或遭贬;③ 审美;④ 分享他人经验;⑤ 满足好奇心和认识;⑥ 跟神同在;⑦ 狂欢与消遣;⑧ 体验同情心;⑨ 体验自由;⑩ 寻求楷模;⑪ 获取认同;⑫ 了解世界;⑬ 坚定正义感;⑭ 追求浪漫爱情的信念;⑮ 相信神奇之物;⑯ 旁观他人犯错误;⑰ 希望世界有序运行;⑱ 参与历史;⑲ 涤除不快;⑳ 在无犯罪感的语境中发泄性欲;㉑ 毫无风险地违反禁忌;㉒ 满足对丑恶的好奇心;㉓ 加强道德、文化、精神诸价值;㉔ 看坏人作恶④。

总而言之,使用与满足论为研究传播效果提供了新的视角。许多著名的有关暴力、色情、种族和性别、价值建构和态度改变的研究,都得益于此种理论。它跟传播接触论相结合,就能更全面地分析传播效果问题。这一理论的弱点也是显而易见的,主要是缺乏理论深度,关键概念比较混乱,方法上比较幼稚,忽视了人类动机的复杂特点。虽然,它揭示了大众传播中的个人动机与需求,但没有深入研究个人在接受讯息过程中所获的满足对自身的影响。

施拉姆认为,这一视角令人鼓舞,但同时不可忽视一个事实——在大众传播活动中居于更加有利地位的、更加活跃的、更加有力的是

---

① D. Katz, "The Functional Approach to the Study of Attitudes", *Public Opinion Quarterly*, 24: pp. 163—204.

② E. Katz et al, "On the Use of Mass Media for Important Things", *American Sociological Review*, 38: pp. 164—181, 1973; "Utilization of Mass Communication by the Individual", in J. G. Blumler and E. Katz (eds), *The Uses of Mass Communication*, pp. 19—32, CA and London: Sage Publication, 1974.

③④ A. A. Berge, *Essential of Mass Communication Theory*, p. 102. CA and London: Sage Publications, 1995.

传者。

实际上,应该在社会发展形态和特定的历史境遇,讨论受者和传者孰轻孰重的问题。

六、议题设置论

从 20 世纪 30 年代至 40 年代,传播学界虽然从传者角度出发研究传播效果,但是讨论的焦点是在传媒内容与受众之间的关系里研究传媒内容对受众行为与心理的影响,传播学研究队伍主要由社会学家与心理学家组成。随着新闻从业集团专业化程度和实力日益增强,传播研究最显著的变化之一,是具体考虑传媒集团在大众传播活动中的意义及其发挥作用的方式。这导致议题设置论的形成。

关于"议题设置论",1972 年麦库姆斯(Maxwell E. McCombs)和肖(Donald L. Shaw)作了经典概括:传媒形成议题功能的见解,即认为大众传媒对某些命题的着重强调和这些命题在受众中受重视的程度构成强烈的正比关系。这个观点可用这样的因素关系来表述:大众传播中愈是突出某命题或事件,公众愈是注意此命题或事件[①]。

这一思想可以上溯至 1922 年李普曼(W. Lippman)的《舆论》一书。他认为,一方面由于个人对现实的了解相当有限,他们严重依赖传媒;另一方面传媒所提供的有关现实的叙述带有某种歪曲。因此,"外部世界与我们头脑中的图像不尽一致"。但是,李普曼(W. Lippman)还没有清楚地意识到议题设置是一个重大问题。至 1958 年,诺顿·朗(Norton Lang)对议题设置的作用就已经有了相当的了解:"从某种意义上看,报纸是形成所在地议题的最主要的提供者,它在决定大多数人将要谈论什么,对事实会有什么看法以及对处理面对面的社会问题会有什么想法方面起着重要的作用。"[②]

如果说诺顿·朗揭示了传媒通过设置议题以引导受众,那么,1963 年科恩(Bernard Cohen)在研究报纸和对外政策关系的论文中则指出,传媒设置议题的作用不仅在于告诉受众注意什么,而且更重要的是告

---

① Maxwell E. McCombs and Donald L. Shaw, "The Agenda Setting Function of the Press", *Public Opinion Quarterly*, 36: pp. 176—186.

② 赛弗林、坦卡特:《传播学的起源研究与应用》,福建人民出版社 1985 年版,第 262 页。

诉他们该考虑什么,即诱导他们由传媒的视角和立场观察、解释和评价世界[1]。虽然,他没有使用"议题设置"概念,但已经阐明了其内核。同一时期,其他领域的学者也在以相同的思路研讨此问题,并且作出了相当重要的补充。朗格夫妇指出:"大众传媒迫使人们注意一定的问题,建立公共人物的公共形象,经常以自己关于客观存在的表述规导受众应该思考什么、了解什么和体会什么。"[2]

麦库姆斯(Maxwell E. McCombs)和肖(Donald L. Shaw)首次运用科学实验方法研究议题设置说。1968年,他们在北卡罗来纳州的查佩尔希尔考察总统选举。他们随机抽样100位选民,还分析了5种报纸和两种新闻杂志以及两个电视网的新闻节目,进而比较媒体所突出报道的内容和人们公认最重大的主题。结果发现两者惊人地相似:相关系数为0.967,次要项目为0.979。可是,麦库姆斯和肖没有能够揭示这一结果的原因究竟是受众还是传媒。1972年,他们又领导了新一轮的总统选举调研。但是,结果是模棱两可的。报纸的新闻和受众的相关系数是0.94,可电视新闻和受众的相关系数却相反。如果考虑到其他影响选举的重要社会变量(诸如白宫和国会以及实力强大的利益集团),那么,问题就变得更加复杂。

德弗勒和丹尼斯深入细致地总结了议题设置的诸多方面:

(1) 传媒是反映现实的把关人。由于商业、编辑、资方、时间、篇幅、信源和社会团体等方面的原因,传媒对现实的报道一定是有选择、有重点的。

(2) 通过设置议题,传媒可能影响受众的视角和立场。

(3) 通过设置议题,传媒能够提高公众对某种情况的认识和关心,使这些议题成为需要人们采取某种行动的社会问题,从而间接而又长时间地影响社会。

(4) 确定重大的社会问题。

(5) 传媒和社会机构共同影响公众对社会问题的看法,例如,医学机构和药物广告都关系到药品是否能够顺利售空[3]。

---

[1] B. Cohen, *The Press and Foreign Policy*, NJ: Princeton University Press, 1963.
[2] K. Lang and G. Lang, "The Mass Media and Voting", in Bernard Berelson and Morris Janowitz (eds), *Read in Public Opinion and Communication*, New York: Free Press, 1966, p. 468.
[3] 德弗勒:《大众传播通论》,华夏出版社1989年版,第342—353页。

议题设置的功能主要在于引导受众的注意与思考，尤其是确定新出现的社会问题和不断改变人们跟自己价值观密切相关的具体问题的关心程度。

虽然六七十年代是议题设置论的确立时期，但是无论在理论上，还是在实验数据上，这一理论的缺点也是显而易见的。实际上，受众并不是无条件地被传媒的议题安排所左右，在通常情况下（例如多元化的传媒体系），受众具备相当的判定真伪的能力，而这反过来会影响传媒的议题设置。另外，正如罗杰斯（E. M. Rogers）和德林（J. W. Dearing）所指出的，传媒、公众和政府在影响传媒议题设置上各有所长，并且处于错综复杂和取向各异的互动关系里；区别三者及其互相作用的特征和所处的环境是极其重要的[1]。因此，传媒内容与受众所关注的内容间的关系不可能是划一的，却可能相近，或者相异。

李斯（S. D. Reese）指出，传媒的议题设置及其效果有赖于传媒和其他诸方合力之平衡运作[2]。概而言之，在一定历史条件和社会境遇内，诸社会因素彼此互动所形成的合力，规定了传媒的议题设置及其效果；而传媒所设置的议题及其效果，仅仅是社会里众议题、众效果中的一类，各类议题也是彼此协同互动的。1991年《新闻论丛》夏季号发表美国学者有关"议题设置"现象在艾滋病问题报道过程中的作用的研究论文。此项研究表明：近10年，艾滋病持续不断地出现在报纸和荧屏上，这是由众多因素促成的，诸如医学界对这种疾病的发现、研究和治疗；政府的重视和措施；公众的关心和社会上相应的反映；社会知名人士感染艾滋病所引起的社会震动，等等。由此可见，在社会生活中，常常有许多议题设置者，传媒只是其中之一，尽管可能是其中较重要的一个。传媒经常在跟其他社会力量的协同和互动过程中发挥作用[3]。

总而言之，议题设置论在传播效果研究史上展示出一种新思路。

---

[1] E. M. Rogers and J. W. Dearing, "*Agenda Setting Research: Where Has It Been? Where Is It going?*" in J. Anderson(ed), CA and London: Sage Publication, 1987.

[2] S. D. Reese, "Setting The Media's Agenda: A Power Balance Perspective", in J. Anderson(ed), *Communication Yearbook* 14, pp. 309—340, Newbury Park. CA and London: Sage Publication, 1991.

[3] 张隆栋：《传播学概论》，新华出版社1984年版，第177页。

七、文化规范论和意义建构论

传播的"境遇"(或"语境")和"长期效果"是当代传播效果研究的核心概念。"当代理论家极少假设一个人对媒介内容仅接触一次就会受它影响去采取行动。相反,他们认为,与同类内容多次接触积累起来的影响最终会增加一个人按某特定方式思维和采取行动的可能性。此外,当代理论家们相信,在媒介内容和人们对刺激做出的反应之间介入了许多可变因素。"①

"文化规范论"和"意义建构论"认为,大众传播具有间接的和长期的影响,此种效果取决于一定"境遇"(或"语境")内传受双方螺旋循环之互动关系。因此,传者、受者以及跟传受双方相关的诸因素,都是考察传播效果的重要变量,而且应该在一段时间内研究传媒对个人思想与行为上的影响。

"文化规范论"和"意义建构论"涉及大众传媒的社会化问题,也即大众传媒能够有效地将个人的行为和认知纳入一定的社会秩序中去,或支持和强化属于社会主流的行为和认知规范,或威胁和削弱社会普遍通行的思想观念、行为方式、价值理念以及编码解码规则。它的基本逻辑设定是:传媒通过给予媒体中所表现的各种行为以象征性的奖励和惩罚的方式,能够传播一定的规范和价值,从而为个人提供关于现实的图景,并且规范他们在实际生活中的思维和行为模式。例如,沃尔夫(K. M. Wolfe)和费斯克(M. Fiske)、海密尔威特(H. T. Himmelweit)、诺布尔(G. Noble)、布朗(J. R. Brown)等人有关儿童和大众传媒关系问题的研究②。德弗勒(M. L. DeFleur)和塔奇曼(G. Tuchman)等人关于传媒之现实图景的建构以及对儿童愿望影响的研究③,麦克朗(R.

---

① 德弗勒:《大众传播通论》,华夏出版社 1989 年版,第 372 页。
② K. M. Wolfe and M. Fiske, "Why They Read Comics", in P. E. Lazersfeld and F. M. Stanton(eds), *Communication Research 1948—1949*, pp. 3—50, New York: Harper and Brothers, 1949; H. T. Himmelweit et al., *Television and Child*, London: Oxford University Press, 1958; G. Noble, *Children in the Front of Small Screen*, London: Lollien-Macmil-lan, 1976.
③ M. L. DeFleur, "Occupational Roles as Portrayed on Television", in *Public Opinion Quarterly*, 28: pp. 57—74; J. Tuchman, *Making News: A Study in the Construction of Reality*, New York: Free Press, 1978.

McCron)则总结了社会化和反社会化的两种传媒功能观,认为传媒效果既不是社会化的,也不是反社会化的,而仅仅是强化现存的秩序和价值①。

所谓"文化规范论",是指在传媒所描述的图景与行为的反复影响下,人们可能在意念,进而在日常生活中认同和长期模仿此种场景与行为。这一理论的创立者德弗勒说:"文化规范论的主要内容是大众媒介通过有选择地表现以及突出某种主题,在其受者中造成一种印象,即有关其突出的命题的一般文化规范是以某种特殊的方式构成或确定的。由于个人涉及某命题或情景的行为通常受文化规范(或者说一个行为者所理解的规范)的引导,这样媒介就间接地影响到了行动。"②

"文化规范论"的理论基础是班都拉(A. Bandura)的"社会学习论":人们倾向于而且能够学会在一定场合如何行动。早期的实证性研究是布鲁默(H. Blumer)在20世纪20年代所做的有关电影对儿童影响问题的研究,他注意到儿童习惯于模仿银幕上的行为和场景。后来,乔治·格伯纳(George Gerbner)关于观看电影的研究给德弗勒(M. L. DeFleur)的"文化规范论"以有力的支持。他发现,对一系列不同的问题,"重"电视观众和"轻"电视观众的回答有很大区别。"重"电视观众所选择的答复往往是电视所提出并强调的。比如,由于大部分占据电视节目的主要人物是美国人,"重"电视观众常常过高估计美国在全世界人口中所占比例③。

依据"文化规范论",人们之所以长期采用传媒中的行为,是因为存在三大条件:

(1) 人们必须对某一情景作出应对,但是他们没有经验,所以倾向于采用传媒中的行为。

(2) 这种模仿必须受到某种奖赏(诸如他人的鼓励和模仿的成功),从而得以强化。

(3) 如果受众准备采取该行为,他们必须认同之。模仿论的实际

---

① R. MaCron "Changing Perspectives in the Study of Mass Media and Mass Socialization", in J. Halloran(ed), *Mass Media and Socialization*, pp. 13—14. Leicester: International Association for Mass Communication Research, 1976.

②③ 赛弗林、坦卡特:《传播学的起源研究与应用》,福建人民出版社1985年版,第265—266页。

功用和受众对传媒所描写的场景与人物的强烈感情,是这种认同的坚实基础。

因此,这三大条件彼此关联,互相促进。

所谓"意义建构论",是指在大多数情况下,人们运用一套编码解码系统,在跟他人的交流过程中观察、体悟、理解、阐释现实世界,建构关于现实世界的图景,从而跟现实世界发生联系与交往;大众传媒通过描述现实世界(真实反映或虚构)影响受众的编码解码系统(包括人们共用的符码含义及其运用规则),从而对受众内在心理结构及其活动产生深远的影响。

早在 20 世纪 20 年代,李普曼就指出,大众传播通过描写关于"现实世界的图景",影响"我们头脑里的观念"。"意义建构论"的主要创立者德弗勒说:"有关媒介影响的'意义建构论',是有关人类传播记忆痕理论的延伸。媒介运用符号和对符号所表示的对象的描述(声音、形象或词汇)来解释现实。这种表现方式为观念提供了共同的意义。媒介就是通过这种图景向我们提供'外部世界'在'我们头脑中的图像'('外部世界'指独立于媒介所描述的客观事物的问题和环境。头脑中的'图像'指具体的记忆痕结构)。媒介以此确立、延伸、替换和固定观众与别人共同使用的意义。"①

在德弗勒看来,传媒影响人们符号含义及其运行规则的方式,大致有对现实的描述和解释两种。正式通过接触传媒对现实的描述和解释,受众熟悉了语义符号及其规则。例如,首先,受众从电视中妇女经常主内的描写,获得了关于妇女角色的概念。其次,人们还可以了解自己已经熟悉的语义符号的补充意义,儿童从传媒中得知跟自己和平相处的狗也有危险的一面。第三,传媒的描述和解释可以改变语义符号的原先含义。1979 年,哥伦比亚广播公司在夜间新闻中播放了三集反映越战老兵的系列片。片中,战后越战老兵贫穷潦倒,或犯罪,或精神变态。由此受众理解了越战老兵的另一含义——过去在他们被认为是"献身祖国的勇敢青年",现在则成了"一群潜在的疯子和危险的罪犯"。第四,传媒还能够强化已经确立的语义符号的含义。例如,人们习惯上将犯罪少年视为攻击性强的危险分子。当传媒表现少年犯罪时,就强

---

① 赛弗林、坦卡特:《传播学的起源研究与应用》,福建人民出版社 1985 年版,第 401 页。

化和稳定了人们的这种理解习惯。

实际上,"议题设置论"也是一种"意义建构论"。朗格夫妇说这一过程是"象征性环境的创造"①。传媒不仅仅突出现实的某些方面,影响受众对现实的观察和思考的重点,而且运用语义符号建构特殊的意义系统以描写现实图景,由此影响受众对语义符号含义的了解和对编码解码规则的掌握。例如,1990年至1991年海湾危机期间,西方传媒的报道向受众提供了一套认识现实的符码系统,由此使之认同对以英美为首的西方同盟的肯定和对萨达姆的否定。戈尔丁(T. Golding)指出,六七十年代美国学生运动期间,有关这方面的报道深刻影响了公众的见解②。

格伯纳(G. Gerbner)所创立的培养理论也集中于意义建构问题。1967年,格伯纳等在美国的"全国暴力原因及防止委员会"的资助下,开始进行一系列有关电视暴力内容的研究。70年代,他们除继续进行内容分析外,还测量电视对受众态度的影响,从而建立了培养理论。培养理论的核心观念是,电视在日常生活中居于中心地位,电视统治了"象征性环境",用他关于现实的讯息取代人们的经验和了解世界的方式,同时电视培养受众的世界观。作为文化指标(一套标示变迁的语义符号系统),电视的基本作用与其说是改变、威胁、削弱,还不如说是维持、稳定、加强了常规的信念与行为③。这种对受众世界观的培养和对常规信念的维护和强化,主要途径就是通过德弗勒(M. L. DeFleur)所指出的"确立、延伸、替换和固定"受众共同使用的语义符号及其运用规则。

德弗勒所创立的"文化规范论"和"意义建构论"的最大弱点,在于忽视了受众积极应对的主动性。当代文化研究学派的主要代表威廉姆斯(Ramond Williams)、霍尔(Stuart Hall)和费斯克(John Fiske)强调

---

① J. Lang and K. Lang, "The Unique Perspective of Television and Its Effect", in *American Sociological Review*, 181:103—112,1953.

② T. Golding, *The Whole World Is Watching Mass Media in the Making and Unmaking of the New Left*, Berkeley: University of California Press,1980.

③ G. Gerbner "Mass Media and Human Communication Theory", in F. E. X. Dance (ed), *Human Communication Theory*, pp. 40—57, New York: Holt, Rinehart and Winston, 1967; "Culture Indicators: The Third Voice", in G. Gerbner et al. (eds), *communications Technology and Social Policy*. pp. 553—573, New York: Wiley, 1973; L. P. Gross, "Television as a Trojan Horse", *School Media Quarterly*, Spring: pp. 175—180,1977.

在文化交往过程中有权者和无权者的斗争①。另外,虽然德弗勒可以说是传播学中编码译码理论的开创者之一,但是他忽视了传受双方共同展开编码译码活动,彼此影响对方的意义建构活动。

第四节 态度改变理论——学习论

雷艾(M. L. Ray)认为,传播效果体现在三个方面,并且存在两种发生和发展程序:第一种是在受者对传播内容兴趣浓厚和十分关注的情况下发生的,传播效果经历了从认知—态度—行为的过程。例如,儿童在看他们喜爱的电影时所常有的经验。第二种是受者在对传播内容漫不经心的情况下产生的,传播效果直接由认知—行为,而态度差不多是伴随行为同时发生的。例如,人们往往是在很不投入的情况下边看电视广告,边干其他事情,似乎无动于衷,但是在购物时人们常常会突然购买那些广告商所宣传的东西。这时,行为与态度差不多共生共存了②。

态度变化是大众传播效果研究的中心环节之一。但是,态度又实在是有点模糊不清的概念。人们只能从谈话与叙述、行动与表情诸方面去分析态度的内涵及其作用。大众传播学家构建了一些理论,设计了不少方法,以研究态度变化。

一、态度定义

赛弗林(Werner Severin)和坦卡特(James W. Tankard)归纳了一系列有关态度的重要定义③。美国心理学家奥尔波特(J. Alport)指出,

---

① John Fiske, "British Culture Studies and Television", in Robert C. Hellen (ed), *Channels of Discourse: Television and Contemporary Criticism*, p. 260, Carolina: University of North Carolina Press, 1987; Stuart Hall, "Coding and Encoding in the Television Discourse", in Stuart Hall et al. (eds) *Mass Communication and Society*, London: Edward Arnold, 1980.

② M. L. Ray, "Marketing Communication and Hierarchy of Effects", in P. Clarke (ed), *New Models for Communication Research*, pp. 147—176, CA and London: Sage Publications,1973.

③ 赛弗林、坦卡特:《传播学的起源研究与应用》,福建人民出版社1985年版,第156页。

态度概念"可能是当代美国社会心理学中最有特色和最不可或缺的"。他又说，这个术语已取代了心理学中那些含混的名词，诸如本能、习俗、社会力量和感情。汤姆斯和然乃基分别于1918年和1927年最早科学地运用了态度这一概念。他们将态度表述为"可以明了个人意识过程，它决定着个人在社会上已采取的或可能采取的行动"。这一定义侧重在态度的功能上。

关于态度，定义和理论很多：

1937年，墨克非（W. N. Mcphee）则进一步描述了态度的现象形态："态度主要是一种倾向于或抗拒某事务的表现方式。"

一些著名学者在态度和行为的关系里从心理生理基础、内在特性和表现形态诸方面确定态度这一重要概念："含蓄的，驱动力的，在个人交往中被认为在社教方面是很重要的一种反映。"（杜博 L. Doob，1947年）

"一种心理和神经的准备状态，由经验所形成，对个人和对所有事务的状况的反映是以一种指挥性的或原动力的影响。"（奥尔波特，1954年）

"一种持续的、已有的预存立场，面对一系列对象以一种和谐的方式表现出来。"（英格利希夫妇，1958年）

"对于某社会现象的一个持续性体系，包括肯定或否定的评价、感情上的反映、赞成或反对的行动趋向。"（科雷奇等，1962年）

1960年，拉姆斯戴恩（A. A. Lumsdaine）和霍夫兰（C. L. Hovland）提出态度有三个组成部分：感情成分（对某事务的评价或感情），认知成分（信念的认知反映或口头表述），行为成分（公开的行动）。这种看法对态度作了结构分析，揭示了态度的基本构成因素。但是，他们的缺点是有可能模糊态度和行为之间的界限。

1978年，弗里德曼·希尔斯和卡尔·史密斯改进了拉姆斯戴恩和霍夫兰的态度定义："态度对任何给定的客观对象、思想或人，都具有认识的成分、表达感情的成分和行为倾向之持续不断的系统。"[①]

总而言之，态度是心理和生理诸因素综合而成的感情状态，是在对经验和外在对象的感知、理解和解释中形成和确立的，是一种以意志为支撑、由认知所规范的持续不断的感情倾向，它构成人们行为的动力之一。个人的社会角色特点和文化心理结构是制约态度的深层原因。态度对人的行为有预见、促动、引导、控制、协调的作用。态度还常常是一

[①] 戴元光等：《传播学原理与应用》，兰州大学出版社1988年版，第277页。

种对外在对象的感情的判断与评定。因此,态度最大的特征是情绪性和综合性。它是一种情感状态,却综合了情绪、认知、需要、意志诸心理因素。另外,态度具有持续性,一是由于态度是在跟外在对象经验交往中形成了稳定的内在结构;二是因为态度总是跟个人的社会属性、生存环境、文化心理结构紧密联系的。

二、劝服论

第二次世界大战期间,卡特赖特(D. Cartwright)从劝服的角度对美国推销战争公债运动进行了重点研究。后来,心理学家霍夫兰及其助手进行了第一个有关劝服(改变态度)的著名研究。霍夫兰所主持的这项工作,具有开创意义,影响深远,被人称为是"现代态度改变研究最杰出的创举"。莱平格尔(D. Lerbingur)的劝服性设计为理论研究成果应用于实际传播活动开拓了道路。

1. 卡特赖特的劝服原则

1949年,卡特赖特发表《说服大众的一些原则:美国战时债券研究中的发现》一文,系统研究了债券推销经验和认购者的心态与行为,由此探索利用传媒进行劝服的效果问题。他的研究表明,劝服产生效果有四大基本条件:第一,讯息必须引人注目,即"你的讯息(情报、事实等)必须进入他们的感官"。讯息要受人注意,其内容必须切合受者的兴趣、需求以及性情,并且以完善的方式鲜明生动地表现内容,进行设计和运作传媒。第二,使受者从感知转变为理解。"讯息达到对方的感官以后,必须使之被接受,成为他的认识结构的一部分"。一般而言,具有鲜明特点的讯息,而且符合受者内在兴趣与需求,并辅之以恰到好处的传播形式,就容易为受者接受和理解,产生其效果。反之,不是遭到拒绝,就是必须经过困难的过滤过程(诸如磨合、曲解、变更等)。这一过程自然会减少或取消讯息的效果。第三,使受者体悟和认识到讯息对他们有利无害,即"要一个人在群众说服运动中去采取一个行动,必须让他看到这个行动就是达到他原有的某一目标的途径"。"他若看到这一途径能达到的目标越多,便越有可能采取这一途径"。反之,"他就不会采取这一行动"。第四,使受者采取行动的途径更简便、更具体、更直接。"达到目的(认购公债)的行动途径规定得愈方便","事件规定得愈具体、愈紧迫",受者选样余地就愈小,采取"行动的可能性也就愈大"。

卡特赖特实际上是在一系列中介因素中讨论传播效果。施拉姆认为,这在当时是劝服研究的一种简便的模式①。卡特赖特的弱点是忽视了传播效果产生的环境和社会等变量。

2. 霍夫兰和"士兵"观看电影之研究

在第二次世界大战期间,美国军队空前广泛地利用电影、广播及其他大众传媒,以训练和鼓动美国士兵。其时,社会科学家已经掌握相当复杂的实验、测量和统计分析技术。因此,美国陆军部情报和教育研究所成立了特别实验小组,以研究大众传媒和美国士兵的关系。该实验机构由霍夫兰领导,成员大多数是心理学界最出色的专家,包括贾尼斯(I. Janis)、麦戈比(N. Maccoby)、拉姆斯戴恩以及谢斐尔德(F. Sheffield)等人。他们所从事的大型研究项目开现代态度研究之先河。

1949年初,霍夫兰及其同事出版了《大众传播实验》,其中选编了这个实验机构不少研究报告。这部专著可以说是代表了他们早期的研究成果②。

他们进行了两种基本类型研究,即对现有影片的评价性研究和对同一影片(或讯息)的两种不同版本加以比较的实验性研究。他们特别重视运用心理学中的学习论方法以研究态度改变问题。这是他们态度研究在方法上的重要特点。

在第一种基本类型的研究中,他们利用系列战争宣传片《我们为何而战》中的《战争前奏》、《纳粹的进攻》、《分裂和征服》、《不列颠之战》等四部电影作为研究效果的材料。他们调查的主要问题是电影在提供士兵真实信息和改变他们的思想观点方面的效果。他们还提出了一系列有关问题,即影片:1)是否使你坚定了我们是为正义而战的信念。2)使你认识到我们面临的是一项艰巨任务。3)使你坚信我们自己的同志和领导人有能力去完成我们该做的工作。4)使你在任何情况下都坚信盟军的团结和战斗力。5)使你在了解事实的基础上产生对迫使我们与之打仗的敌人的憎恨。6)使你相信只有争取军事上的胜利才能在政治上建立一个更好的世界秩序。他们采取了问卷调查、实验组和控制组相结合等方法。首先,给数百名士兵每人发一张"看电影

---

① 施拉姆和波特:《传播学概论》,新华出版社1984年版。
② C. Hovland A. Lumsdaine and F. Sheffield, *Experiments and Mass Communication*, Princeton: Princeton University Press, 1949.

前"的调查表,涉及两类问题,即事实性的问题和有关看法的问题。其后,被调查对象按连队分成实验组和控制组。实验组观看《我们为何而战》中的一部影片,控制组观看一部跟战争无关的影片。电影结束后,两组所有成员填写"看电影后"调查表。这个调查表所调查的基本内容跟第一个调查表相同。但是,问题的提法有所变化,以避免问题的重复出现影响对问卷回答的变化。这样,通过比较前后调查表以及控制组与实验组,就可以推断电影的效果。

调查结果表明,《我们为何而战》系列影片在教育士兵了解有关战争的事实方面取得了一定成功,在改变士兵对有关事实的具体看法方面也具有一定效果。但是,电影不足以激发士兵的参战热情,培养他们对敌人的持久憎恨和对盟国的信心。此外,电影的效果对受过低、中、高三个不同层次教育的士兵来说是不一样的:接受教育愈多,受电影的影响愈大。关于《不列颠之战》的研究还产生了另一方面的有趣结果,九个星期以后,被调查对象意见的改变较五天以后要大得多。此效果被称为"睡眠者效果"。

霍夫兰及其同事解释了电影影响士兵有限的原因:第一,在观看电影前士兵们大都已经接触过有关材料,对电影内容并不陌生,所以观看电影前后态度变化不大;第二,影响参战激情的因素很多,诸如社会共识和规范、调查的时间、调查对象的家庭、对生死的感情、价值、信仰、个性等。

许多事物往往有不同的属性和侧面。同样,对这些事物的论述也可能彼此相异,乃至矛盾冲突的。主张"只说一面"的人以为"两面都说"的做法只会使原来并不熟悉另一面理由的人产生疑虑。主张"两面都讲"的人则认为惟其如此才公正,而且有助于防止那些反对此讯息的人一旦接触到此讯息时就会接受反宣传。在霍夫兰及其同事所进行的第二种基本类型研究中,他们的特定目的就在于测量这两种表述信息的方法对于两种对象(反对此讯息的人和同情此讯息的人)的效果。

他们组建了三个群体(两个实验组,一个控制组),并准备了两种版本的有关对日作战的广播新闻(两则新闻都认为战争至少持续两年,区别是一则仅讲敌方有实力作战,另一则还讲了我军作战的有利因素,不过主要还是论证战争的长期性)。调查前,先让调查对象填表以表述他们关于太平洋战争会延续多久的看法。然后,两个实验组分别收听两则不同的广播新闻,控制组则收听跟战争无关的广播新闻。最后,将三类调查加以比较研究,以确定不同类型的传播内容对士兵的影响。

研究结果表明:1) 跟控制组相比,两种广播新闻对实验组成员态度的明显改变有相似的效果。2) 只说一面的讯息对于原先就赞同此讯息的人非常奏效,而两面都说的讯息则对原先反对此讯息的人非常奏效。3) 只说一面的讯息对于教育程度低者非常有效。

霍夫兰所领导的"士兵观看电影"的研究在大众传播效果研究史上最大的意义是揭示劝服的重要特征,为战后数十年的劝服研究铺平了道路。在方法上,虽然控制组这一研究工具并不新鲜,但是,此项研究成功地使之成为社会科学研究的一项准则。另外,他们精细的分析方法和调查设计以及对研究成果分门别类后所作的解释都具有示范意义。

他们的研究证明,大众传播效果相当有限,而且因人而异。受者个人差异可以导致他们有选择地感知和解释传播内容,引起程度不一的变化效果。这对"枪弹论"形成很大的冲击。但是,他们忽视了人际关系对大众传播的作用。

3. 霍夫兰和耶鲁研究

第二次世界大战后,霍夫兰率领贾尼斯、拉姆斯戴恩以及谢斐尔德等人重返耶鲁大学。在洛克菲勒基金会的资助下,1946年至1961年,他们设计并开展了耶鲁研究项目,以系统研究劝服性传播效果问题。这个项目有四个特征:第一,主要致力于理论性探讨和基础研究;第二,从不同来源,包括心理学和相关学科,引申出理论上的创见;第三,强调要通过控制性实验来测试一些命题;第四,基础理论是心理学的学习论和基于个体差异论的选择性影响论。约30位社会科学家(主要是心理学家、社会学家、人类学家和政治学家)参加此项研究工作。

这些研究产生了一系列关于态度改变的重要论著,又称"耶鲁丛书",主要有《传播与劝服》(1953年)、《劝服的表述程序》(1957年)和《个性与劝服可能性》(1959年)等。其中,《传播与劝服》最具综合性,它涉及一系列命题,有的在耶鲁丛书中单独构成专著,有的引发其他研究人员进行了更为广泛的研究。

耶鲁研究的中心主题是大众传播过程中观点和态度的变化。霍夫兰等人认为，观点和态度是关系密切和有区别的两个范畴。观点是涉及阐释、预见和评价，态度仅是对客体、人或象征物的反应。观点总是可以用一定语言来表述的，而态度也许是无意识的、不可言传的。两者互相影响，观点的变化可能导致态度的根本转变，反之亦然。除非经过新的学习过程，人们的态度和观点是不会改变的。在学习新的态度的过程中，注意、理解和接受是三大重要变量。如果不被注意，讯息是不可能被理解和接受的。通过理解，人们可以更好地接受信息。因此，过分复杂或含混不清的讯息不易产生改变观点和态度的效果。无论是注意，还是理解，都不是改变观点和态度的直接原因。观点和态度变化的直接标志是接受，而接受是以符合受者的利益和兴趣为基本前提的。这里利益和兴趣可以表现为趋利避害。耶鲁研究集中在彼此关联的四大方面：传者、讯息、受众及其对劝服性传播的反应。

在传者方面，研究者发现，在直接改变观点的过程中，可信性是极其重要的。受众会认为，可信性差的信源是有偏见和不公正的。霍夫兰等人曾用抽签的方式把一群人分为三组，然后用一篇讲青少年犯罪的文章，要三位不同的人分别在三组演讲。他们在介绍演讲者时说，一个是法官，一个是普通人，另一个是无法律常识而又品格不良的人。演讲结束后，让听众分别对演讲内容评分，结果发现法官讲的对听众有正面影响，普通人讲的没有影响，品行不佳的人讲的却有反面影响。在广告宣传中，传者也必须选人们认为由高度可信性的信源（例如科学家、名人和特定机构等）。否则，广告难以奏效。

讯息的结构和内容也有重要影响。如果运用恰当，令人恐惧的内容往往冲击人们的感情与认知，从而改变他们的态度和观点。然而，过分恐惧的内容常常适得其反，会干扰人们继续参与传播活动。因为恐惧感超过一定限度，人们就可能退缩和回避。

讯息内容的结构必须是明白的，否则让人莫名其妙。首先，所谓"明白"，是因人而异的，但核心问题是让人理会。因此，首先切忌对牛弹琴。第二，在正反理由的运用方面，霍夫兰等人的实验表明：1）如果受者原先就赞同传者的观点，只讲正面理由可以坚定其预存态度。2）如果受者原先或当时就反对传者的主张，那么正反两面理由都讲比只讲一面理由有效。3）讲正反两方面理由对于教育程度较高者更有效。4）讲一面理由对教育程度低的人更有效。5）如果受者教育程度低，并且原先就赞成传者的立场，则一定要用一面理由。因为正反两面理由可能会导致其态度犹豫不决。第三，在问题的排列方面，霍夫兰等人认为最普遍的情况可能是：1）首先提出的论点有利于引起受者的注意。2）最后提出的论点有利于被受者记住。3）如果传播内容使受者赞同的或可能接受的，那么首先提出来比较有利。4）如果正反两种观点都由一人提出，那么先提出的观点影响较小，后出现的观点影响较大。5）如果传播内容是为了唤起和满足受者的需求的话，那么较好的办法是首先唤起需求，然后再提出问题。6）如果该问题受者不熟悉，则宜先提出问题的要点。

在受众方面，耶鲁研究者们有许多有趣的发现，传者很难影响人们对所属团体之规范的看法和态度。这些方面实际上是佩恩基金会系列研究和拉扎斯菲尔德等人政治竞选研究以及霍夫兰早期研究里已经提出的个人差异论、社会分类论、二级传播论和中介因素论的延续。积极参与传播过程的受众比消极被动的受众更能够改变观点和态度。人格方面的因素对劝服效果意义重大。霍夫兰等人根据多次实验得出如下结论：1）进攻性强的人不为一般劝说所影响。2）对集体事情不关心和不合群的人一般不易受到劝服的影响。3）想像力丰富和对周围事情比较敏感的人，较容易被人劝服。4）想像力贫乏、对新鲜信息反应迟钝的人，则比较难以说服。5）自我评价低的人比自我评价高的人，较容易听从他人的劝说。6）性格外向的人比性格内向的人，较易被人劝服。

耶鲁研究在现代传播研究史上意义重大，影响深远。首先，劝服研究为以后大众传媒效果研究开辟了广阔前景。例如，贾尼斯从他关于恐惧的研究引申出帮助人们戒烟的方法，并在政治和政府方面对"群体思想"过程进行了研究。麦戈比把态度改变理论运用于解决防止心脏病项目的传播问题。其次，进一步改进了传播研究方法，尤其是实验心理学方法。

但是，耶鲁研究也存在一系列问题。最突出的是，它忽视了社会和人际关系在劝服研究中的作用与意义。另外，虽然贾尼斯等人已涉及劝服性传播的长期效果问题，但是，耶鲁研究主要还是集中在短期的效果方面。最后，值得指出的是，耶鲁研究所提出的许多结论还有待于进一步证实。这不仅由于它的实验还是不充分的，而且更因为它的研究基本上局限于实验室，未能在历史和社会环境的背景下展开研究。实验室不等于社会现实，实验室的结论不一定适用于后者。

第五节 态度改变理论——一致论

态度改变的早期研究,主要是"学习论"和"一致论"两种方法占据统治地位。霍夫兰等人是以"学习论"方法研究传播过程中态度改变问题的学术代表。海德(F. Heider)、纽科姆(T. Newcomb)、奥斯古特(K. Osgood)、坦南鲍姆(Percy Tannenbaum)和费斯廷格(L. Festinger)诸人则是从"一致论"的角度讨论传播过程中态度改变问题的学术代表[①]。

"一致论"有三大基本理论设定:首先是客观世界的一致性,即现象世界是有规律可循的,因而人们可以建立科学理论,把握客观规律,以预测事物运行的结果。其次是人类行为的一致性,即人类是按照合理的方式行动的,总是在态度之间、行为之间、态度与行为之间对世界的理解与感知、个性的发展诸领域力求和谐。第三是人类心理上的合理化解释原理。由于坚信客观世界因果相连和人类是按合理方式行动的,所以,人们一旦遭遇不一致和不和谐的境况,或者出现行为上不合理的应对,在体内就会形成紧张心理或不舒服感,产生一种内在压力。为了消除或减弱这种情感和精神上的压力,人们常常倾向于对不顺当的遭遇和为自己不合理的行动作出似乎合乎常规和入情入理的解释。实际上,人们往往总是以自圆其说和自欺欺人的办法,以求得谅解和聊以自慰。

大众传播效果研究的重要课题是个人如何应对旨在改变其态度而又不合己意的信息。依据"一致论",以下四种理论具经典性意义。

一、海德(F. Heider)的"平衡论"

学界一般认为,心理学家海德(F. Heider)最早提出"一致论"。他主要是研究个人对人对物所采取的态度跟他或她原有的认知结构的关系。他认为,不平衡状态会形成紧张并产生一种力求恢复平衡的力量。

[①] 赛弗林、坦卡特:《传播学的起源研究与应用》,福建人民出版社1985年版,第144—154页。

所谓平衡状态,是指人的内在心理的和谐,也即感觉系统跟所经验的情绪毫无压力地共存。

海德提出 P－O－X 模式(其中 P 是分析者,O 是被分析对象,X 是物体、观念或事件)。他研究的问题是,在个人心目中,这两个实体的关系是如何构成的。这三者的关系可分成两大类:一种是喜欢与否,另一种是单位关系(例如事业、财产、共同点等)。在 P 心目中,这三者构成平衡和不平衡两种状态。平衡状态是稳定的,它抵御着外来的影响。不平衡状态是不稳定的,并且会在人体内形成心理紧张。这种紧张只有在情况起了变化因而平衡得以建立后才会消除。20 世纪 50 年代,柴琼克(R. Zajonc)等人的论文中提供了支持海德"平衡论"的数据。

海德的"平衡论"之所以引起传播学者的兴趣,是因为它暗示了一种态度改变和抗拒改变的模式。作为不稳定的状态,不平衡状态易于向平衡状态转化。作为稳定状态,平衡状态则抗拒改变。

二、纽科姆(T. Newcomb)的"均衡论"

社会心理学家纽科姆把海德关于个人心理平衡状态的观念运用于人际沟通的研究。他提出了 A－B－X 模式,并用"均衡"这一术语,区别于"平衡论"。他认为,人们意欲相互影响以建立均衡关系,也就是取得一致意见,以保持或增进心理上的愉快;如果人们不能通过交流,跟其他人就某个对我们具有重要意义的事件达成一致意见(A 和 B 的均衡关系),那么,人们就可能设法改变那个人或对那个事物的态度,以建立均衡。

跟海德一样,纽科姆假定人类需要一致性(坚持趋向均衡的力量)。如果 A 和 B 对 X(事物)态度不一,那么,趋向平衡的力量就会促使 A 和 B 调整对 X 的态度,或改变自己或适应对方,以完成不均衡向均衡之转变。A 对 B 的吸引力愈大,A 对 X 的态度就愈强烈,其结果是:1) A 将作更大努力促使 B 在对 X 的态度上跟他一致;2) 均衡有可能得以建立;3) A 与 B 之间可能产生有关 X 事物的沟通。

纽科姆说:"这种均衡的形成,即从 A 到 B 关于 X 的态度,作为一种多重功能,是随着 A 对 B 的态度不同、A 对 X 的态度不同而起变化的。"[1]

---

[1] T. Newcomb, "An Approach to the Study Communicative Acts", *Psychological Review*, 60: 393—404.

跟海德相比较,纽科姆更强调传播。A 和 B 之间关于 X 的均衡愈少(如果 A 既对 B 吸引力大,又对 X 态度强烈的话),A 向 B 作有关 X 的沟通的可能性愈大,"均衡论"预期人们跟自己意见一致的人结交。然而,为了改变态度,一个人必须接触跟他或她目前态度相分歧的信息。纽科姆的"均衡论"预测 A 愈是为 B 所吸引,那么,A 的意见随着 B 的态度而改变的可能性就愈大。

三、奥斯古特和坦南鲍姆的"和谐论"

"和谐论"是奥斯古特(K. Osgood)和坦南鲍姆(Percy Tannenbaum)在 1955 年建立的跟海德"平衡论"有关的态度改变理论,是对"平衡论"的拓展,其优点是能对态度改变的方向和程度作出预测。他们认为,在受者(P)、信源或传者(s)、被传播的对象(O)之间,受者倾向于跟后两者保持态度上的和谐关系;受者是改变自己原先态度以适合信源或传者,还是否定或改变信源或传者,则取决于受者对信源或传者和被传播的对象的喜爱程度以及受者所拥有的跟具体传播活动相关的知识[①]。

奥斯古特和坦南鲍姆的"和谐论"主要是研究信源或传者改变受者对被传播对象之态度的有效性问题。传统的"枪弹论"和"皮下注射论"认为,只要传者设法将讯息传达到受者,就能改变后者的态度。奥斯古特和坦南鲍姆则认为,情况并非总是如此。如果人们接受一个不和谐的讯息,人们就可能曲解这个讯息(选择性理解),使之切合自己的观点;如果人们无法曲解这个讯息,他们就可能攻击信源或传者的可信性。否认或怀疑是攻击的两种形式。因此,传者常以投其所好、攻其所恶的策略,以提高自己的声誉,赢得受者的支持。

四、费斯廷格的"认知不和谐论"

在贝雷尔森(B. Berelson)资助下,在海德的"平衡论"和卢因(K. Lewin)社会心理学以及奥斯古特和坦南鲍姆的"和谐论"的影响下,美国学者费斯廷格(L. Festinger)经过研究和实验,在 1957 年提出认知

[①] K. Osgood and Percy Tannenbaum, "The Principle of Congruity in the Prediction of Attitude Change", *Psychological Review*, 62: 42—55.

不和谐论。在所有不一致论理论中,这一理论影响最为广泛,实验数据也最丰富。

费斯廷格借用音乐中的不和谐音之术语,意指两个互相冲突的认知因素相遇而生的不和谐状态,其结果是其中一个因素追随另一个因素,或者是个人避免接触引起冲突的讯息。"如果是处于不和谐的关系中,单从这两者来说,其中一个元素的对应部分将会追随一个元素","不和谐形成心理上的不舒服,会促使这个人试图减轻不和谐而建立和谐",而且,"除了试图减轻不和谐状态以外,这个人还会主动地避开那些可能会增加不和谐的情景与讯息。"[1]他认为,认知是一个含义较广的概念,包括有关客观和主观两方面的认识与感受,诸如对环境、事物、行为的认识与感受、信念、意见等等。人不仅追逐认知,而且追求认知的协调或和谐。但是,要做到真正的协调,往往又是不可能的。而认知失调的现象却时常发生。

"认知不和谐论"的基本关系分为协调、不协调和不相关三种。协调关系也就是两个或两个以上的认知或心理因素彼此切合。不协调关系正好相反,诸认知因素或心理因素无任何关系。协调关系是人所追求与期望的,不协调关系是人所必须设法加以解决的,而不相关关系则是人不予理会的。在此,必须区分逻辑与心理的一致性问题。某种关系就某观测者来说,逻辑上可能不一致,然而,对一个持有特殊信念的人而言,在心理上却是一致。例如,冷战时期,美国某大学董事会拒绝接受一位曾在铁托元帅的共产党政府中担任过高级官员的人来当三个学期的访问教授,不接受他赠送的论文集子。这个决定跟通常以为大学应该对所有观点开放的自由主义见解在逻辑上不一致,但是由于其时恰逢冷战正酣时期,董事会大多数成员持有反共的强烈信念,而此人又是坚定的共产主义者,所以拒绝的决定跟董事会大多数成员的信念在心理上是一致的。

"认知不和谐论"认为,做决策时,不和谐的程度取决于双方契合点的多少;决策愈是困难,决策之后可能引起的不和谐就愈大;决策愈重大,决策后的不和谐可能也愈强,决策人试图改变不和谐状态的意愿也重大。调整不和谐心理状态的方法,往往是寻找有利于决策的论据,于是被肯定的那个方面会显得比以前更加契合愿望,而被否认的那个方

---

[1] L. Festinger, *A Theory of Cognitive Dissonance*, New York: Row Peterson, 1957.

面则相反。有一位研究者报告说,刚买了一辆新汽车的人更倾向于关心和阅读关于他所买的那种车的广告而非其他广告。因为广告一般都是强调他们所推荐的产品的好处,所以,买了新车的人往往为了寻求对自己决策的支持而去阅读关于他们刚买的那种车的广告。

认知不和谐会导致被迫服从。如果一个人在遭到威胁和惩罚或引诱和奖励的情况下而采取一个实际并不符合他或她信念的公开行动,此人就会感到不和谐。不和谐愈强,所产生的消除它的压力就愈大,因而态度向着公开行动方面转化的可能性也就愈大。在此情况下,此人可能会对自己的行动作出某种合理化解释。例如,"过去我错了","我是为了自己的利益而这么干的","在此严峻情况下,任何人都得屈从"。

"平衡论"、"均衡论"、"和谐论"和"认知不和谐论",都是从个人认知过程趋于一致的角度讨论传播效果问题,其基本结论是:在人与人的交往过程中,彼此认知的不一致将导致心理的失衡,而追求跟自己认知心理结构相一致的需求是个人态度与行为改变的主要动机。"一致论"对于了解人如何理解客观世界,如何彼此沟通,如何利用、选择、曲解、忽视或忘记大众传媒内容的问题,有许多启发意义。但是,这派理论忽视了社会和社会集体(诸如阶层与阶级)对个人认知心理活动和行为态度改变的作用与意义。

第六节　态度改变理论之深入研究

20世纪60年代以来,态度改变的领域有了相当大的发展。费斯廷格继续作了许多意义深远的研究,在1963年至1964年间提出,除非有一种环境或行为的改变给予支持与维护,否则在劝服性传播一时冲击下的态度改变不会自动导致实际行为的改变。相反,这种态度的改变会逐步消减。在他的启示下,人们在态度改变研究中采取态度测量和行为测量相结合的方法。在这时期,卡茨(D. Katz)从功能角度综合学习论和一致论这两种以前相反的方法,研究态度改变问题。他的研究还相当直接地启示了莱平格尔(O. Lerbinger)的五种劝服性设计。此外,麦奎尔(William McGuire)的"防疫论"集中研究抵御劝服的最佳方法,而同时代的许多人在研究劝服人的最好方法。

一、卡茨(D. Katz)的功能论

在现代生物学和控制论的影响下,20世纪60年代系统论在西方学界流行。卡茨及其同事运用系统论的方法,结合学习论和一致论两种研究思路,创立了态度改变的功能论。

他们的假设是:人的态度之形成和改变,是服从于人的心理需要,即完成一定的心理功能;只有了解了某种态度所基于的心理需求,才能预料态度何时变化和何以改变。对于不同的人而言,相同的态度可能基于不同的动机,例如,有人看电影为了娱乐,有的则为了交友。

卡茨提出了态度的四大功能系统:

(1) 工具性的、调节性的、实用性的功能。人们采取某些态度有时是为了将其从外在环境所得的报酬扩大到最高限度,而将其支出缩减到最低限度。如果报酬最大而支出最小,那么态度可能是肯定的,反之则不然。例如,一个反战的人可能会赞同反战的宣言。

(2) 自我防卫的功能。人们采取某些态度有时是为了抵抗外在的威胁和内心的冲突。威胁的转移、情绪的宣泄、自我觉悟的提高都可能改变此类态度。

(3) 表述价值观的功能。人们采取某些态度有时为了表现自己的价值观,为了维护、肯定或加强自我所认同的地位与身份,改善自我形象,表现自我以及判断自我。当人们对自我有了某种程度的不满,或产生了更为相称的新态度,或有了新的需求,并有力量舍弃原有价值观的时候,他们可能改变态度。

(4) 知识功能。某些态度之所以被采取,是因为他们足以满足求知欲,给人们提供认知框架和人生及世界的意义,以免人生活在混沌之中。人类的知识不局限于科学技术,哲学、宗教信仰、文化规范与习俗等也是重要的知识系统,它们使人得以应付人生,过一种有秩序有意义的生活;由于环境的改变或新信息引起的迷茫以及更充分更可靠的新知识的产生,这些条件有可能导致态度的改变。

卡茨指出各个功能是相互联系的,态度往往处在诸功能的网状之中。如果不了解引起某态度的功能,就企图改变这种态度,那么很可能适得其反。

二、麦奎尔的防疫论

"防疫论"的目的是寻找抵制劝服和态度改变的最有效的方法。贾尼斯(I. Janis)和拉姆斯戴恩50年代初在关于只说一面和两面都说的讯息研究中,提出了态度研究方面的防疫问题。他们的研究表明:如果反宣传接踵而至的话,那么两面都说的讯息能更有效地抵御受者态度和观点上的改变;最有效的讯息是论点明确,而且两面都说。

六七十年代,麦奎尔及其助手巴巴季奥奇斯(D. Popageogos)深入研究抵御态度变化的问题,建立了防疫论。

麦奎尔的"防疫论"是从医学类推而出的。在医学上,预防疾病和增加抵抗力的两大办法是:滋补法(休息、锻炼和饮食调养等)和接种法(接触弱性细菌以增加抵抗力)。他认为,两种方法都可以运用于态度改变研究。他们的实验证明:用滋补法让一个人事先接触支持其基本信念的论证和用接种法让一个人事先接触一种弱性的、为刺激其防卫的反面论证,两者都能有效抵御态度改变,但后者效果更好;另外,主动参与接受冲击跟被动参与相比较,前者更能增强受者抵抗态度变化的能力。

应该指出,无论是滋补性的讯息,还是接触性的讯息,其结论都必须明确支持受者的基本信念和知识体系,反之则达不到防疫目的。

在实验中,麦奎尔及其同事选择了我们文化中一致公认的"文化基本常识"。实验分防疫和进犯两个阶段。在防疫阶段,让实验对象接触支持性的材料(支持所选文化常识的材料)和驳斥性的材料(包括对所选文化常识的反驳以及对此种反驳的有力还击)。结果表明:1)就促使文化常识抵御态度改变而言,接受防疫效果很大;2)驳斥性材料比之于支持性材料效果更好;3)由于在实施防疫的情况下,对基本文化常识攻击的效果呈递减状态,同时实验对象还积极寻求其他支持性论证,所以他们会形成某种防疫力。

三、莱平格尔(O. Lerbinger)的五种劝服性设计

莱平格尔在他的《劝服性传播的设计》中,他对态度改变理论的实际运用作出了积极的贡献。在卡茨(D. Katz)"功能论"的影响下,他讨

论了改变态度的各种策略，提出了五组设计。

第一，刺激-反应设计(S-R)。其目标是通过联结和反复在刺激和反应间建立联系。在大众传播中，这一设计频繁地运用于给文字提供新的含义，包括符号性的和暗示性的。文字和画面的符号性含义，是指文字或画面具有了它的辞典意义之外的含义。例如，在广告宣传中，商品牌子(文字)起了指代商品的作用。人们一听到或一见到"小天鹅"(商品牌子)，就联想起某种洗衣机(商品)。文字和画面的暗示性含义，是指此文字或画面跟某事物有某种象征性的联结关系。例如，某化妆品的广告语"今年二十，明年十八"，这句话被赋予描写此化妆品品质的暗示性含义。

S-R设计颇为简单，基于重复、吸引、接近等原则。其长处在于不需要对受众很了解，而且这种简单的学习形式，对各类人都能奏效。因此，S-R设计在大众传播，尤其在电视广告中运用得十分广泛。

第二，引发动机的设计。这一设计跟"一致论"关系最为密切。它包括两个步骤：了解人们的动机和需求，然后以讯息或产品去引发它们。马斯洛(A. H. Maslow)心理学认为，人有五个层次的需要：生物的、安全的、社会的、自我的和自我实现；这些需要构成了一个递进的等级体系，即人们首先致力于满足最低需要(诸如生理的，安全的)，然后追求较高级的需要。通过迎合或激发人的各类需求，大众传播讯息可以达到有效的劝服效果。

第三，认知性设计。这一设计旨在引导和影响受众的认知活动。基于人能合理思考的假设，这一设计采取两种不同的方法：1)试图通过提供事实、信息和逻辑的推断来进行劝服；2)利用人们求得一致的欲望来形成态度改变。这既可以通过激发或提示人们某种不和谐感，也可以通过迫使人们参与一项公开行为或做出某种许诺来达到。跟S-R设计注重"形象"不同，认知性设计更侧重"事实"和"问题"，着力引发和规范受众的思想。

第四，社会性设计。它诉诸社会群体的力量，以影响作为社会群体的受众。这种设计的基本观念是：1)个人严重依赖他人；2)社会的赞同和其他人的行动都能起到劝服效果。其实质是利用人们的从众心理。例如，在宣传活动中，号召"随大流"比比皆是。一则染发颜料的广告说："我敢打赌，你有许多朋友都用这种染剂，不过你不知道罢了。"

第五，性格设计。这种设计直接建立在卡茨所提出的态度的两种功能（表达价值观和自我防卫）的基础上，其主要的假设是：意见和态度从根本上讲是性格的一个组成部分。在试图开展劝服活动时，要充分考虑受者的性格需要，使受者在现象和体验中实现向往已久的性格。例如，万宝路香烟电视广告，将香烟和美国西部男人的壮美联系在一起；苏格兰威士忌广告语："为了那些不愿妥协的人"，饮酒者可以借此在自己身上发现和确证这种人格素质。

第三章

传播学定量研究理论

研究方法不仅通过它们的研究成果对社会发生影响,而且这些方法本身也在运用中得到完善和发展。

人类社会发展的历史告诉我们,人类对社会、自然的认识首先是从事物的属性开始的,然后才去研究量的规定。因此,对事物属性的研究早于对事物量的研究。事物的根本判别表现在其质的差别上。但从马克思主义的观点看,事物的质和量是统一的,量变会引起质变。作为认识科学、研究科学的定性方法和定量方法,在一定范围内,虽有各自的独立性和不同特点,但是无论是从质的方面进行研究,还是从量的方面进行研究,两者都是认识科学的手段。

从20世纪三四十年代起,人类科学突飞猛进,新学科不断出现,整个科学的发展出现整体化的趋势,主要表现在自然科学同社会科学的互相影响的交叉,并且有了一些两者结合的边缘学科,从而改变了人类传统的科学思维方法。特别是计算数学已渗透到几乎所有社会科学,朝着实用和应用方面发展,社会实践对定量化方法的依赖也日益增强。

定量研究方法是目前世界各国传播学界普遍采用的主要方法,是许多传播学者公认的现代社会科学方法之一,又是被认为能够避免或减少主观判断的具体研究方法。

传播学的定量研究方法是20世纪以来兴起的行为科学方法对传播学研究的输入和移植。定量研究方法的产生既有深刻的社会背景,又有广泛的科学背景。总之,没有人类社会日益频繁的社会交际的需要,没有传播活动的空前活跃和传播技术的日臻发达,定量研究方法就不会有客观需要的社会基础;没有近代科学的迅速发展,没有近代科学研究方法所出现的社会科学和自然科学的互相渗透与影响的科学背景,定量研究方法就失去了科学基础。

第一节 定量研究的特点

当代科学技术的迅速发展,新学科新技术在社会生产过程中的广泛运用,以及社会生产、生活、管理的高自动化和高系统化,促使社会科学的理论和方法向高度精确方向发展,并逐步改变其传统的定性分析的性质。在社会科学领域,定量分析方法虽然起步较晚,但终于被广泛应用,并明显地表现出其优越性,这方面的成果也越来越多。可以肯定,社会科学研究的总趋势是定量化方法。而传播学运用定量分析方法,其优越性也是非常明显的。

一、精确化地研究传播现象

今天的世界,可以说是物质世界,也可以说是信息社会。人们的社会实践活动既是物质生产活动,又是信息传播活动。这些信息传播活动,深刻地反映着社会现象的数量关系和复杂结构。特别是数据,已成为社会必不可少的资源。传播学运用精确的数据资料作为研究依据,突破了传统定性研究的局限性,使人们对社会现象的认识更精确,而科学本身也获得了更加完备的形态。

社会科学的数据来自于科学观察、社会实验和社会调查。社会科学在过去主要依靠定性研究,对资料和数据的分析也主要以描述性、定性化为主要形式,其数据和资料主要呈统计的形式,体系不严,方式简单,结果不精确。例如,什么样的信息才具有传播价值,这在过去是一个困扰着传播学(新闻学)家的难题。

现在经过长时间的摸索,对信息量的测量已经有了质的突破,甚至出现了信息的测量公式,即用消除不确定性的概率的对数来测量信息量,以表示各种可能性的消息按几何级数增加时信息按算术级数增加,这些量的确定,对传播学的定量化研究起着根本的作用。

陈韵昭先生主持的"上海郊区农村传播网络的调查",通过实地调查收集到大量数据资料,并进行传播网渠道分析、传播行为分析和信息内容分析,从农民对传播媒介的选择,了解农村传播网络的构成特点;

从农民对传播内容的选择,掌握农村传播网络的实际功能;从农民接触传播媒介的时间与频次,分析农民的行为类型。这就是定量方法的具体运用。

二、对传播过程进行随机性定量描述

信息传播是非常复杂、变幻莫测的社会现象,存在着大量的偶然因素。这些因素的性质和行为方式虽然各不相同,但在整体上却表现为一定的规律性。传统的机械决定论认为,这种规律性是由于社会现象所对应的、单值的因果关系,事物之间的联系是确定的和不变的。这样复杂的社会现象被简单化了。定量分析的统计决定论则对社会随机过程进行定量研究,并揭示其内在规律,使自然科学中的数理统计方法应用到社会科学领域。例如,社会学家和心理学家认为,不健康的电影、电视对青少年的影响直接后果是全社会青少年犯罪率的增高,就是说电视、电影的不健康与犯罪率升高有直接关系。但同时又有许多传播学家通过社会调查收集大量资料发现,就整个社会来说犯罪率在上升,但部分地区也有下降的趋势,或无明显变化。进一步的研究则表明,犯罪率的上升与电视、电影中不健康内容的泛滥不是绝对的因果关系,同时还与青少年受教育程度和就业率有关,也就是说犯罪率同教育、就业和传播不健康内容都有关系。传播不健康内容最大的受害者是教育程度低的阶层和无就业机会的青少年,而对文化程度较高的知识分子阶层则无明显的影响。

三、数学模型在传播学研究中的使用

过去仅用于自然科学的数学模型,现在已广泛用于社会科学表达客体各要素之间的函数关系上。传播学应用定量分析方法后,许多用传统方法无法描述的系统内各要素的某些关系迎刃而解。例如陈韵昭先生主持的"上海郊区农村传播网络的调查"对农民的传播行为与其个人背景因素的关系进行相关分析时,根据农民个人变量背景选用三种统计方法:年龄与经济收入是连续型的数值资料,用皮尔逊相关法;性别与职业是离散型的属性资料,用卡方分析法;教育程度是离散型的顺序资料,用"肯德尔等级相关法",经过运用数理分析方法进行相关分析,得出了传播行为与个人变量的相关系数。概率论的其他数学模型在传播学的社会调查中也常常被用于资料的统计分析。

四、计算机的运用

传统方法研究社会科学主要是思辨方法,资料数据主要靠人工收集、整理分析,不仅工作量大,得出的结果也粗糙、简单。现代社会科学在收集、整理数据资料和分析数据资料方面,已摆脱了手工方式而完全用计算机来完成。传播学研究中常常涉及大量数据资料,如受传者调查,如果没有计算机,要对这些资料作出定量分析几乎是不可能的。如中国社科院新闻研究所于1985年对全国报纸的基本情况进行调查,输入计算机统计分析,并运用现代化先进技术手段对报纸进行定量分析。结果表明,党报在全国占核心地位,并形成了从中央到地方的多层次党报系统。同时显示,我国报纸工作存在的基本问题是,小报多,大报少;周报多,日报少;发行面窄;报纸总编和社长文化程度偏低;赔钱的多,赚钱的少。这些数据为进一步发展我国新闻事业提供了决策基础。如果没有定量分析方法和计算机的应用,进行这么大的调查几乎是不可能的。

第二节 经验社会学与定量研究

经验社会学是社会学早期的两大流派之一,是应用社会学的原理和方法,解决实际的社会问题,改良社会的一门学科。

经验社会学和理论社会学作为社会学的两大流派产生于19世纪40年代。此后,人们逐步将社会学分为两大部分,一为理论社会学,一为经验社会学。

一、理论社会学

理论社会学是社会学中争论较大的分支学科之一。关于理论社会学定义、内容、方法等等,社会学者有各不相同的看法。法国实证主义哲学家、社会学家孔德(A. Comte)坚持把社会学分为理论社会学与经验社会学两大部分。他认为,理论社会学着重从理论方面对社会进行研究,对社会起诊断作用。前苏联学者则认为西方社会学一开始就沿着理论社会学和经验社会学这两个方向同步平行发展。理论社会学着重讨论社会进化的步伐,论述社会结构。日本社会学家福武直认为社会学主要研究社会的结构与变动,当这种研究形成为一般理论时,就可以称为理论社会学。而另外一些社会学家则认为理论社会学和经验社会学都以经验为依据,不能截然分开。总之,西方社会学界对社会学这一理论问题的不同解释说明,一方面社会学作为一个学科,还很年轻,另一方面社会学作为社会科学,是多元的学科。

1. 理论社会学的创立

一般认为西方理论社会学的创始人是法国的孔德(A. Comte),而其发展则经历了三个阶段。19世纪30—40年代,是理论社会学的形成时期,侧重于用自然科学的方法对社会进行综合认识的总体理论研究,力求探索社会生活的一般原理和法则。这种研究以实证主义哲学思想为理论基础,它的基本观点是:哲学家只应研究世界"是什么",不必去研究世界"为什么",即只研究实证的事实、知识,而不问这些事实、知识的根据;强调人类知识的力量,特别强调运用实证科学改造自然的可能性,但是又把人类的知识局限于经验范围;承认自然界和社会的运动与变化,但又用庸俗进化论和相对主义来解释其运动与变化;提倡科学、进步和改革,实际上是社会改良主义。孔德把综合地认识整个社会作为自己的目标,创立了一个包罗万象的社会学体系。从他的实证哲学的基本理论出发,提出了一套研究人类社会历史现象的相应理论。他把社会学分为社会静力学和社会动力学两部分。社会静力学是论述一般的社会关系及其性质的。他认为社会生活的起源是利己心(个人本能)和利他心(社会本能)的调和,家庭组织就是这种调和的表现,社会就是家庭的总和,家庭关系由家长调节,社会关系由政府来调节。一切社会问题的解决都应当从"普遍的爱"和"普遍的同情"出发,而决不应从破坏现有的社会秩序出发。换言之,家庭应服从家长,平民应顺从领袖和政府。社会动力学则是论述变化中的社会的。孔德认为任何一个社会的基础都是道德原则、思想,道德原则和思想的发展决定了社会的发展。因此,他把社会变革看成是"扰乱社会秩序",应当坚决禁止。到了后期,孔德的思想越来越偏颇,终于走向了宗教信仰主义。

2. 斯宾塞的"社会有机论"

继孔德之后，英国的哲学家、社会学家斯宾塞（H. Spencer）创立了"社会有机论"。他认为知识和科学的对象局限于现象的领域。一切知识和科学的概念，都并不是现象以外的，他称之为"力"的真实反映。现象后面是什么，科学不能证明。因此，他把认识的领域局限于经验的范围，把思维和感觉降到了相同的地位。他把达尔文的生物进化论应用于人类社会，认为社会中人与人、民族与民族、国家与国家之间关系都是"生存竞争关系"，社会的发展过程也是按进化论的"适者生存"规律逐步实现的。所以社会只能改良，不能有革命，甚至认为革命行动不仅不会导致社会的进步，反而造成无政府状态，导致社会的退化和解体。他提出了"社会有机体"理论，认为生物机体中包含了营养（生产）、循环（分配）和神经（调剂）三个系统。社会机体也包含三个系统，这三个系统分别分化为三个不同阶级，即担任营养（生产）的工人阶级，担任分配的商人阶级，调节和管理生产和社会的资本家阶级。谁要消灭资本家阶级和商人阶级，就如同消灭生物机体中的循环系统和神经系统。

3. 理论社会学的最终确立

理论社会学发展的第二个阶段是19世纪末至20世纪二三十年代。由于资本主义社会的矛盾日益激化，社会学逐渐从对社会的总体研究转向部门研究，从对社会体制的研究转向心理、文化研究。这一时期，理论社会学已经形成较为完整的体系，代表人物是法国社会学家涂尔干和德国社会学家、历史学家韦伯。涂尔干认为社会事实是社会的组成部分，也就是社会学的研究对象。社会事实的种类决定社会学的分支，社会体制和社会事实决定着每个人的意志和行动。他试图从具体人的研究中探讨社会的发展规律。韦伯试图创立一种保留自然科学和社会科学中最有价值的元素的社会学系统。他得出一种新的研究法，其内容有两个方面，即价值判断和理解。他认为社会学是一门以人的社会活动意义的目的为研究对象"理解"的科学，得出"社会理想类型"的理论。

第二次世界大战以后是社会学迅速发展的时期，这一时期由于科学技术的发展和经济形势的发展变化，社会问题日益增多，社会学的实用性大大加强，社会学分支也日益增加。理论社会学趋向于对社会结构的分析和文化、心理的分析，论题包罗万象，流派五花八门。

当代西方理论社会学有不同的流派，呈现出哲学上多元的体系。

从 20 世纪 50 年代和 60 年代早期的结构功能主义和行为主义理论、社会交换理论到后来的发展理论、符号相互作用理论和冲突理论,学派林立,各自为政。但西方理论社会学大体上仍没有突破实证主义和非实证主义两种类型,主要特点是理论研究和应用研究的相互脱节。

马克思主义的社会学理论是把对社会的认识置于科学之上的,提出了社会发展的动力是社会内部的矛盾运动,即生产力、生产关系、经济基础和上层建筑之间的矛盾。经济基础是一定生产关系各方面的总和,上层建筑是建立在经济基础之上的政治、法律制度和与它相适应的社会意识形态,人民群众是历史的真正创造者。马克思主义的社会学理论是真正的科学理论。

二、经验社会学理论

经验社会学又称应用社会学或实践社会学,是侧重于研究个别社会现象,解决社会实际问题的微观社会学。一般社会学界认为经验社会学的研究范围主要指与社会福利、社会事业、社会政策等社会问题相关的领域,诸如社会劳动、贫困、社会保障、住宅、青少年犯罪、保护妇女儿童、老人、环境、污染等社会问题,甚至还有婚姻家庭、城市交通、农民的某些问题。经验社会学的创始人有早期的比利时的罗·凯特勒和英国的查·布恩。罗·凯特勒首先是一位统计学家,他从人口调查统计入手,分析和研究"平均人"与个别人的关系,提出了"平均人"是完美无缺的"真正典型",而个别人则是这种典型的畸形表现的理论。他创立了"平均人"的概念和理论,提倡一切现象都应用平均数来考虑,并企图用统计方法去证实启蒙思想所说的抽象人性,从而把哲学上的抽象人性变为统计学上的抽象人性,把社会阶级之间的差别变成了统计的抽象差别。罗·凯特勒的理论主要反映在其代表作《论人类》(1835)、《自然社会和人类能力发展的评论》(1843)。

1. 布恩的理论和朗特里的改进

真正从理论和实践上对经验社会学作出贡献的要数查·布恩。查·布恩是英国著名的社会调查学家,他组织了一个有名的调查团对伦敦劳动人民的生活和工作状态进行了广泛深入的实地调查,获得了大量的原始资料,提出了解决失业和贫困的方法。"伦敦调查"从 1885 年开始,花了近 20 年的时间,被认为是社会调查中的经典范例。"伦敦调查"的结果在社会各界引起了强烈反响,迫使政府实行了某些社会改良措施。查·布恩的调查获得的资料和其调查方法对经验社会学的发展作出了特别的贡献,他的代表作是17卷本《伦敦人民的生活和劳动》(1903),《贫困的写照和有关养老金的论据》(1892),《贫苦老人的状况》(1894)和《关于养老金和贫苦老人的建议》。

B·朗特里对经验社会学特别是调查方法的贡献主要是他改进了布恩的"社会阶层分类"的方法,创立了一套"体力效应指标"代替布恩的"经济收入指标",作为划分社会等级的依据。这种依据是按照生理学、营养学的原理而设计的。如果一个人的收入不能满足他"体力效应"最低限度的需要,那么他就属于"贫困者",这样比按照名义收入来划分社会阶层,显得较为合理和确切。

法国的经验社会学研究在西方似乎没有多少地位,但法国的社会调查学家A·赫在犯罪的调查方面却卓有建树。他经过研究发现,同一地区的犯罪率通常是趋向稳定的,而各种性别、年龄、文化教育程度等犯罪者在一年四季中是按一定分布规律发生的。例如,在每100起案件中,男性为78%,女性为22%。这一比例,尽管已经过去6年,其偏差仍在1%之内,从而有力地证明"大数定律"在社会生活领域中是客观存在的。

2. 德国人的贡献和美国人的超越

德国对经验社会学的主要贡献是其调查方法的独特之处,虽然在调查的数量上无法同英国和法国相提并论。威廉·累克西斯、施纳佩尔、阿伦德特、M·维贝尔、A·列文斯坦等都是德国社会调查方面各有特色的专家。前者于1877年根据数理统计学创始人凯特勒关于社会现象数量化的思想,具体地推导出一个"大众行为的数学模型"(《大众行为论》,1871),其他人则分别在社会调查方法论方面深刻批评当时社会调查中流行的伪科学方法(《社会调查方法论》,1888),提出应用"假设-检验"来设计调查的程序(《关于工业劳动的心理物理原理问题》,1908),设计调查问卷,在进行劳工调查等方面作出各不相同的贡献。

20世纪以来,美国在经验社会学方面一直走在世界前列,但也不能低估欧洲在经验社会学的理论研究和实践方面的成就。特别在20世纪的20年代,欧洲的经验社会学越过大西洋,对美国的社会学研究产生过重大影响。P·凯洛格主持的"匹茨堡调查"(1909),斯·哈理森主持的"春田调查"(1914—1920)就是"伦敦调查"的直接模仿和移植。但美国的社会调查并不是停留在欧洲水平上,他们努力创造自己的风格。C·泰勒在《社会调查的历史与方法》(1919)一书中提出检验调查方法是否科学的四项标准,即提供的事实是否具有代表性,并能否从中归纳出合理的普遍结论;所用的方法是否客观;是否运用了控制和比较的程序;是否建立起一套定量的符号系统,以进行正确的测量和正确地报告其发现。A·伊顿和斯·哈理森从对美国社会调查实例的考察中,提出他们归纳的2 775项课题,涉及包括教育、失业、犯罪、种族、经济、家庭婚姻、宗教、农村市民生活等极为广泛的领域。20世纪30—40年代,美国经验社会学家虽然遇到经费困难的问题,但私人组织却提供了一些资助,使研究工作仍沿着正常的轨道前进。60年代,美国政府将社会学研究列入国家基本计划,解决了经费的问题,使经验社会学的研究取得了许多重要成果,特别是在为政府计划和政策的制订及贯彻执行方面,提供了许多参考资料。美国在运用社会学研究成果去探索政策问题和评价社会计划的趋向最明显地表现在20世纪70年代。由于国家的经费支持,使经验社会学研究比以往任何时候都更加活跃,而过去的私人资助在这时真显得微不足道了。

3. 前苏联的社会学研究

前苏联在社会学研究方面有自己的特点。在60年代,占统治地位的观点认为,马克思主义的历史唯物主义就是马克思主义的社会学,而达维久克则另有高见。他认为经验社会学是一门独立学科,因为它拥有本身的研究客体、对象、范畴、规律和方法,其客体主要是社会共同体及其结构、社会制度、社会过程和社会组织,它们的研究对象是社会内部某些系统和分系统发生作用的规律。它的范畴包括社会事实、社会环境、集体、个人、社会制度、社会行为、社会交往、社会变迁、社会流动等,内容极为广泛。前苏联的经验社会学研究真正出现转机是70年代以后,首先是在全国主要城市建立研究中心,以后便装备了许多先进的科学研究设备,建立情报资料储存库,模拟研究项目的各种模型。前苏联解体后,俄罗斯的社会学研究由于经费问题,几乎没有开展起来。

4. 定量研究对经验社会学的移植

经验社会学对传播学定量分析方法的主要影响,是经验社会学所特有的一套行之有效的研究程序和方法直接被传播学借用和移植。这些研究方法主要是:调查方法,包括问卷法、抽样法、观察法、实验法和个案法等;组织方法,主要是研究过程,包括制定研究计划、搜集资料、资料加工、分析结果和作出推论。经验社会学的这些研究方法对传播学的定量研究尤其是实地调查产生过直接的示范影响。

第三节　定量研究中的统计数学

统计数学是现代数学的分支,主要包括概率论与数理统计学这两个部分,前者是统计数学的基本理论,后者是统计数学的具体方法。柯惠新教授、祝建华教授、孙江华教授的《传播统计学》[1]是这方面较为权威的著作。

在自然现象和社会现象中,有一些现象就其个别来看是无规则的,但是通过大量的试验和观察以后,就其整体来看却呈现出一种严格的非偶然的规律性,这种现象称为随机现象。如一个充满气体的容器,由于气体分子之间杂乱碰撞,每一个分子的运动速度和方向都是随机的,因而由个别分子产生对容器壁的压力也是随机的。但实验表明,这群分子总体对容器壁的压力却呈现非偶然的规律性,就是说总压力几乎是一个确定的值。概率论就是从数量的角度来研究大量的随机现象,并从中获得这些随机现象所服从的规律。

一般认为,概率论产生于17世纪,19世纪初期已基本确定,之后一直在现代科学研究和应用中发挥重要作用。具体地说,概率论最基本的东西有三点:

(1) 客观世界中纷乱复杂的随机事件背后,无不存在着必然趋势和规律。

(2) 随机事件的分布趋势,只有在进行大量观察的条件下才能得到显露和表现。换言之,随机发生的偶然现象,在一次观察中是不能确定其为必然规律的;但随着观察次数的增加,其发生的可能性就会围绕一个稳定的常数,作平均幅度越来越小的波动。

(3) 如果合理地从总体抽样,那么大量观察所需的次数只需达到"充分多"而不必要求达到"无限多"。

---

[1] 柯惠新、祝建华、孙江华:《传播统计学》,北京广播学院出版社2002年版。

数理统计学是以概率论为基础的数学分支,是在概率论的基础上出现的,20世纪初才形成。数理统计是研究如何安排试验或抽样才能更有效地进行统计分析;如何根据观察或试验所得的数据,来找出描写随机现象的某些数量指标的分布或其平均值;检验一些指标间有无显著差异;找出各类指标之间的相互关系。例如,经过对产品销售情况的分析,了解广告宣传对产品销售的影响;数理统计的主要内容有参数分析、假设检验、相关分析、试验设计、非参数统计、过程统计等。

对数理统计学的发展作出决定性贡献的,是英国学者费歇。他是数理统计学的许多基本概念和重要理论及统计方法的开创者,如似然方法(1912)、试验设计和方差分析(1915)。其后美国学者和英国学者在假设检验的理论方面,作出了里程碑性质的贡献。我国学者在多元分析和有关线性模型的统计推断、极限理论等方面也有举世瞩目的建树。瑞士学者克拉美的著作《统计学数学方法》(1946)的问世,宣告了数理统计学和概率论的新的属主——统计数学作为独立学科的确立。

抽样技术。数据收集的一种方式是通过抽样观察,适用于所研究的总体是由一些有形的个体所构成的场合。例如,为了了解广告在新闻传播媒介报纸版面上所占的比例,或了解社会新闻在报纸版面上所占的比重,就需在被了解的报纸中抽出一部分进行分析。要抽样就必然存在抽样的比例和如何抽样的问题。

试验设计。指能代表总体质量的个体,要得到总体中的"个体",必须通过试验去"设计"出来,而试验条件在一定限度内是人所能控制的。例如,产品质量是同许多因素有关的,在这种情况下,特定的试验就是选择若干组进行控制试验生产,这些条件要求具有代表性,能够尽量减少系统误差和试验次数,并使试验数据便于统计分析。

假设检验。通过抽样的结果判断某种假设是否成立。

方差分析。确定各种因素对变量值有无影响和影响程度。

多元分析。研究众多变量的一种很有实用价值的数学分析方法。

其他的还有统计判断理论、参数估计、非参数统计、相关回归分析、因子分析、路径分析、时间序列分析等。

统计数学的原理与方法对许多学科的理论和研究具有重要作用。传播学研究中一直借用统计数学的原理和方法进行研究,解决传播学中的许多问题。这些研究主要是:

(1)抽样技术。抽样的要求、必要数目和怎样抽样以及可能产生的误差。
(2) 样本的数量、代表性及对总体可靠性的检验。
(3) 测量工具的准确性和有效性判别。
(4) 对测得(搜集)的数据进行整理、分析。
(5) 对结果的推论和假设。

第四节 心理学对定量研究的渗透

一、心理学的产生与独立

一般认为心理学作为一门独立的科学虽然不过百年时间——以1879年法国心理学家冯特在莱比锡大学建立世界第一个心理学试验室为标志,但对心理现象的研究是和人类的产生同时开始的,较为系统的研究至少可以追溯到公元前4世纪。那时的心理学是属于哲学范畴和体系,研究的方法主要是哲学的方法,即把心理现象提到存在和思维、物质和精神的高度加以阐述。虽然当时的哲学家们曾设想过思维的物质存在,设想过精神的物质基础,但真正把心理学从哲学社会学中划分出来并成为一门独立的学科则是19世纪50年代后的事情。

心理学作为一门独立学科,首先起源于德国,但不久便移到了美国,研究方向也由于美国现代科学的惊人发展和对行为科学的备受重视而从理论心理学转向应用心理学。

二、定量研究中的心理学方法

传播学研究受心理学的影响主要是对心理学的一套测量技术的移植和应用。

1. 问卷调查法

创始人首推美国心理学家G·霍尔,采用问卷向研究对象提问,将得到的答案作为资料。霍尔所领导的克拉克大学心理学系曾编制与印发过 102 种问卷。在应用问卷进行传播学受传者调查方面的研究工作当首推乔治·盖洛普。

2. 心理测验和智力测验

首先提到心理测验的是美国心理学家卡特尔,他创造出 50 组"个人能力测验标准"用来测量大学生的各种能力。E·桑代克则首先把数理统计学中的相关分析方法引入心理测验,使心理测验这一技术更为精确,这一成果主要反映在《心理与社会测量引论》一书中。其后,出现了数十种心理测验方法。智力测验则是从心理测验中衍生出来,目的在于用系统操纵的方法测量个体的智力差异,诸如人格测验、问答测验等。智力测验的创始人是法国的 A·纳和 J·西蒙,他们发明了"儿童智力量表"。W·戈达德将该方法引入美国,I·特曼据此提出了智力测验的基本单位"智商"(Intelligence Quotient,简称 IQ),对"比纳-西蒙量表"作了改进。

3. 态度量表

态度量表用以测量人的意见、评判、选择倾向等深层心理活动。创始人是 L·瑟斯顿。他发明了一种"区分量表",其方法是将一组陈述句(某个推论或问题)分成"极力赞成、中立、极力反对"等 11 个等级,让被测者选择。R·利克特对"区分量表"作了改进,把等级减少到 5 个,称为"综合量表"。格特曼又发明了"累积量表",这是一种间接测量方法,目的是为了得到更真实的测验结果。因为人的行为倾向常常埋藏在心里,属于较深层的心理活动,用直接的、浅显的方法测量往往不能真实地反映出被测者的心理活动。

4. 社会计量法

社会计量法的目的是研究社会团体的构成、人的个性及其形成、人的社会身份等问题。美国病理学家 L·莫雷诺首先采用这种方法,让纽约州立妇女职业学校 500 名女学生每人分别列出其最愿接近与讨厌的同学,以此分析特殊团体内的人际关系,总结这个团体内人们相互关系的选择和排斥的特点。《谁将获得生存》(1934)一书中具体介绍了这种方法,正名为"社会成员心理的测量技术"。后来,这种方法被引入心理学、精神病学、社会学等领域。保罗·拉扎斯菲尔德在"选举"中,借用"社会计量法",发现了"意见领袖"的存在,开拓了传播学研究的新里程;C·奥斯古德创造的"语义区分"则是"态度量表技术的最新成果"。

第五节　计算机在定量研究中的应用

在传播学研究中,计算机是最常用的辅助工具。借助计算机,研究人员可以处理各种简单或复杂的问题;建立资料库;进行各种分类分析,如卡方分析,回归分析等。早期由于电脑尚未普及,只为少数人所使用。20世纪80年代以来,计算机已深入各个领域,应用范围越来越广泛。

一、计算机的发展及应用

80年代以前,计算机还十分神秘,既庞大又昂贵,只为少数人所使用。80年代以来,随着科技的发展,计算机价格越来越低,使用者日益普及。计算机主要是进行文字和数字的处理,既省时又省力,离开了计算机,许多现代研究几乎是无法想像的。

通常,我们可以将计算机分为四种类型,微型的、小型的、大型的、巨型的。微型计算机是计算机家族中最小的,许多人称之为家用电脑。这种电脑可以用来处理一般文字和数据,进行网上活动诸如购物,查询资料,进行股票交易,甚至进行远程教学活动。小型计算机较适用于办公室自动化系统,可以进行较大量数字处理,建立计算机网络。大型计算机是工农业生产中必不可少的,是大型数据处理中心的必需设备,比较广泛地应用于科研等部门。巨型计算机是现代科技的缩影,它使用并行处理程式(parallel processing),速度惊人,在工程、国防、天文、航空等领域使用。

二、计算机在传播学研究中的应用

计算机在传播学研究中,主要是做统计分析(statistic analysis),因为计算机能够处理统计过程中最繁杂的计算公式。在传播学研究中,最常用的有两种统计处理软件: SPSS - X(Statistical Package for the Social Science - X)软件和 SPSS - PC 软件(Statistical Package for the

Social Science - PC)，这是社会科学研究中最常用的软件，前者适合大型主机，后者适合个人计算机。

SPSS - X 和 SPSS - PC 的基本特点是实用性，使用简单容易。使用这两个软件，有几个简单的步骤：首先，将编好码的资料输进计算机，这些资料会以一个档案名称被储存起来，计算机会对资料的精确度进行检验。同时，计算机也产生相对应的档案，显示 SPSS 资料是怎样进入及其表达的意义。一旦认为资料输入是精确无误的，这两个档案就会合二为一，最后只要输入一组组指令，计算机就会进行资料的统计分析。

例如，我们设计了"电视受众收视习惯研究"的调查，计划抽样本（受众）600 个，提 48 个问题让受众回答。那么，600 个样本（受众）都被编成代码，而 48 个问题也被编成资料代码，即总共有 600 多个个案，每个个案有 48 个变数。然后根据研究者的不同爱好采取不同的分析程序进行分析。

SPSS 常提供大量的分析程序，从简单的分析程序 CROSSTABS（交互分类），到复杂的分析程序如 FACTOR（因子分析）、CORRELATIONS（相关分析）、REGRESSION（回归分析）等。

第四章

程序与设计

研究任何问题,都必须按一定的步骤和方法进行。方法是科学的结晶,方法又是研究问题,求得答案的桥梁。不按一定的程序和设定的方法进行,就会产生错误,得到与事实不符的资料。本章所要阐述的是定量研究方法的具体内容和实施要点。

第一节 定量研究的基本步骤

设计传播研究计划是开展传播研究工作的前提和首要工作。只有在开展研究之前提出具体的传播研究计划,才能明确研究目的——解决传播中的实际问题,或为了得到某种假设和推论。

传播研究的目标一般有两个:一是学术性的,即为了传播学本身的发展而进行研究;二是实用性的,即为了证实或推论某种社会传播现象的影响或作用、效度或程度。

社会科学研究方法已越来越多,也越来越庞杂。就传播学研究而言,方法也是多种多样的。但每一个方法又有其不同的实施办法,在其特定时间、地点上,也有各自的特性。在具体研究步骤方面,大致可以进行求同存异的归纳,但具体细节仍是各自有别的。

定量研究的具体步骤一般说可以归纳为10个方面,即:1)研究题材的选择;2)研究目的和假设;3)研究的理论依据;4)研究的具体方法;5)样本和抽样设计;6)搜集资料的方法;7)工具的确定和设计;8)资料的登录和分类;9)资料分析方法设计;10)研究报告。这10个步骤中的各个步骤之间都是相互联系、步步相依的。实际上又可归为三个阶段:即搜集资料前的准备工作(1—7);搜集资料(8);资料分析(9—10)。

也有人将研究过程分成五个步骤,用循环图表示,如图4-1所示。

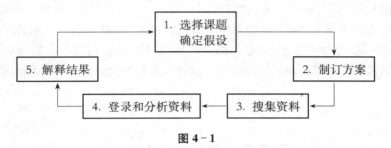

图4-1

以图4-1为例,研究过程到第五步即"解释结果"就应停止了。但在实际研究过程中,第五步和第一步又有密切的联系。这首先表现在选择课题和确定假说常常是借鉴研究人员过去的研究成果来制定的,其次是由于种种因素,研究过程常常不能仅在这一步上就完成,如果研究只是部分成功或根本不成功,研究又得从第五步进入第一步。

实际上,即使研究是成功的,就是说第五步的研究结果证明了第一步的研究假设,把研究再重复一遍以证明其研究结果并非偶然中巧合是非常明智之举,对重大的研究课题尤其是必须的。这一点虽仍未引起传播学研究人员的重视,但似乎值得提倡。

虽然有充分的理由证明对一项研究成果进行重复是必要的,但是,要进行这方面的工作有很大的困难。究其原因,一是研究人员有时往往对自己的研究成果过分相信,或者虽然认识到有某些问题或缺陷,但宁愿在今后的其他研究中去改进和注意。二是经费的困难也往往是不能进行重复研究的重要原因。至于认为重复研究是"老一套",不如去开辟新的研究课题和新的研究领域,则是大多数传播研究人员、乃至大多数社会科学研究人员的普遍想法。

美国著名传播学研究者罗杰(Roger Wimmer)和约瑟夫·多米尼克(Joseph Dominick)在他们《大众媒介导论》中提出了八个研究步骤,即:1)设定研究课题;2)参考相关的理论与研究;3)提出假设或研究的具体问题;4)确定适当的研究方法和设计研究计划;5)汇集有关研究资料;6)分析和说明研究结果;7)提出研究报告;8)必要时再进一步研究同样的课题。

他们提出的八个研究步骤,同我们在前面提到的十个研究步骤或三个研究阶段,大同小异,就是研究的总体应当具有的研究过程。有些研究,特别是商业研究常常忽略某些步骤。如第二个步骤"参考相关的理论与研究"和第八个步骤"必要时再进一步研究同样的课题"。因为实用性的研究和商业性研究常常是专门化的研究,解决的是特别的或个别的问题,很少有先例。同时,商业性研究常不能等到进一步的研究就必须做出决策,没有必要再重新进行研究,除非首次研究的结果不确定。

第二节 课题选择与假设

选择研究课题并非是人人可以做的。应当指出的是,选择研究课题只是层次较高的科研人员的事情,更多的人只是参与。因此,定量研究的设计主要仍是强调慎重地选择研究课题,寻找自己熟悉的、实用性的、针对性强的题目。必须尽量使计划设计得完整,包括选题、研究机构、研究目的、有关资料的准备、研究过程、抽样技术、样本设计、资料收集方法、资料的分析、研究时间、经费开支、设备、协同部门或人员等等,都应制定出完整的蓝图。还要对应用研究的理论研究提出具体的不同要求。

一、传播学理论研究的领域

在传播学研究中,有描述性研究,也有推断性研究。描述性研究主要是通过对传播过程的研究,定量地描述传播现象。而描述传播过程的方式就是用传播学家哈罗德·拉斯韦尔提出的"五个 W"模式作为研究模式或研究领域,如图 4-2。

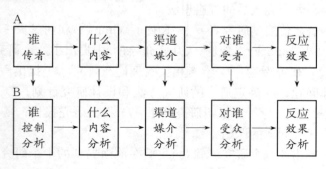

图 4-2

A 图和 B 图是一一对应的，A 图中显示的传播模式（或要素）就是传播学理论研究的领域。进一步分解如图 4-3。

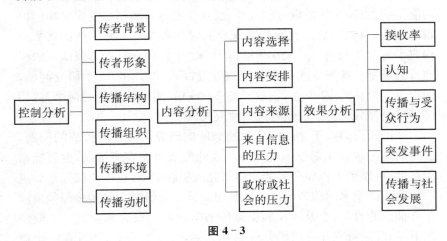

图 4-3

上图中的研究内容或领域只是其中一部分，每一个研究领域又可分解为若干研究方向。

二、应用研究

应用研究是解决当前传播学所关心的问题的研究，理论研究中也包括许多应用研究，反之，应用研究中也包括许多理论研究内容，互相交叉，这些研究包括传播过程的研究、传播媒介的研究、传播者和受传者的研究、传播效果的研究、反馈的研究等。当前传播学应用研究已较少书斋味，而商业味越来越浓。

应用研究和理论研究一样，常常伴随着搜集资料的大规模研究。这种研究涉及面相当广，时间较长，需要大量资金，投入人力物力较多，要求研究的每个具体环节都有完整的计划和可行性的估价。例如，1983 年 4 月，复旦大学新闻系组织了"上海郊区农村传播网络的调查分析"。研究的背景是当时的中国农村变化惊人，但对农村市场这场伟大变革是在经济、社会、科技三个层次上同步进行、协调发展的事实尚未引起重视。虽然北京、上海、江苏、浙江等地做过受传者调查，其中有些调查对农村传播事业问题已经涉及，但没有系统的专题研究。因此，上海组织了对农村传播活动的调查。调查最后得出结论：上海郊区农村的传播网络由大众传播与人际传播两个小系统构成,大众传播的使用高于人际传播;农民对传播内容的选择反映了农村传播网络的实际功能传播;农民对传播内容的选择,反映了农村传播网络的实际功能以娱乐为主;由农民接触大众传播媒介的时间和参与人际传播的次数而构成了两个新变量,即"大众传播行为"和"人际传播行为",反映了农民的行为类型。参与这次调查有调查者近百人,设计了35个研究问题,调查了6个县的12个点,发放问卷2 000份,实地调查历时两个月,后又进行统计分析。这仅仅是应用研究的一个例子。

理论研究侧重于探讨传播学的那些向研究人员提出挑战的问题,这些问题一般说来对学术的完善和成熟发展可能有所帮助,也可能毫无帮助;可能用于指导今后的应用研究或实践活动,也可能仅仅是对进一步论证该学术问题产生一定的影响。纯理论研究主要检验那些内涵非常抽象的假设,主要涉及的也是传播学领域的概念和假设。一般情况下,纯理论研究和应用研究应当互为影响,互为补充,并且在一个概念和系统下进行,同时建立在传播学应用研究和其他研究的基础之上。

兰州大学西北文化研究中心1992年进行的"文化观念变革研究"则是理论研究的一个实例,目的是测度中国西北少数民族在现代传播的影响下观念的变化。课题设计了五个主题,抽样调查了甘肃、新疆等地受众文化观念的变革情况。在研究报告中提出了西北少数民族地区群众在现代化过程中的10个变化趋势。

三、选题的论证与分析

在确定研究课题时,首先要查阅相关的研究资料,以了解当前人们所关心的问题,有些资料能提供许多的研究线索和创意,尤其能启发和激发人的想像力。这些资料主要来源于各类学术刊物和新闻传播媒介,首先要关注专业刊物。

研究传播的人不能不看新闻,不看书不读报的人是研究不了新闻与传播的,其次是研究新闻与传播的刊物。中国内地目前有许多传播学研究学术刊物,主要的如《国际新闻界》(中国人民大学新闻学院)、《新闻与传播研究》(中国社会科学院新闻与传播研究所)、《中国记者》(新华通讯社新闻研究所)、《新闻大学》(复旦大学新闻学院)、《现代传播》(北京广播学院)等。这些刊物经常刊载研究人员的最新研究成果,为进一步研究提供了许多宝贵的资料,许多研究成果指出了哪些问题需进一步研究,有些研究结果提示了新的研究空白,或开启了新的研究视野。

此外还有许多专业刊物,如广播电视类刊物,新闻类周刊,广告类刊物,提供了许多有关大众传播媒介的信息。大众传播媒介也常能帮助发现研究的主题,因为我们每天在看电视、读报纸,作为研究者,就能从日常的传播活动中发现媒介或与媒介有关的问题,如每天的广告很多,广告的设计与制作水平,广告的影响程度,广告伦理问题等等。再如电视节目中的电影、电视剧频道播放的节目,对社会问题的关注,对青少年的影响等等。

有了初步的研究概念后,就要对所选课题进行分析,即在从大量一手资料(如学术刊物、专业性刊物、大众传播媒介)中寻找到研究题目之后,首先要对选题进行分析,以证实所选课题的价值。确定和证实选题的价值主要从以下几个主要方面着手分析。

一是所选课题的重要性和研究范围:所谓选题的重要性是指课题的研究意义,包括课题的社会意义和价值,即该课题的研究有无帮助社会进步的意义,对该学科的发展及完善有无帮助,该研究能否解决较有意义的社会问题或学术问题。如电影或电视中的暴力对儿童影响的研究,它的理论意义在于探讨传播中的伦理问题,具有深化传播学研究的学术价值,在实践上又回答了传播对青少年及儿童的影响问题;再如大众传播的社会监督对社会风气的影响,从社会意义上讲有助于监督政府行为,推动社会的反腐败和廉政建设。这些研究课题虽涉及较大的社会问题,但完全是从一个小的突破口展开的,不仅是研究传播学的某个领域的问题,而且具有较为深远的社会意义。

二是研究的成果是否具先进性和前瞻性。在确定选题时,研究人员就必须明白此课题成果的意义。首先要了解这一课题是否有人研究过。如果有人研究过,结果如何,此次研究能否提供新的假设或见解,是否有助于从更深的层次上回答问题。如果前人没有研究过,此次研究的目的是什么,是否有助于推动此问题研究的发展。

三是经费的投入是否有问题。经费是决定定量研究能否开展的关键问题。虽然研究人员有很好的设想,课题的设计也很完善,研究成果对社会和本学科大有益处,甚至是轰动的,但如果没有经费,一切都是空的。在中国内地,一次研究所花的经费虽大大低于外国同类研究,但是仍需注入相当资金。以问卷调查为例，在上海以2 000份问卷为例，每份问卷的平均投入在30—80元左右，它包括设计费、印刷费、统计分析费、人员工资、雇用人员工资、礼品、交通费、通讯费等。在内地，虽然劳动力价格相对较低，但交通费却要增加。因此，做一项实地调查研究，经费投入往往不少于10万—20万元。

四是研究成果是否具普遍价值或典型价值。研究任何问题都必须考虑外在效果，即具有实际意义。因为研究的目的是探讨或解决某问题，无论是学术的还是应用的，研究成果必须能拓展到应该影响的社会实践。如，研究大众传播发达的情况下人际传播的特点，这个问题对于研究信息社会人际关系是很有意义的，可以延展到其他情形。但如果研究没有大众传播媒介下的人际传播，研究成果就没有普遍性意义或典型性意义，或者没有外在效用度。

为了使所确定的研究课题能取得好的成果，在正式开展研究之前，研究人员至少应了解以下几个问题：

- 此课题过去有无研究。
- 此课题过去研究的发现。
- 此课题研究的主要空白。
- 此课题研究采取的研究方法。

四、假设

在确定研究题目并对课题进行可行性分析后，研究人员就要根据课题提出研究假设或研究的问题。所谓"假设"就是在对选题进行分析后提出的猜想，通过研究来证实假设是否成立。这些在开展研究时提出的假设有时是对变量之间关系的描述，通过研究来证实，有时是研究者在研究前，根据过去的经验（或资料）所提出的，是一种判断或是在得到研究结果前的预测，是研究前设计研究方案中的设计方法。

试举两例来说明。

例一：在研究电视节目对儿童文化行为的影响的时候，研究人员设计了电视连续剧《聊斋》对中小学生影响的课题假设是：

- 《聊斋》与儿童相信迷信和鬼神有关系。
- 看《聊斋》影响他们对现实的看法。
- 看《聊斋》的次数与他们相信有鬼神的程度有关系。

・电视节目与儿童对现实的歪曲程度有关系。

这个研究假设是根据已有的资料提出的。已有的资料主要是一些报纸和刊物上发表的小学生家长对电视台播出电视连续剧《聊斋》的批评稿,这些研究资料便是研究人员提出假设的依据。

例二:研究人员在研究上海大众传播媒介开展舆论监督的社会效果研究时,根据已有的资料提出假设是:

・上海大众传播媒介在开展舆论监督方面得到上海广大市民的肯定。

・由于上海大众传播媒介积极开展舆论监督,公信力大大提高。

・上海大众传播媒介开展舆论监督的力度和深度有待加强。

以上两则例子都是研究人员根据已有的资料提出的假设。这种假设有助于研究人员确定研究思路,界定研究范围。

研究假设的提出不仅依赖于对现有资料的分析,还依赖于研究人员的经验。许多研究人员由于有过许多研究的体会,或有过类似的研究经历,研究方案就设计得完整,研究假设能充分反映研究思路。

第三节 研究设计

在确定研究假设,并对研究假设进行分析以后,就必须考虑研究途径。究竟采取何种研究方法,要看具体的研究问题,有些研究拟采取实地调查的方法,而有的研究只需采取实验的办法。同时,采取何种研究方法还要看时间和经费的情况。科学的研究设计包括以下几项。

1. 确定收集资料的方法

确定具体的收集资料的方法,主要确定是调查、控制实验、内容分析还是个案研究。

(1)调查方法。调查可分为若干种,如实地调查、电话调查、函件调查等。实地调查还包括了实地问卷法、实地调查访问法等。在中国进行实地调查,应根据研究经费、时间、范围和研究的问题来确定。经费较为充足,时间紧迫,调查范围可小些。研究的问题较为复杂的课题一般选择问卷调查或面访调查,特别是学术性研究,拟采用实地调查和实验调查。应用性研究,特别是商业性研究,一般可采取电话调查法,或实地随机调查。参考性研究和辅助性研究可采用实地随机调查或函件调查。

（2）实验方法。实验方法是传播学研究中最早使用的研究方法，它有助于建构因果关系，或者说实验研究最能证明因果关系，但实验研究在操作上有一定难度，尤其在中国。它需要选择实验环境，确定实验设计，包括测量变量的形式，受试对象的选择与有效性，资源多寡等。在中国，能进行传播学实验研究的单位不多，能做实验研究的实验室更少，而实验研究中的伦理问题尚未有人敢挑战。谁敢让大学生做实验资源去看黄色录像或暴力录像？至少在目前，中国不具备做实验研究的条件。

（3）内容分析方法。内容分析是对已有信息进行的研究，具相当的客观性。

（4）个案研究方法。个案研究一般不作为正式的研究，它只是辅助性研究，提供事物的个性特征。

2. 确定调查队伍

20世纪80年代，在中国内地做实地调查研究，主要是研究人员带领调查员进行，研究人员参加研究的每一个环节。90年代以来，研究人员除设计研究计划决定研究方法和抽取研究样本、准备研究工具外，并不一定亲临实地调查，特别是实地问卷调查和实地访谈调查，常常雇请调查员或委托社会调查机构完成调查工作。

雇请的调查人员常常是平时已培训过的或储备的调查人员，随时聘用。委托代理机构分两种：一种是只委托代理机构完成调查工作，另一种是全程委托，即代理机构参与了研究设计，并负责收集资料，对资料进行统计分析。在国外，有些全方位的代理机构可提供各种服务，除了媒介调查外，甚至提供医疗、银行、保险等服务。但大部分研究人员从经济角度考虑，只委托代理机构完成田野（或室内）调查工作。

如果是雇用调查员，必须对调查员进行培训。培训的主要内容是为取得较好的调查结果而提出的调查要求，例如，要让调查员知道研究必须在没有外部干扰下进行，排除任何外在影响；尽量对调查目的保密；要采取实事求是和务实的态度，严格按照事先设计好的程序进行。

3. 确定工作语言

确定研究人员使用的概念，统一工作语言，包括专业工作语言。调查前需将统一的专业术语打印给每个工作人员，以便于在研究中使用。

4. 收集有关研究的资料

收集资料是研究的重要阶段,虽然收集资料工作常常是委托调查机构或辅助人员来完成,但主要研究人员必须在现场进行指导和监督。

第四节 资料分析与解释

资料的分析和解释取决于研究目的和研究方法。不同的研究目的有不同的分析方法,有的分析只涉及一个简单的问题,有的分析则可能比较复杂。例如,商业性定量研究中,有时只是调查公众对一个产品或者服务的兴趣与评价,要求得到的答案只是"行"或"不行",最多是为什么"行",为什么"不行"。但学术研究则复杂得多,不仅有众多的程序和事先设计,要分析的内容也很多,分析结果时必须考虑研究的可信度,必须排除表面上合理的解释。例如,研究人员有兴趣解释或证实"Y"是"X"的一种功能,或 $y = F(x)$,在研究中进行严格的控制就可以排除 $Y = F(B)$ 的可能性,其中 B 是一个外部变量。任何一个能导致对结果有对抗性解释的变量就是伪变量(artifact)。例如,一项研究发现看电视时间长的儿童要比看电视有限的儿童学习成绩差,这个变量可能是个伪变量,因为看电视时间少的儿童在学习方面可能得到大人的帮助。

伪变量的出现有较多的原因。主要是:

(1)变量。研究过程中发生了许多事件,从而影响了被调查对象的态度与行为。例如,研究人员为某公司进行新产品推荐活动,首先进行了预测,了解了被调查对象对该公司的态度,然后进行试推销,也叫试验处置,再进行测验,以测定推销活动是否导致了被调查对象对该公司的态度发生变化。结果发现被调查对象对该公司的印象变坏了。因此,在分析研究结果之前,必须测定是否是某些因素的干扰造成的。调查显示在两次测试之间,调查对象从电视上了解到该产品涨价的消息。

(2)变化。如在研究过程中,被调查对象的生理及心理特点发生了变化。例如,看了 3 小时的电视节目后,由于疲劳,对第一个节目的印象就不如对后来的节目印象深刻。

(3)测试本身就可能是一个伪变量。因为预先测试,被调查对象对敏感问题学会了回答的方式。为防止这一现象,就要采取不同的预先测试方法。

（4）测量仪器陈旧。调查人员对有些仪器和方法非常熟悉,没有严格按程序操作,而是凭经验去做。

（5）回复。由于对被调查对象进行反复测试,产生回复。

（6）实验损失。被调查对象中途退出,样本回收太少,或废品太多,有的样本太少,达不到统计学的要求,统计结果可信度低,没有代表性。

（7）代表性差。抽样时,没有考虑不同的对象组,没有对不同对象组进行比较,不了解各组差别,样品的代表性低。

（8）被调查对象见风使舵。在调查中,被调查对象迎合调查者的目的,或者故意说假话。例如,他们都会说电视好,喜欢看,但他们又不能对电视节目的具体内容提供评价。

（9）研究人员不公正。研究人员的主观判断或原有印象影响了被调查对象的意见,从而影响了调查结果。在调查中,应严格程序,避免提示性提问,所提问题应持中性立场,特别是问卷必须使用中性语言。辅助人员和雇用的调查员不应知道研究目的,不应该知道被调查对象是属于控制组还是实验组,坚持双盲实验。

（10）从众行为。调查对象受群体压力影响,不愿意发表与众不同的观点。

以上几个问题,都可能影响资料的分析和解释,从而影响研究结果。

第五节 工作定义

工作定义就是研究者为使研究活动顺利开展,在研究活动开始时而规定的专业语言或话语方式,以防止差错。确定工作定义有助于研究人员统一研究语言,统一研究行为,协调研究进度。其中最常见的定义有以下几项。

一、变量

变量是在实验中被观察、测验和控制的事物或现象。根据变量之间的关系,变量一般可分自变量和因变量。研究人员对自变量进行有系统的改变,对因变量加以观察,并假定其价值依赖于自变量的变化。如对水加温,看水的变化。温度是自变量,水就是因变量。传播学研究中,假定一位研究者要研究摄影角度如何影响播音员在观众中的可信度,他摄制了三个版本:一个在较低角度拍摄,一个在较高角度拍摄,一个在水平角度拍摄,然后测试观众所感受的播音员的可信度,如果研究者的假定是正确的,播音员的可信度则随摄影角度的变化而变化。角度就是自变量,而播音员作为因变量没有被操纵,只是被测验和观察[1]。

变量之间的区别取决研究目的。一项研究中的自变量可以是另一项研究中的因变量,一项研究中也许要分析数个自变量与一个因变量的关系。例如,一项研究的目的是了解字号与开本对学习的影响,就要测知两个自变量(这种测量多个自变量的研究叫多元分析),学习则是因变量。

在非实验研究中,研究人员有时对变量不进行控制和操纵,而用不同概念来替代自变量与因变量。如预测变量,预测或假定为原因(如同自变量);效标变量,假定被影响的变量(如同因变量)。

二、测量

大众传播研究可以是定性研究,也可以是定量研究。定性研究有一定的优点,它可以在自然状态下观察被调查对象,能够深入地了解被调查对象,能够使研究人员研究感兴趣的问题,但也有一定的缺点,取样范围太小,可信度低。

定量研究要求对所考虑的变量进行测量,它关心的是一个变量的存在频率,能用数字准确地报告研究结果,特别是使用非常有效的数学分析方法。对大众传播研究而言,数学分析怎么强调也不算过分。正如测量专家 J. P. Cuiford 指出的那样,一门科学是不是进步与成熟,往往要看它在多大程度上成功地使用了数学。

测量是研究人员按特定规则用数码表示一些物体、事件。这里有

---

[1] Roger Wimmer & Joseph Dominick *Mass Media Research — An Introduction*, by Wadsworth, A Division of Wadsworth, Inc.

三个概念：数码、指派、规则。数码就是符号，没有隐含定量意义；指派就是用数码表示物体、事件；规则就是指派方式，是最重要的，如果规则有缺点，系统就会出差错。

研究人员测量的是个人或物体特点的指示值，而不是个人或物体本身。

测量系统试图与现实同构，但在大众传播领域与自然科学领域有所不同。在理科，同构不会构成关键问题，因为所测量的物体与指派数码通常有直接的联系。例如，假如电流通过 a 物体就优于 b 物体，我们就可以推断 a 物体比 b 物体更易导电。在大众传播领域，同构不会如此明显。例如，研究人员想设计一种方法，以测量一种广告对人们有多大的说服力，结果不会令人满意。假定调查五个人，其中三个人说了真话，而另外两人的话不真实。实际上，这五人都受广告影响，但测试结果，只有 60% 与真正的"说服力"相同，而研究人员不清楚，他们必须仔细研究测量结果与真实情况的同构程度。

科学家设计了 4 种不同的测量方法（测量水平）：列名水平、次序水平、区间水平、比率水平。

列名水平（nominal level）是最简单的测量形式或最低测量等级，它用数码或其他符号将人或物按照特征进行分类。例如，按百家姓的排列将赵姓指派为(1)，钱姓指派为(2)，它们没有数学意义，只用来表明不同的类别。但列名水平也有某些形式上的特点，就是等价特征，例如，研究人员把报刊广告按吸引力分类，最有吸引力的列为(1)，没有吸引力的列为(2)，那么不管哪种产品都是一样的。西方大众传播研究经常使用列名测量方法，例如在总统选举中，研究社会对选举的态度，可以将支持某候选人的、反对某候选人的和中立态度的分三个列名类别，进行研究。

次序水平（ordinal level）是将测量的对象以有意义的方式沿一定的尺度从小到大排列。例如，要测量"社会经济地位"这一变量，可按照等级将家庭分类为低、中低、中、中高、高，(1)为低，(2)为中低，(3)为中，依次类推，(3)的经济地位就比(1)高。这样，数码就有比较意义。

区间水平（interval level）包含了等差的形式特点，尺度邻近的两点间隔是相等的，也就是说区间水平上，物体的位置指派数码方式使研究人员能按它们之间的差进行统计，它们是相等式差异。例如将水从 30 度加热到 40 度与将水从 50 度加热到 60 度所需热量是相等的。区间水平的缺点是缺少真实的零点,很难想像一个人有零个性或零的智力或无状态。我们可以说汽车每小时 50 公里比每小时 25 公里快一倍,但不能说智商 100 的人比智商 50 的人聪明一倍。或者一个人的攻击性测量为 30 分,另一个人的攻击性为 10 分,我们也无法说前者的攻击性是后者的三倍。

比率水平(ratio level)除具有区间水平的特点外,还有一个特点就是有真实的零点。有了这一特点就能进行比率判断。研究人员如果使用区间数据和比率数据就能用参数统计方法进行计算。

三、离散变量与连续变量

离散变量与连续变量是大众传播中常用的两种形式的变量。离散变量只包含有限的一系列值,不能分成子部分。例如,一个家庭孩子的数量就是离散变量,单位是 1,不能说哪一家有 2.1 口人,因为 0.1 无法概念化,而多个家庭的孩子就可以平均为 2.2 个;连续变量有任何值(包含分数),可以被分成有意义的子部分。人的身体高度就是一个连续变量,可以非常精确地区别身高 172.113 厘米与 172.114 厘米的人。可以说一个人每天花在看报的时间是 2.1115 小时,而另一个则是 2.1116 小时。许多家庭孩子的平均数量也是个连续变量,完全可以说 0.3 个孩子。在处理连续变量时必须记住变量与变量测量手段之间的区别,如测量一个孩子看暴力电视内容的态度,可以统计他们对六个问题的回答,但有七种结果:0、1、2、3、4、5、6。可以看到,测量是分裂尺度,结果数码也是有限的。因此,大众传播研究中使用的大多数测量手段都可能是连续变量的离散近似值。

四、尺度与指数

尺度与指数都代表变量的合成测量手段,也就是基于好几项的测量方法。对有些复杂变量不易进行单项或单指示值测量,尺度与指数则用于此类变量。不用尺度与指数也能对有些项进行测量,如报纸的发行量。但测量其他项则需要尺度与指数,如对电视新闻的态度。

尺度有专门的形式化规则,可用来设计多项指示值,并将它们组成一个综合值,指数一般没有详细的规则,两者的构建方法类似。

另一个经常使用的方法为语义微分方法,这一方法用于测量表示个体的项目的意义。所谓语义微分就是根据语义的强度分成若干级次。如新闻报道中对某事物的评价,"好"、"较好"、"不好"等。

五、量表

量表是测量变量的组合,例如,在电视受众调查中,常常会有"您对电视节目满意吗"? 答案会有多种,如"满意"、"较满意"、"不太满意"、"不满意"等,测量时,就要用量表。

等距量表(舍史东量表)是以测量的技术命名的,主要用于测量对特定概念的态度。研究人员根据要测量的概念做一番文字陈述,量表上的每一类别都代表了对概念的意见(喜好),让实验对象以"同意"、"不同意"或"喜欢"、"不喜欢"来回答,研究人员进行统计,得出"同意"或"不同意"的得分。

层式量表(古德曼量表)以连续方式排列各项,被测量对象可接受一项或几项,如:

A. 有暴力内容的电影对儿童身心健康有害;
B. 应禁止儿童观看有暴力内容的电影;
C. 主管部门应制止电影院放映有暴力内容的电影;
D. 国家应立法禁止播放有暴力内容的电影。

被测对象如果接受第二项,也可能接受第一项,但可能不接受第三、第四项。如果被测对象接受第四项,也可能接受全部四项。

总加法量表(利克特量表)是传播学研究中最常用的量表,在建构与研究主题相关的文字陈述后,测验被测对象的意见,包括非常赞同、赞同、不知道、不赞同、坚决反对等,每一个回答只得一次分,如:

您赞同有线电视台播放少儿不宜的成人电视剧吗?

回答	得分
___ 非常赞同	5分
___ 赞同	4分
___ 不知道	3分
___ 不赞同	2分
___ 坚决反对	1分

语意分析量表是语意分析技术,是查理斯·奥斯古德(Charles Osgood)等人发明的,是通过严格的统计程序,把概念置于语意空间中,用以测量态度等。如:

你对《南方周末》的看法

信息量小____;____;____;____;____;____;____信息量大
值得信任____;____;____;____;____;____;____不值得信任
受欢迎　____;____;____;____;____;____;____不受欢迎

信度。建构的任何量表在正式应用前都必须进行前测,以具备信度这个条件。信度包含四个方面:编码可靠性、稳定性、内在一致性和对等性。

可靠性表现在测量或结果在任何时候都能保持一致。例如,两个研究人员试图按照"暴力"的一个特定操作定义来识别电视内容中的暴力行为,他们测得的结果的一致程度便是一种具有编码可靠性的测量方法。

稳定性就是在不同时间点内结果或测量方法的一致。例如,假定设计一个测试,先测量一个编辑训练班第一周的校对能力,然后再测试第二周的校对能力,如果两次的结果相同,该测试则具有稳定性。但当第二次高于第一次时,有可能是被调查对象提高了能力,因为有些人会在两周内提高自己,而并非测量手段不稳定。

内在一致性主要是量表中各项目的一致性,"各项目以相等的价值表现测量的概念"①。例如,研究人员设计一个有24个项目的量表测试电视受众态度,如果它符合内在一致性,测验前半部分的总得分应该与后半部分的总得分高度相关。

对等性是评估测验中两个相对应形式之间的相关性,以检验量表的可信度。方法是用两个不同的量表测量同一概念。例如同一组测试对象接受两种陈述的测验,再检测两组得分的相关性。对等性检测的难度在于建构对等的量表。

效度。效度是能够测量预期测量的对象,变量的操作性定义适合于其概念。效度有四种类型,即表面效度、预测效度、同时效度和建构

----

① Roger Wimmer & Joseph Dominick, *Mass Media Research — An Introduction*, by Wadsworth, A Division of Wadsworth, Inc.

效度。

　　表面效度是从表面上观察所测量的是否就是应该测量的内容（或项目），由于方法的主观性，需要检测人员有较强的判断力。例如，测量编辑人员的校对能力，如果涉及会计学，那么就缺乏表面效度。相反，如果测验要求编辑人员阅读和检查指定的段落，测量的表面效度就高。

　　预测效度是将预测的与实际测量的进行对照，以确定或评判预测效度。例如，在一项新产品上市前广告宣传期间进行判断实验对象是否购买的测量，与实验对象实际购买的行为进行比较，以测验预测的有效程度。

　　同时效度与预测效度密切相关，就是将测量的与现有的进行对照。如测量编辑人员的校对能力，可将具专业能力的分为一组，非专业的分在一组，如果测验的得分差异显著，就说明具同时效度。

　　构建效度是测量与理论架构中的概念在逻辑上的相关性，如果研究人员能够确定或证明相关关系确实存在，那么构建效度便存在。例如，研究人员预测人们对电视的态度影响他们收看该电视节目的频率，如果测验结果显示受众的态度与收视频率相关，就可证明态度测量的效度。效度的形式如图4-4[①]。

图 4-4

---

① Roger Wimmer & Joseph Dominick, *Mass Media Research — An Introduction*, by Wadsworth, A Division of Wadsworth, Inc.

第五章

实 地 调 查

定量研究,一般常用的方法有四种,即实地调查方法、内容分析方法、个案研究方法、控制实验方法等。其中实地调查方法和内容分析方法又是大众传播研究中经常使用的方法。

第一节 概　　述

实地调查是应用客观的态度和科学的方法,对某种社会现象,在确定的范围内进行实地考察,并收集大量资料以统计分析,从而探讨社会现象。在传播研究范围内,实地调查研究分析传播媒介和受传者之间的关系和影响。实地调查的目的不仅在于发现事实,还在于将调查经过系统设计和理论探讨,并形成假设,再利用科学方法到实地验证,形成新的推论或假说。实地调查是传播学研究中最常用、最主要的方法。实地调查法是一个完整的、系统的、有程序的、科学的研究手段,有系列的具体步骤和具体的实施方法:

一、实地调查的科学性和实用性

实地调查在所有研究方法中占有重要地位,也是传播学研究首选的方法。从其使用的广泛性上可看出其具有较高的实用性,其研究方法的严密和系统则显示出其科学性。

客观——对事实能作较为符合实际的描绘,为推论提供事实基础,排除了为证明自己的观点而找出适用的资料作结论的片面性。

科学——实地调查有一套程序,有系统的计划,有完善的步骤,有特定的方法,如选择调查题目,确定调查范围,制定调查步骤,采用科学分析方法,选派训练有素的调查人员,接触广泛的受传者等。

针对性强——实地调查是有目的的行动。

有代表性——一方面接触广大受传者,一方面搜集到大量的资料,并根据统计学的原理进行处理,形成的推论较为准确和可信。

二、实地调查的分类

1. 从社会学角度分类

普通调查是指一般社会情况的调查,如传播媒介所进行的受传者、收视率、知晓度调查。

特殊调查是指某种社会现象的调查,如青少年犯罪率与传播媒介普及率关系的调查。

2. 从调查的方法分类

直接调查是指派调查人员直接访问受传者。直接调查又可分为访问法、问卷法两种。

间接调查是指利用函件法收集的资料作为依据,研究事件或某社会现象。

3. 按调查性质分类

量的调查是指以收集一定数量的资料为目的,以数量分析为重点。量的调查也称为描述性调查(descriptive survey),即具体描述目前存在的状态。例如电视台进行的受众率调查,了解受众的爱好与兴趣,了解广告及电视节目对受众生活行为甚至文化行为的影响。

质的调查是指注重制度、功能、关系、行为的调查,突出质的问题,不断追踪研究,以了解整个现象的全部内容,如犯罪的个案研究等。质的调查也称推断性调查(analytical survey),目的是试图描述和解释为什么某种状态得以存在。使用这种方法时通常对两三种变量进行检查,以测验研究前提是否正确。

三、实地调查的特点与问题

实地调查是在真实的环境下进行的,因此,能较多地排除外部因素的干扰。其次是调查途径十分合理,一般来讲,可根据经费和时间情况,采用具体的途径。如函件调查、电话调查、面访调查、问卷调查。此外,实地调查范围较为广泛,可从各种社会成员中收集资料,利于调查人员或研究人员检查各种变量,使用多元统计来分析收集到的资料。

当然,实地调查也不是十全十美的方法,它也有不足之处。最重要的不足是研究人员不能像在实验室那样对自变量加以操纵。没有对自变量变化的控制,研究人员就不能确定自变量与因变量之间的关系,因果关系难以证实,因为它涉及许多相关的和无关的变量。另外一个不足是问卷上不适当的用词和问题,会使结果有所偏差,因为问卷很难设计得完美无缺。第三个不足是被调查对象不合适。例如,在进入家庭进行问卷调查时,一般确定第一个开门的符合年龄要求的人即为调查对象,这样,可能出现某种偏差。最后一个不足是调查内容越来越复杂,特别是某些专门研究,得不到配合,如电话采访时遭到拒绝;信函调查时,问卷不能及时回收,或得不到足够的合格问卷;面访时需要赠送小礼品,而经费却捉襟见肘,等等。

第二节 问题设计

实地调查常常被用于在较大范围内的定量研究,因此必须对调查的程序进行科学而严格的设计。又由于实地调查被广泛使用,人们比较关注的是实地调查中关键因素的控制,如实地调查的抽样设计、采样设计和误差设计,这就说明实地调查需要更加审慎的设计与组织。本节重点讨论实地调查中几个关键的问题。

一、建构出色的问题

调查研究的问题是调查研究前首先要解决的问题。这里所讲的是研究课题,是在确定研究课题后,设计具体的、为所定课题服务的问题,是课题的具体化。在设计具体问题时应注意三点:第一,所提的问题必须十分明晰,不至于引起被调查对象误解、猜想、费解。第二,表述上尽量用中性词和口语,以免引起暗示、引示、提示的作用,造成被调查对象的"顺藤摸瓜"、"见风使舵"。第三,问题要集中,数量不要太多。

问题的建构还取决于选择何种收集资料的方法。信函调查(mail survey)设计的问题应该易读易懂,因为调查人员无法在现场说明,被调查对象也应集中在大中城市或城镇,因农村有相当比例的文盲、半文盲或文字语言表述较差的受众。电话调查(telephone survey)只能用提问的方式,简单明了,不适合使用选择题,且问题的数量要少。问卷调查(questionair survey)所提问题可以多一点,以一般人填写不超过15分钟为准,问题要简明扼要,语义要中性。访问式调查(personal interview)要根据事先拟定的访问提纲,由调查人员提问,被调查对象现场回答。这类调查不要涉及个人隐私问题和敏感问题,因为有调查人员在现场,被调查对象难以回答。

总之,实地调查问题的建构必须符合研究的基本目的,符合课题的要求。

二、开放式和封闭式问题

一般来说,问题可分成两类,即开放式问题(open-ended question)和封闭式问题(closed-ended question)。采用哪种方式根据研究的问题而定。涉及的问题较多,且简明扼要时,可采用封闭式问题;涉及的问题较集中,要求详尽表述时,可采取开放式问题。

1. 开放式问题

开放式问题的特点是被调查对象可自由回答,轻松面对。调查对象充分表达意见,甚至可能提供调查人员预计不到的资料。如调查人员要被调查对象回答喜欢哪类电视节目,调查人员可能预计是新闻、体育、戏曲等,但被调查对象回答的可能是"灾害"。这就使研究人员或媒介经营者获得超出预计的资料。

开放式问题也有缺点,主要是汇集和分析资料的时间太长,又由于答案五花八门,需要经过多次分析之后才能显示资料。

2. 封闭式问题

封闭式问题是研究人员预先为被调查对象提供了多项选择,不仅所提问题较为大众化,同时可以用数量表示,统计分析也比较快捷。但缺点显而易见,不能得到比较重要的答案,虽列出了"其他"项,就像开放式问题那样,但仍然不能收到十分充分的资料。

三、问题设计的一般原则

设计调查问题时,应该注意一些最基本的事项:

(1)问题清楚。研究人员虽然满脑子问题,但不能试图通过一次调查解决。所提问题应首先考虑被调查对象,避免艰深的专业用语,主要使用大众传播媒介常用的词汇。

(2)问题短。尽量用短语,词语要简洁。

(3)提问题紧扣研究主题。

(4)词义准确明了。防止模棱两可,引起歧义。

(5)用中性词。不要提示,不要引导,不要片面。如:"你每天看电视几小时?"这是提示。应该问:"业余时间,你主要做什么?"再如:"你认为哪些广告太夸张?"这也是片面的,应该问:"你看电视广告吗?""你认为电视广告节目如何?"等。

(6)不要提敏感和个人隐私的问题。例如,"你有婚外情吗?"在西方国家,"婚姻"、"年龄"、"收入"都是敏感问题,一般都避讳。中国这几年来也比较接受西方的做法。

关于问卷的问题,我们还将在专门章节中详细介绍。

第三节 抽样设计

抽样就是从符合调查要求的社会总体中抽取一部分样本,把它当成总体的代表加以综合研究。所谓样本是指研究中最完整的、能说明问题的个体或单位。抽样研究虽然没有总体研究更具有权威性和准确性,但也有很多的优点:

(1)经济可行。抽样只须观察或调查总体的一部分,可在相当的程度上节省人力、物力、财力。

(2)时效性强。时效是研究者和决策者最为关心的,只有抽样才能迅速得到情报,作出决策。

(3)可信性强。从心理学上看,总体普查可能为人所忽视,从而草率从事,加之由于总体数量特别巨大,几乎无法操作,反而可能增大误差。

抽样方式名目繁多，但大体上分随机抽样和非随机抽样两种。随机抽样可分成简单随机抽样、分层随机抽样、分组随机抽样、地区抽样、多段抽样、系统抽样等。非随机抽样则包括任意抽样、立意抽样、配额抽样、街角抽样、集体抽样、现存资料利用等。在传播学研究的实地调查中，大多采用分层抽样法和整群抽样法，或者将几种抽样方法混合使用。

随机抽样法较符合抽样原则，最常使用的方法是抽签法和利用乱数表抽样法。如总体是 500，样本为 50 时，每一个体被选入样本的几率为 1/10。将每个单位编号后，放在一起，随机取样。

分层随机抽样法是先将总体中的所有基本单位分成若干相互排斥的组，然后分别从各组中随机抽样。分层抽样法比随机抽样法可靠性通常要高一点。因为总体中总有一些特殊单位，如采取随机抽样，可能使特殊单位占样本的比例不是过高就是过低。同时，分层随机抽样便于比较，也较为方便。

系统抽样是介于随机抽样法和非随机抽样法之间的抽样方法，也叫间隔抽样法。假如总体是 1 000，样品为 100，几率为 1/10，将每个单位编号，首先抽第一个样本，决定首数。如果第一个样本是 90 号，那么第二个样本便是 100 号，这样按每 10 个号抽样一个，直至样本满 100 为止。

非随机抽样方法所选的样本一般效度较低，样本的误差也高。但在某些特殊情况下，也不得不采取非随机抽样方法。非随机抽样方法又包含了许多种抽样方法，如便利抽样法，只考虑样本的易得，如有的商店门口放一个意见箱，请顾客评选最佳服务员。配额抽样法是经常使用的一种方法，该方法选择"控制特征"作为将总体细分的标准，一般来说控制特征与所要研究的总体之间有较密切的相关性。总体内这些控制特征的分配情形是可知的。将总体按特征分成若干次总体，每个次总体所依据的控制特征只有一个。样本的数量是按各次总体在总体中所占比例而定的。样本数决定后，即可指派配额，再在某次总体中抽样本。

集体抽样法是非随机抽样中最简单的一种，以其一单位作为总体。这种抽样方法效度更低，是探讨式的研究问题，得出的假设一般只作参考。

样本数的确定是指确定样本数的多少与样本的代表性。样本数与效果有很大的相关性，样本愈大，外在效果愈高；抽样方法愈随机，外在效果愈大。因此，样本的多少与抽样方法是实地调查的两个基本问题。

样本数的大小与抽样方法又有密切的相关性。

总体的特征与样本数的多少有关。总体愈同质，样本数愈小。反之，则要有较多的样本，样本数愈大，样本的误差愈小，反之，误差愈大。如图5-1所示。

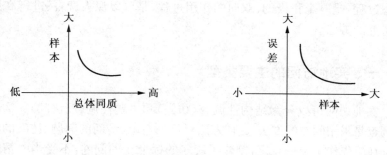

图 5-1

选择样本的大小应估计不同的样本误差的机会、损失程度和成本。一般来说，样本占总体数的比例在千分之一至万分之一之间，最高样本数小于1万，最低样本数应高于200。样本数在100以下的，只能作探讨式抽样，30以下的只能作个案研究。总之，选择样本数的先决条件是了解可容误差水平，其次是抽样成本。从抽样方法上讲，随机抽样所需样本少，非随机抽样方法所需样本多。而分层抽样方法所需样本则居两者之间。

误差分抽样误差与非抽样误差。抽样误差是因为样本中可能含有某些特殊的基本单位，从而破坏了样本的代表性。主要原因有：一是在总体中含有某些不正常的基本单位存在，正好被抽成样本，解决方法是扩大样本数。二是抽样偏差，抽样时抽到具有特殊特征的基本单位的倾向，这种误差有时是抽样作弊，有时是抽样计划不好。非抽样误差是因调查或观察方法不当造成的，如抽样并非在同等环境下进行；事先知道抽样，故意作弊；受访者心理因素；研究人员的主观偏见或价值观念不同，等等。

第四节 实地访问

实地调查的方法很多，常用的有实地观察、实地访问、问卷调查。实地访问法是最常见、最容易实施的方法。

实地访问主要是用嘴去问，用眼睛去看，用耳朵去听，是直接感知社会、获取第一手资料的方法。实地访问的最大优点是研究人员同被调查对象面对面的交流，调查访问的过程是一个互为影响、互为作用的动态过程，是一个积极的、双向的作用过程，是可以深入调查、进行高层次研究的方法。

一、实地访问的主要类型

实地访问可以分为结构性调查（访问）和主题性调查（访问）。结构性调查是采用问卷的方法，这种方法对访问对象、访问的问题、访问的方法都在事先作了统一规定，制作了统一的标准化的问卷，不受当时情景的影响。结构性调查的优点是便于收集资料，便于对资料进行多元统计分析，便于对不同社会成员的资料进行比较。但这种方法也比较呆板，难以调查较深层次的问题，不利于调动研究人员和调查对象的主观能动性。

主题性调查是按照事先设计好的访问大纲进行的，访问的内容虽然已经在事前有一定的规定性，但根据调查现场情形进行调控，研究人员可根据场景及时调整访问内容、时间、顺序，只要不离开调查主题。同时，主题性调查还有利于调查较深层次的问题，并能发现事先没考虑的问题，可以根据变化的情形将调查引向深入。

主题性调查也存在较大的缺点。主要是：这种调查方法要求调查人员有较高的水平，有些调查要主要研究人员参加，调查的范围较小；难以进行量化处理，资料分析和解释有较大难度。

主题性调查又可以分为集体调查和个别调查两种。集体调查是调查人员同时邀请若干被调查对象，集中访谈，收集资料。集体调查可以互为启发，互为补充，被调查对象顾虑少。但也容易受群体压力的影响，不敢发表不同意见，造成少数活跃的被调查对象左右现场。个别调查可以听取不同意见，对某些较敏感的问题可以深入交谈。

二、实地调查的准备与实施

实地调查不管是结构性调查还是非结构性调查（主题访问），都要按照事先设计好的程序进行，并做好准备工作，特别是主题性调查，准备工作很重要。一般来说，主题性调查的实施程序是以下几项：

访问的准备。设计详细的调查提纲；选择并预先了解被调查对象的情况;拟定访问计划,包括联系方式,访问的时间、地点,预测可能出现的问题;准备好访问时所需的工具,如办公文具、调查表格、调查说明书、必要的调查证明、计算器、照相机、摄像机、录音机、礼品等。

访问的实施。同被调查对象见面,尽量建立相互信任的关系;自我介绍,说明调查的内容,提出首先访问的问题。

控制访问。控制现场,控制提问,控制访问的发展与深入。

结束访问。访问时间不要过长,一般不超过两小时,结束时间把握在气氛较为活跃时。

核对资料。访问时详细记录,必要时要使用摄录设备,访问结束后应核对某些资料,特别是表格资料、个人资料、事件的资料,有时要请被调查对象复核和补充。

三、实地调查的技巧

实地调查特别是主题性访问,注意技巧有利于收集到更多的资料,因此要特别强调访问的准备,而访问技巧又是很难从书本上找到的,完全是调查人员的实践与体验。一般来说,技巧主要是:

(1) 求同接近被调查对象。称呼恰当,举止随意而礼貌,从谈身边事、家常事开始。如果开始就引起对方的反感,访问就很难进行下去。主动接近被调查对象有许多方法,首先是寻找距离上的接近性,如在同一地方工作过,干过同一种职业,去过同一个地方,有共同的熟人与朋友,有共同或相似的爱好等。

(2) 友好接近被调查对象。关怀和关心被测查对象,了解对方的困难,主动关心,帮助出主意想办法,甚至可以根据实际可能,以实际行动帮助被调查对象。

(3) 隐性接近被调查对象。不要显示自己的身份,要谦虚,逐步与被调查对象建立相互信任的关系。

第五节 实 地 观 察

实地观察是一种直接调查方法,是与实验观察相对应的,在自然环境中进行观察的方法,是调查人员有目的、有计划地运用自己的感觉器官或借助仪器了解处于自然状态下的社会现象。

一、实地观察的特点与要求

实地观察是调查人员有目的、有组织、指向明确、有计划地了解社会现象的活动,是调查人员主动采取的单向的调查研究,调查对象可能是人也可能是物,但都是在不知不觉中被观察。因此,调查人员对观察的组织是十分严密和规定性的。

(1) 它要求被观察对象处于良好的被观察的环境下,同时要求调查人员有非常丰富的观察实践经验和技巧。

(2) 实地观察要求被调查对象处于自然状态,排除人为环境和外部的干扰。

(3) 实地观察以人为主,辅以物理观察条件,被调查对象应始终处于研究人员的观察状态下。

(4) 实地观察应遵守职业道德,拒绝不道德的观察行为,如伪装、故意欺骗被调查对象,涉及被调查对象声誉的问题。

(5) 实地观察应遵循客观性、科学性的原则。应全面而不是片面,是客观而不是主观,是深入而不是表面的观察被调查对象。观察的次数应该是多次而不是一次,以对各次的观察进行比照。

(6) 应尽量减少观察误差。观察误差主要是调查人员素质,如立场、观点、观念、知识结构、心理素质和身体生理素质等造成的,也有因被调查对象的不确定性、假象、人为制造非自然环境造成的。因此,应随时发现和纠正观察误差,方法就是正确选择调查人员,进行必要的培训,充分发挥物理观察条件的作用,对被调查对象进行反复观察。

二、认真设计、严密组织实地观察

组织实地观察,要按一定的程序实施,主要是以下几项。

(1) 根据研究课题,制定观察计划,确定具体的观察内容。观察内容不外乎背景,即被调查对象存在的自然环境和社会环境。

(2) 被调查对象的行为,如果被调查对象是人,就应观察人的学习、工作、生活、社会活动、社会联系、人际关系等。

（3）认真收集观察到的资料，包括借助物理手段。观察记录尽可能详细，并反复观察，对同步记录、事后补记录及时进行整理、补充。

（4）撤离观察场所时，不要破坏观察环境，不要引起突然变化。

三、及时评估观察结果

（1）总结观察效果，检讨观察过程。
（2）寻找观察误差。
（3）整理观察资料。

第六节 统计分析

统计分析是实地调查后资料分析的重要阶段。本节仅介绍有关统计分析的一些简单概念。

一、描述性统计分析

收集资料不是实地调查的最终目的。描述性统计分析的任务是对这些资料进行初步的整理和归类，以找出这些资料的内在规律——集中趋势和分散趋势。描述这些趋势的形式是各种数字所表示的统计量，如平均数、百分比、标准差。在研究方法中，习惯地将这些形式称为单因素分析。

平均数反映的是数量指标（如经济收入、每日读报时间）的集中趋势，即测量资料的趋中性的分离度。这种数学式是将一组资料数字加在一起，除以总数，而求得的一个数值。它的方程式是：

$$\overline{X} = \frac{\sum x_i}{n}$$

例如对某住宅楼住家平均每天看电视 2 小时以上的对象进行邮件询问：

25 家　　　每天看 3 小时
25 家　　　每天看 2 小时
25 家　　　每天看 1 小时

那么这 75 家平均每天看电视的时间是 2 小时。

百分比用于反映质量指标（如受教育程度，传播媒介的受传者分布）的集中趋势，是某一次特殊资料在总体资料中所占的比例。

例如，某报抽样调查受传者对其报纸专栏的阅读兴趣，以 600 人为例：

喜欢的 240 人　　　40%
一般的 300 人　　　50%
不喜欢的 60 人　　　10%

标准差是描述一批资料的互相间分布均匀度，如仍以邮件访问 75 家平均每天看电视的时间为例，高于平均水平和低于平均水平的均为一小时，而直接问该楼住家平均每天看电视时间则是：

25 家　　　每天看 3 小时
25 家　　　每天看 2.5 小时
25 家　　　每天看 2 小时

75 家平均每天看电视时间为 2.5 小时，高于平均水平和低于平均水平均为 0.5 小时，两组相比较，邮件询问和直接访问的标准差不一样，直接访问者标准差小。可见标准差大小反映出分布的均匀程度。标准差越小，资料集中程度越高，反之，资料集中程度越分散。

二、推断性统计分析

发表调查结果，仅仅报告百分比或平均差是不能反映客观事物的复杂情况的，必须同时说明集中趋势和分散趋势。描述性统计分析仅仅是对一个样本进行分析，而这个样本能否反映总体，还需要通过推断统计分析来解决。

推断性统计分析是研究样本同总体的关系，它包含检验和评估两个层次。而描述性统计分析是以经过检验的样本为依据，推测总体的情况。

样本的检验是指检查抽样误差是否超出允许误差的范围。在传播学研究中，允许误差一般在 1%—5% 之间。检验的方法是将某些已知的资料同样本的资料进行比较。例如，75家平均每天看电视时间首先应同该住宅楼的电视机拥有量有某些相关因素，其他还有职业、年龄、受教育程度等因素。

总体估价有两个先决条件，一是估计的取值范围，二是估计正确的可能性，这是统计数学与经典数学在思想方法上的一个根本区别。假定一个调查报告说："根据对1万人的调查，推算今年将有60%的人投票支持工党（英）继续执政，其误差为±3%，置信度为95%。"根据这个推算，最终投票支持工党的票比例应在60%±3%，即在57%—63%这个取值范围，出现这种情况的可能性是60%，另有3%的可能，即或者有63%以上的人投票支持工党，或者投票支持工党低于57%。如果不考虑"小概率事件"，那么相信会出现具有95%可能性的事件。

如果我们想提高发生这种情况的可能性，那么就需要进一步扩大取值范围，估计值为54%—60%之间。相反，如果要进一步缩小取值范围，那么在提高了推测的精确度的同时，降低了正确估计的可能性。由此可见，在已经完成的调查资料面前，估计的取值区域与准确程度，是一对不能两全其美的指标。要同时提高精度与准确性，须在程序设计阶段采取措施。

三、相关分析与因果分析

相关分析是探讨两个现象之间是否存在一定的关联，例如，青少年的犯罪与订报、收看电视等。相关分析方法包含皮尔逊相关法、卡方分析法、等级相关法等，每种分析方法都有自己的适用范围。传播学实地调查中常用的是卡方分析。卡方分析的目的是发现观察值和期望值的差距。卡方分析的公式是：

$$\chi^2 = \sum \frac{(O_i - E_i)^2}{E_i};$$

式中，O_i是某一事件中的观察频次，E_i是期望频次。

在拉扎斯菲尔德的广播调查中有这样的资料：1 000名高中以上教育程度的听众中，有100人收听宗教节目，900人不听。

从两组数据中，用直观方法很难判断教育程度与收听宗教节目是有联系的，用卡方分析则可进行处理。

先把上述资料列成"两维列表"（因涉及两个指标），如表5-1所示。

表 5-1

分　类		宗教性广播节目		合　计
		收听	不收听	
教　育	高中以上	100人	900人	1 000人
	低年级	300人	900人	1 200人
总　计		400人	1 800人	2 200人

经计算，卡方值是83％。根据卡方分布理论，上述两维列表的卡方值如果超过6.63，这两种指标之间就有99％的可能性存在相关关系。而实际的卡方值远大于临界值6.63，可以推论，教育程度与收听宗教节目之间存在一定的关系。即受教育程度愈高，就愈不相信宗教。但是有没有这种可能，即接受访问的高中以上文化程度的人正在接受某种训练或忙于应付考试，而没有时间收听。

相关分析只能告诉我们，这两者之间存在一定的关联，而不能作出因果分析。判断两事物因果关系，要用方差分析。

方差分析只适用于一组或几组具可比性的资料，如同时进行横向比较和时间前后的纵向比较。拉扎斯菲尔德创立的固定样本法就是把调查提高到能发现因果关系的水平。固定样本法是随机抽得一批调查对象，每隔1—2个月访问一次，每次问同样的问题，提问方式却不一样，以便受访者不会重复以前的答复。这样得出的资料就具有可比性。如部分人原先的投票意向与实际投票有差别，这种差别产生的原因可认为是大众传播或人际传播充当某种角色的结果，因之可以得出结论或假说：传播与投票行为有因果关系。

第六章

内容分析法

内容分析(content analysis)是指对具体的大众传播媒介的信息所做的分析,是对传播内容的客观的、有系统的和定量的研究。传播内容不只是指大众传播媒介中的报纸、电视、书籍、杂志,凡是有记录、可以保存、具有传播价值的传播内容都在此列。内容分析不仅是一种收集资料的方法,更重要的是一个完整的研究方法,其主要的目的是分析传播内容所产生的影响力。因此,内容分析是指对整个传播过程的分析,实际上是效果分析,是呈现大众传播媒介问题的有效方法。

内容分析方法的使用已经有较久的历史。第二次世界大战期间,美国同盟国的情报部门监听欧洲电台播放流行音乐的数量和类型,并把德国电台与其他德国占领区内电台的音乐节目相比较,以推测欧洲大陆上盟军反攻的战况。在太平洋战场上,传媒的讯息也常用来分析战争情况。但当时更多的研究仍然是使用历史文献,对文献进行比较。例如,在文献中用于某些表述的文字的数量,相同文字出现的频次等。

战后,内容分析主要用于研究大众传播媒介的传播方法和效果的问题。20世纪50年代初,美国学者贝雷尔森(Bernard Berelson)发表的《传播研究的内容分析》一书,显示这种研究方法已是切实可行的。从那时起,内容分析方法被普遍地应用于大众传播媒介研究。1975年,美国的电视研究专家Comstock列举了超过250种关于电视节目的内容分析,显示电视节目对儿童的影响,而美国《广播与电子媒介》杂志在1977—1985年期间的研究报告,有20%以上运用的是内容分析方法。

第一节 奈斯比特的内容分析

《大趋势——改变我们生活的十个新方向》一书一出版,就赢得了成千上万的读者。人们被书中提出的独到见解所吸引,而冷静的研究学家却被书中所运用的研究方法所吸引。当然,作者奈斯比特也因此声名大震。

奈斯比特的"预测咨询公司"订了200份美国各种报纸,每天进行分析、综合。经过几年的积累,从中归纳出美国从工业社会过渡到信息社会的十大趋势。包括:从工业社会到信息社会;从强迫性技术向高技术与高情感相平衡的转变;从一国经济向世界经济的变化;从短期向长期的变化;从集中到分散;从向组织机构求助到自助;从代议民主制到共同参与民主制的转变;从北到南;从非此即彼的选择到多种多样的选择等。在美国作社会预测是一大热门课题,学者如林,但运用内容分析法却是奈斯比特的独特创造。

严格地讲,内容分析是传播学家早在半个世纪以前就提出了的方法,并大量应用于传播研究领域。20世纪20年代初,美国著名专栏作家李普曼作过一次内容分析的尝试。他根据自己在第一次世界大战中的亲身经历,意识到美国新闻界存在严重失实弊病。为了证实这一点,他与一位朋友以美国报纸关于俄国十月革命的报道为例进行研究,研究对象是《纽约时报》,统计分析结果表明,该报3年内对俄国革命的报道,充满了失实和偏见。

与此同时,当时在芝加哥大学攻读政治学的年轻人拉斯韦尔也用同样方法研究第一次世界大战期间主要交战国之间进行的宣传战。《世界大战中的宣传技巧》论文使他获得了文学博士学位,还因此而倡导出以精确定量为特色的内容分析方法。二次大战中,拉斯韦尔应聘主持了美国"战争宣传实验部"的工作。为了获得德国的情报,他们决定分析报纸的内容。当时他们能得到的德国报纸显然要晚许多天。德国人民、企业和经济所遭受的压力都在报纸上得到了反映,不过对物资生产、运输和粮食状况仍然保守秘密。他们仔细研究了关于工厂的开张和关闭、生产指标、火车的抵达离站和误点等消息,逐步分析出德国的处境是改善还是恶化的现状。如从各地刊登的死亡人数上,可了解全国死伤人数。战后,拉斯韦尔等人进一步研究内容分析法,并使之成熟,成为传播学以至整个社会科学广泛使用的研究工具。但当时这种方法较多地是为美国情报人员使用,每年花几百万美元购买报纸进行内容分析,很少人在商业性研究中运用,奈斯比特是第一个在商业性研究方面使用这种研究方法。

第二节　贝雷尔森和梅里尔的研究

究竟什么是内容分析法？贝雷尔森在其著作《内容分析：传播研究的一种工具》中曾下过一个定义："内容分析是一种对传播内容进行客观地、系统和定量地描述的研究方法。"这个经典定义沿用多年，无人提出异议。

定义首先提到的是传播内容。传播是由信源和受传者两大部分组成，内容就是信息，是联系信源和受传者的桥梁。因此研究传播过程首先要研究信息内容。因为比起信源和受传者资料来说，信息资料（报纸、录音、录像）更易得到，便于保存。因此通过信息内容可以推测信源的目的、手段，也可以推测受传者的理解和反应等。

内容分析有三个方法论原则，即客观、系统、定量。"客观"是研究者必须从现存的材料出发，排除个人主观好恶，追求共同的价值观念；"系统"是要求按照一个统一的计划将所有有关材料看成一个整体，对材料进行整体研究，"定量"是用百分比、平均数和相关系数等数量概念表达分析结果。

在范围上不仅分析传播内容的信息，而且要分析整个传播过程。在价值上，不只是针对传播内容作叙述性的解说，而是在于推论传播内容对于整个传播过程产生的影响。因此可以说，内容分析的研究目标有两类，一是揭示"说什么"，即信息内容，其二是发现"如何说"，即传播技巧。在实际研究工作中，"说什么"和"如何说"是密不可分、相互交织的。

美国得克萨斯大学新闻系教授梅里尔曾用内容分析法研究《时代》周刊对杜鲁门、艾森豪威尔、肯尼迪三位总统的态度。首先分析了《时代》周刊对三位总统"说了什么"。结果发现该刊明显支持艾森豪威尔（褒92次，贬1次），对肯尼迪略有好感（褒31次，贬14次）。接着梅里尔又分析了《时代》在捧和骂总统时所采用的手法（即"如何说"），其中有如"对事实有意取舍"，"把报道对象与一些声名不佳者相联系"等。

通过这两个层次的分析，把一家主要新闻杂志的政治立场系统而清晰地反映出来。

第三节 内容分析的特点

内容分析在早期即被重视,并得到了许多学者的肯定。对内容分析的诠释却是多种多样的。美国学者瓦利泽(Walizer)和威纳尔(Wienir)认为,内容分析是检视资料内容的系统性程序;克雷潘道夫(Krippendorf)认为内容分析是具有可重复性及效果探寻的技术;克林格(Kerlinger)认为内容分析是一种系统、客观、定量的研究分析方法,目的在于测量传播中某些可测得的变量。不管有几种定义,但其最基本的概念是大致相同的,它主要体现在以下几个方面。

1. 内容分析方法是较为客观的研究方法

内容分析完全是从现有文献资料出发,研究者按设计好的程序进行研究,研究人员的主观态度和偏好,不太容易影响分析研究的结论(结果),就是不同的研究者用同样的研究方法研究同样的内容,研究的结果应当是相同的。如果出现不同,就要考虑研究过程有什么问题。内容分析对变量分类的操作性定义和规则应该十分明确而且是全面的,不同的研究者或相同的研究者重复这个过程都应该得到相同的结论。但也不能认为内容分析是纯客观的研究,因为现有的文献资料是否客观是不能预测的,研究人员在课题设计,特别是分析单位数量、分类办法、语义定义等方面也会有十分主观的选择和诠释。

2. 内容分析是数量化的分析

所谓数量化的分析是对分析的内容(信息)进行准确的数量描述,排除了许多的主观判断,使研究结果有可靠的信度(准确性)。例如"某电视台电视剧频道所播放的电视剧40%有三个以上暴力行为镜头"就比"大多数电视剧中有暴力行为镜头"更精确。但更重要的是,由于提供了许多描述性数字,使人们看到的是用数字描述的分析对象,而不是研究人员的主观判断,有助于自己去向受众或社会解释和分析检验对象。

3. 内容分析是系统的分析

内容分析采取科学的抽样方法,按特定的程序抽取,每个单位都有接受分析的机会;分析的内容是按明确的课题设计和一致的规则来确定;分析过程是用系统的、相同的方法处理;资料的统计是按预先设计的程序，通过计算机进行的。

4. 内容分析方法是比较经济的分析方法

由于内容分析是以现有文献资料为检验对象，工作量相对较小，且大部分工作在室内进行，减少了经费开支。在中国，公费订阅的媒介数量很多，研究者可以花很少的钱或不花钱使用。这无论对于商业研究还是学术研究，都是比较有利的，是可以普遍开展的研究方法。

当然，内容分析也不是惟一的传播学研究方法，更不能作为推断传播效果的惟一资料。内容分析的结论（结果）也常常受研究人员所采用的分类方法和操作定义的限制，因为不同的研究人员可能会使用不同的研究分类方法，提出不同的操作定义。例如，要研究媒介实施舆论监督的伦理问题，研究人员对语义的区别可能会有相当的不同。有的研究人员把未经法院判决的犯罪嫌疑人作为一名普通公民来对待；有些媒介则主观性判断，把"罪大恶极"、"贪污犯"、"严惩"等词语视为违反职业伦理；有些研究人员则会忽视这类内容。因此，分类方法和操作定义常常会影响到内容分析的结果。再如，要研究国家领导人在媒介中的形象，在中国是非常困难的，因为在中国的传播媒介中，很少报道国家领导人的工作花絮、生活甚至家庭生活，有的只是外事和国务活动的报道，很难真实反映出国家领导人的个性特点和工作作风乃至生活等情况。

第四节 内容分析的运用

内容分析早期在美国等国家就被研究人员用于研究传播媒介效果等，到20世纪中叶已成为较为普遍的研究手段。中国内地研究人员运用内容分析方法研究传播媒介还较鲜见，虽然近年来也有研究的报告。根据我国的研究和国外研究的报告，内容分析方法常用于以下几个研究目的。

1. 描述传播内容

描述传播内容虽是较浅层次的研究，但也是较基本的研究，重点在于描述同样传播内容不同时间段在媒介上的表现，不同内容在同样时间段上的表现，同样内容在不同媒介上的表现。描述性研究有时也被用于重大社会问题的研究，如舆论是如何影响报纸等大众传播媒介倾向的,从大众传播内容来分析社会成员中的主要价值观等。

2. 检验假设

用内容分析的方法检验假设是20世纪60年代以来研究人员常使用的方法,特别是60年代初期,研究人员常用来研究大众传播媒体的讯息来源与讯息特性之间的关系。例如,美国的梅里特(Merritt)和格罗斯(Gross)对大众传播媒介研究时发现,妇女生活版的女编辑比男性编辑更喜欢选择妇女运动的新闻报道。再如,电视台新闻现场的工作人员虽更喜欢暴力行为,而不是有关妇女地位或公民福利的消息,因为电视台新闻现场的工作人员大部分是男性。

3. 了解大众传播媒介传播内容的客观性

传播媒介在传播过程中,对社会个体或团体、政党的描述是否客观,所传播的内容和真实性的一致性如何,常用内容分析方法。美国的Davis早在20世纪50年代初期就开展了这项研究。经过研究他发现,佛罗里达州报纸的犯罪新闻与全国的犯罪率变化毫无关系;60年代末格伯纳(Gerbner)则运用内容分析方法比较电视节目的暴力内容与现实生活中的暴力活动;80年代劳里(Lowry)比较黄金时段电视节目表现的烈酒消费方式与现实生活中的情况,得到的结果是:电视对饮用烈酒的描述比现实生活的情形更为夸大,而且其消极影响要比现实生活中小。中国某学者对几家省级报纸有关下岗职工情况的报道与实际情况作了比较后认为,报纸对下岗职工再就业情况的报道偏好,而实际情况要严重得多。

4. 评估社会个体或团体的形象

对媒介内容中个体或团体形象的研究一度时期是较为流行的,例如西方国家愈来愈多地将内容分析研究应用于探讨少数民族或其他引人注目的团体在媒介中的形象,以探讨团体政策改变后对团体报道的改变。这一研究在东方国家特别是在中国尚未开展起来。

第五节 内容分析的步骤

一般将内容分析研究的实施分为7个步骤:确定研究目标和范围—提出假设—抽取信息样本—制订分类标准—处理样本资料—统计分

析判别—撰写结果报告。这 7 个步骤又可以归纳成"选样"、"分类"、"统计"等 3 个阶段。

美国学者 Roger Wimmer 和 Joseph Dominick 将内容分析分为 9 个步骤,这 9 个步骤是:提出问题和假设;确定研究的范围;选择适当的样本;确定分析单位;制定分析内容的类目;建立量化系统;训练和培训编码员并实习;对分析内容进行编码;分析资料;提出结论并解释。

一、确定研究目的、范围和假设

研究开始,首先要明确目的,选择什么样的信息材料,避免在收集资料的过程中漫无目的。奈斯比特的目的是揭示美国社会的变动趋势,因此他选择了各地报刊的地方新闻为研究对象,这些报刊虽只占全国报刊的 1/9。美国学者梅里尔对《时代》周刊的研究也采取了抽样方法。他在 3 位总统当政的 20 年间的 1 000 多期刊物中,随机抽取 30 期,每位总统所处时代为 10 期。

在确定了研究目的之后,就应该设计研究主题,设计研究步骤,提出假设的原始资料和其他媒体研究的原始资料相同。有了研究步骤,提出假设,进一步的工作是确定研究范围,就是内容分析的资料界限。界限包括两个方面,一是主题领域(topic area),二是时间领域(time area)。

二、抽取样本

定量研究中,抽样是非常重要的,并且有一定的抽样原则和程序,但内容分析抽样仍有一些特殊的要求。尽管一般来说,内容分析的抽样方法比实地调查抽样方法要容易得多,但仍要注意按"随机原则"进行,通过"抽签",应用"随机数表",避免出现"周期性误差"(如避免每 7 天抽一次);抽取的样本数在绝对数量上要达到"足够大"或"相关大",即不能少于 30 份。

我们讲内容分析的抽样较实地调查的抽样有些特殊的要求,主要指两个方面,一是有时供内容分析的资料非常有限,因此可能会采取相关资料作全面的分析;其次是在内容较多时,因无法进行统计分析,就采取抽样的方法。

内容分析多实行多阶抽样方法。首先是对研究的内容的原始资料进行抽样。如，要了解中国大众传播媒介实行舆论监督的情况，但研究者不可能查阅全部相关资料，只能从几千种报纸、杂志和2 000多家广播电视台中抽取一部分，即先抽取研究的媒介种类，然后再从抽取部分的媒介中抽取部分时间段的样本。有时候，还要根据研究内容和目的，对所抽的媒介进行分层分类，再确定所要分析的版面、节目等。通常的做法是把月按周分段或按天分段，再抽取所要研究的样本。例如要研究报纸，可按照每周两天作为分析单元，或将每年分成365段（天），再用乱数表抽样。

抽样后，就要设计内容分析分类统计表。分类统计表类似实地调查问卷，较困难的是设计操作定义。例如要分析上海大众传播媒介舆论监督的特点、力度及其存在的问题，就要按照内容分析方法的实施步骤，确定应抽的样本。

三、分类

抽样后，就开始进入内容分析的最主要部分——分类。分类就是建立媒体内容分类的类目系统（category system），这个类目系统的构成是根据研究的内容和主题不断变化，正如著名传播学家贝雷尔森（Berelson）所指出的，特定的研究必须建立起明确的类目并使之适用于该项研究，是保证内容分析"客观性"和"系统性"的主要手段。

首先要定出分类方法或标准。标准而有效的类目系统中，所有的类目都应相互排斥而不是互相包容，全面而不是部分，并具可信度。对一般传播媒介内容设计分类标准时首先要给类别下明确的定义。格拉夫斯在分析儿童连环画中的暴力污染时，对什么是暴力作过9种定义，如威吓、攻击、凶杀等。不少人将报纸的内容进行分类，如国际新闻、国内新闻、社会新闻、经济新闻、体育新闻、副刊等不同类别。

分类标准是否可靠有效，主要从三个方面进行检验，即：分类是否涵盖了该类别的内容；不同类别之间是否相互排斥，界限是否明确，会不会引起误会，是否包容或兼容，如国内新闻包含地方新闻，分类中要给予限定；直观，不用揣测、解释、注明。

按照分类标准去处理经过抽样而得到的信息资料，需要三名以上经过短期训练的评分员，分别对同一资料进行分类，然后计算一致同意的部分,并对有分歧的部分进行分类。有分歧意见的材料不列入统计结果。

例:"上海市大众传播媒体舆论监督的特征"内容分析分类统计表

内容分析分类统计表

1. 报刊名称:(1)解放日报 (2)文汇报 (3)新民晚报
2. 有关舆论监督方面报道的数量:(选(1)的结束答卷)
   (1)无 (2)1篇 (3)2篇 (4)3篇 (5)4篇 (6)5篇
   (7)6篇以上
3. 有关舆论监督方面的报道所在的版面:(　　)版
4. 有关舆论监督方面的报道在版面的位置:(　　)条
5. 文章撰写的社会角色:
   (1)中央政府 (2)省级政府及直辖市政府 (3)市级政府
   (4)区级政府 (5)文化名人 (6)普通百姓
   (7)民主党派人士 (8)其他(请注明)
6. 报道方式(批评力度):
   (1)社论 (2)本报编辑部评论 (3)本报编辑部评论员
   (4)特约评论员 (5)新闻 (6)编后 (7)编者按
   (8)综述 (9)特稿 (10)专稿 (11)连续报道
   (12)后续报道 (13)记者调查 (14)记者来信
   (15)读者来信 (16)评述 (17)其他(注明)
7. 文章来源:
   (1)转载高级别报刊 (2)转载同级别报刊
   (3)转载低级别报刊 (4)本报讯 (5)其他
   7-1 转载情况:(1)本地其他报刊 (2)国内其他地区报刊
   (3)国外
8. 报道内容所涉及的领域:
   (1)政治 (2)经济 (3)文化 (4)社会风气 (5)大众生活
   (6)违法犯罪 (7)其他(注明后编号)
9. 报道内容所涉及问题的性质:
   (1)贪污 (2)受贿 (3)以权谋私 (4)失职渎职 (5)危害社会安全(打、砸、抢、杀) (6)危害社会风气(制黄、贩黄) (7)国

家大政方针 （8）居民日常生活
10. 批评的向度：
   （1）自上而下 （2）自下而上 （3）平级
11. 文章篇幅：
   （1）500字以下　　（2）500—1 000字　　（3）1 000—1 500字
   （4）1 500—2 000字　（5）2 000—2 500字　（6）2 500—3 000字
   （7）3 000—3 500字　（8）3 500字以上
12. 报道类型：
   （1）批评型 （2）褒扬型 （3）引导型
   12-1　如果是褒扬型，那么它属于：
   A. 弱 0 1 2 3 4 5 6 强
   B. 褒扬词汇（形容词）出现的次数：1　2　3　4　5
   12-2　如果是批评型，那么它属于：
   A. 弱 0 1 2 3 4 5 6 强
   B. 批评词汇（形容词）出现的次数：1　2　3　4　5
13. 批评和褒扬发生的时间：
   （1）事件发生前 （2）事件发生中 （3）事件发生后

这不是一个完美无缺的分类统计表，但基本符合内容分析方法要求。

四、量化与统计

经过分类后的信息资料，需要用数量来反映其基本趋势与内在结构。这时，常用的数量概念有绝对数、百分比、平均值等三种。绝对数是反映某一特定类别中"事件"在样本中出现的次数，平均值是特定类别中"事件"出现的平均次数；百分比则是该事件出现次数同样本整体之比。

内容分析的量化主要涉及名目、等距和等比三种测量尺度。

名目尺度（nominal level）是计算分析单位在每个类目中出现的频次。例如，要研究中国下岗职工情况，就要计算下岗职工在中国各类报纸中出现的百分比例。

等距尺度（interval level）主要是表现出量表能使研究者获得研究单位的某些特征。如"上海市大众传播媒体舆论监督特征"在有关批评

的分析中,设计了这样的测量等距表:

```
          弱 ─────────────────── 强
           1    2    3    4    5
```

这种量表能够增进研究分析的深度,使表面的资料更具分析意义。

等比尺度(radio level)测量常适用于空间和时间的分析,例如在"上海市大众传播媒体舆论监督特征"中设计了媒体批评的时间,即发生事件前、事件发生中、事件发生后三个时间段。

本书有专门的章节讨论统计方法,如百分比、平均差、中位数等,这些统计分析方法一般来讲也适用于内容分析,但由于内容分析的资料收集方式趋于一般化,卡方分析便是最常用的分析方法。如资料分析中要进行等距和等比测量,t 检验、变异数分析、皮尔逊 r 检验都是适用的方法,其他分析方法如判别方法、聚类分析、结构分析等。

总之,内容分析是以传播内容的变化来推论质的变化,优点是花费不大,容易获得材料,其结果可定量计算,可研究任何时间跨度的事件。但也有不少问题,如样本的代表性很难确定;由于很难有统一的价值观念,不容易排除评分员的主观性;分类工作量较大等。

第七章

控 制 实 验

在传播学研究中,为了显示传播因素间直接的因果关系,常常使用实验研究方法,利用实验室的控制方式,测验传播因素之间直接影响的关系。控制实验是根据一定的目的,人为地设计一个特定的、非自然的状态的环境,在研究者控制下,进行测验的方法。著名传播学家 P·坦南鲍姆曾给控制实验下过一个严密的定义:"实验是系统地操纵一至数个假定有关的自变量,并在客观状态下,以及在固定其他自变量的可能干涉影响的条件下,观测其对某些因变量的独立效应和交互效应。"控制实验的真正目的在于将其他可能影响因变数的因素加以控制或取消,仅留下选择的自变数对因变数发生影响,产生的效果就是实验效果。例如,对美国电视节目的内容分析显示,商业性电视网播放的节目中,充斥暴力镜头;与此同时,美国社会调查表明,青少年犯罪率有上升趋势。那么电视暴力内容是否导致了青少年行为趋向于好斗和侵犯,则需要用控制实验加以证明和回答。

控制实验方法来源于心理学,特别是实验心理学,这在定量研究方法的来源和基础中,已有了详尽的讨论。在传播研究领域中,人们最关心的问题就是拉斯韦尔的第五个"W"之一,即传播的社会效果。控制实验就是探索因果关系的有效工具。因此,从 20 世纪 20 年代的 L·瑟斯顿到 40 年代的霍夫兰,一些对传播学有兴趣的心理学家把这种方法引入传播学,并借此发现了一系列传播效果的定律,控制实验方法也成了传播学研究的重要方法。

控制实验同其他研究方法的区别主要表现在两个方面,一是研究的侧重点不同。内容分析主要研究传播的全过程,是通过研究信息的内涵来了解信源和受传者之间关系和影响;实地调查是采取访问和问卷法,研究传播对受众的影响,即受传者对传播的反应。控制实验着重是测试被测试对象在控制和自然状态下的不同反应。二是控制实验同其他研究方法的主要区别在控制上。在实地调查和内容分析中,研究者不改变研究对象(受传者或信息)原来的自然状态,是一种非控制的方法。

第一节 实验的目的

在传播媒介研究中,研究者选择实验的方法主要是基于以下考虑。

1. 建构因果关系(evidence of causality)

研究者利用控制实验办法确定两个变数间的因果关系,即确认原因发生在结果之前,因为研究者在研究过程中要控制其他变数。

2. 控制(control)变量

控制是控制实验的最重要特点。研究人员通过对环境变量与实验对象的控制,可以设计出独立而不受常规影响的实验情景,从光线、温度到距离、音响、人文环境,都可以设计。研究者在实验时可以控制自变量与因变量的数量与形式,强化研究的内在效果,减少干扰。此外,研究人员还实行对受试对象的控制,包括选择实验者,设计控制组及实验组,试验的暴露或分开程度。

3. 反复进行

控制实验是室内实验方法,可反复进行,每次研究过程都记录在册。因为控制实验,特别是典型的控制实验有时需要反复进行,有时需要变化实验环境,以证实前面的实验结果不存在特殊的实验条件。

4. 经费投入少

控制实验所需的费用比其他研究方法要低得多。

5. 便于特别研究

有些用其他研究方法不能解决问题,例如对青少年进行的性心理研究,色情与暴力行为对青少年影响的研究,控制实验方法最为可行。

当然,控制实验也有其一定的局限性。这种方法的最大缺点是实验环境的人为性和偏见。研究通常是在人为控制的环境之中进行的,实验室的环境与自然环境是有区别的,会影响到人的传播行为。因此一些批评者认为,在非自然的实验情景下,受试者不断受到刺激,所得到的结果效度低,与现实生活不符。对此,米勒(Miller)指出,实验过程中的"真实"与"非真实"只是语义学上的问题,实验研究和实地研究都是研究传播行为,两者还可以进行比较,何况有些特殊研究是非用实验研究方法不可的。

第二节 实验的特征与控制

一、实验的特征

传播是一种内涵丰富、外延广泛的社会现象，相关因素相当复杂，很难用一种方法作整体的观察和系统的分析。控制实验方法采用简化的步骤，也就是选择最主要的影响因素在研究人员的控制下进行试验，研究受传播者同信息的关系。利用控制实验研究传播过程事前要确立研究目的，既果（因变量），更要选择影响因变量的因素，亦是自变动因素处理因素（自变量）。选择自变数的主要依据是其对因变量的可能影响力——根据理论或已做研究的推论（或假设）。控制实验中控制是该方法的主要特点。在复杂的传播活动中，就是靠控制寻求因变量和自变量的因果关系。

二、实验的控制

实验的控制，一般认为由两个方面组成。

1. 相关因素的隔离

传播是异常复杂的过程，影响因素很多。要研究传播与受传者的直接因果关系，必须消除外涉影响，即把现实状态下的自变量和因变量转至实验状态。但在转移过程中，损失了现实因素的原有状态，即被测对象接受同样的测验，在现实状态下和实验状态下是有差异的。但这是任何研究方法所无法避免的，只有在实验过程中加以考虑。以电视与青少年关系为例，青少年犯罪可能受到社会与其他多种因素影响，例如环境、电视、家庭等。那么电视在多大程度上影响青少年呢？要回答和证明这个问题，就必须排除相关因素，进行控制实验。

2. 实验刺激强度

把相关因素隔离在实验之外，就只剩下传播与受传者这一对关系。

在受传者和信息这一对关系下,信息应视为对受传者的刺激(S),要测量的是受传者对刺激的反应(R)。研究者不断增强和减弱刺激的强度,以观察和记录 R 的变化情况。例如,让一些群众(学生)看武打片,每看一部,测试一下表现,主要看学生在观看武打片后是否跃跃欲试。

三、实验的确立

控制实验是以探究信息刺激与受传者反应之间的因果关系为己任。因此,实验的前提是确立一至数个命题,即对信息与受传者之间是否有因果关系作出假定,实验就是为了推论或否定、限定这个推论。美国 A·坦和 K·斯格罗格做过一次实验,以"社会学习论"为假说的理论依据,认为儿童的行为与价值观念是从阅读连环画的直接示范中学得的。他们的假说是"阅读暴力连环画,将引起儿童好斗行为的增加"。从这个例子我们了解到,一个假设由原因、因变量、自变量同因变量之间关系的方向这三个因素构成,因变量是研究者最为关心的问题。当然,自变量同因变量之间的关系的方向可以是正向的,也可能是反向的。

第三节 实验的实施

从总体讲,实验包括操纵与观察。在最简单的实验中,研究者操纵自变量,然后观察受试者对因变量的反应。实验不管是哪一种类型,大多数要经过十个步骤。

1. 选择实验环境

实验大部分都是在研究人员的控制下进行的,有的实验也要选择在较为自然的环境中进行,研究人员对环境的控制较少或不控制。

2. 实验设计

要预先设计的主要是:假设或研究的主题;控制或测量变量的方法和形式;受试者的可信度或有效性。这些问题设计得好,实验结果的信度就会很高。

3. 运用变量

变量是控制的对象。在实验中,要设计因变量或其他控制规则,以及时对观察到的行为进行分类。

4. 确定操纵自变量的方法

为操纵自变量，必须设计一套特定的规则。操纵自变量主要有两种方法，一种是直接操纵法，就是将书面材料、口头要求或其他刺激直接传播给受试者，这些材料或刺激被用以操纵自变量。美国学者巴伦(Baran)在进行控制实验时，为测试确定个人地位，采用了操纵自变量。他向一组受试者展示一张一般性的购物清单，包括冰淇淋、冷冻午餐、芥菜与咖啡等；另一组则展示实用性的购物清单，包括鲍登冰淇淋、双圣冷冻午餐、法国芥菜和雀巢咖啡等；第三组则展示了高级购物清单，包括哈根·达兹牌冰淇淋、美食牌冷冻午餐、格雷旁普芥菜、通用公司的咖啡等。然后让每一组人员判断购物单所属人的性格，结果显示，购物单会影响受试者对于购物者道德及责任感的评价。

另一种操纵自变量的方法是建构操纵自变量的问题或情景，常用的方法是安排一名伪装的受试者参加测试，成为受操纵的一部分。例如，美国学者贝尔科瓦兹和珍(Borkowitz & Geen)在1966年就曾以舞台操纵法检验传播媒介的冲击性影响，在研究有效目标时，将每一个受试者介绍给一个伪装的受试者，以加强操纵效果。受试者一半被介绍给基克·安德逊(Kirk Anderson)，另一半被介绍给鲍勃·安德逊(Bob Anderson)，实验以电击的方式结束。一组受试者受到一次次的电击，而另一组受到7次电击。接着，一半受试者观看了一部由基克·道格拉斯主演的暴力电影，另一半人去看惊险但非暴力的影片，随后让受试者对于由伪装者接受的电击测试进行评估，方法是电击鲍勃或基克。结果，受过7次电击看过暴力电影并介绍给基克的受试者施予基克电击次数的平均数较大，而受过鲍勃7次电击的受试者，进行电击的次数要小[①]。另一位美国学者霍伊特(Hoyt)在1977年进行过一次电视转播审判的效果研究，让受试者在三种条件下观看一部影片。一组在审判室前面对着电影摄影机回答问题，第二组是在隐藏了摄影机的镜子前回答问题，第三组则是在无摄影机的情况下回答。霍伊特发现，受试者的口诉能力没有区别。

---

① Roger Wimmer & Joseph Dominick, *Mass Media Research — An Introduction*, by Wadsworth, A Division of Wadsworth, Inc.

5. 选择测试对象

受众是测试对象。事实上,实验同实地调查及内容分析一样,被测对象是对受传者总体进行大量观察法的随机抽样,这样的被测对象具有一定的代表性。但控制实验毕竟受许多限制,大量抽样在客观上是困难的,所以一般的控制实验实际人数只有几十人(但不能少于 30 人)。

选择测试对象的主要标准是同质性,即相互间具有相同的特征(年龄、性别、受教育程度、职业、智商等),以减少外涉因素。选出被测对象后,如果试验只分两组,按匹配(两组成员在个体特征上相对应)或随机方式将其分成"实验组"与"控制组"实验。随机方式一般用抽签法或计算机模拟等方式。如果实验超过两组,可以用两位数的随机数字分配受试者。

6. 制作实验材料

实验研究根据实验的假设以信息载体(录像等)作为测试材料。如坦南鲍姆的"标题效应"实验,选择两条新闻标题为材料,一条是关于审讯一名杀人嫌疑犯的报道,为了验证"不同标题会产生不同效应"的假说,他给这则报道列了三个标题:

(1) 被告承认是凶器的拥有者。

(2) 被告说经常有人玩他的手枪。

(3) 凶杀案审讯接近尾声。

这三个标题都可在报道中找到出处,然而强调的重点却各不相同。标题 1 似乎是指被告有罪,标题 2 旨在替被告开脱,标题 3 完全中立,没有任何倾向性。然后,他找一份报纸的头版,从中选择一块与这则剪报相等的位置,把剪报嵌入,一式三份,分别打上三个标题。经过照相制版与印刷,得到了三种除标题不同外,其余完全相同的报纸头版,对另一条新闻也如法炮制。最后将这个三种不同标题的报纸给实验对象阅读,并测出各自的反应。

7. 预先实验研究

为使大规模的实验取得预期结果,可进行小规模的预先研究,对少数人进行试验,以暴露各种问题,并使实验者操纵检验,观察操纵自变量是否产生了预期的效果。如果实验预先并未产生效果,研究人员则应在正式实验之前改进操纵技术。

8. 观测工具

观测受测对象对信息刺激的反应——实验所要找的因变量,包括

"对信息的接触程度"、"对信息的记忆程度"以及"采取行动的方向与程度"等几个层次。

仍以"标题效应"为例。采用问卷方式对受测者提出四个问题,其中两题与凶杀案有关。提出的问题是:

A. 你是否阅读过审讯案报道?
——从头到尾仔细读过;
——粗粗阅览;
——只看标题或只看标题及第一小题;
——根本没有读过。

B. 在你的印象中,亨利·桑兹(被告)有罪还是无罪?
——有罪的;
——无辜的;
——不知道。

第三、四题与另一组新闻有关,形式如上两题。第三题是测量被测对象读报道的详略程序,属"对信息的接触程度",第四题是测量被测对象对不同标题的反应,即不同标题对读者的影响,属于"对信息的理解程度"。

9. 测量程度设计

编排实验程序是控制实验的前提。实验程序一般分两类:

事后观测——先随机分组,分别施以不同刺激程度的材料;最后测试各自的反应。公式是:

第一组　　（实验组 1）$X_1 \rightarrow Y_{a1}$;
第二组　　（控制组）$X_2 \rightarrow Y_{a2}$。

X_1 和 X_2 是两种不同刺激;Y_{a1} 和 Y_{a2} 是两种反应记录,如果有两个实验组,一个控制组,公式则为:

第一组　　（实验组 1）$X_1 \rightarrow Y_{a1}$;
第二组　　（实验组 2）$X_2 \rightarrow Y_{a2}$;
第三组　　（控制组）$X_3 \rightarrow Y_{a3}$。

事前事后观测——随机分配后先进行一次测量,然后施加刺激再测试一次反应,对事前事后的刺激反应比较。公式为:

第一组　　（实验组）$Y_{b1} X_1 \rightarrow Y_{a1}$;
第二组　　（控制组）$Y_{b2} X_2 \rightarrow Y_{a2}$。

式中 Y_{b1} 和 Y_{b2} 是事先观察值。C·霍夫兰的实验就采用了这种程序。

10. 数据分析

实验的结果表明在一批观测记录和数据上进行统计分析，并据此对实验假说进行检验是控制实验的最后两项主要工作。

在"事后观测"中，统计分析就是比较 Y_{a1} 和 Y_{a2} 的差距。如果两者相等，表明 X（自变量）对 Y（因变量）的变化没有影响。如果两者不相等，则反应 X 有效应。对"事前事后"观测中，则比较 $Y_{a1} \rightarrow Y_{b1}$ 和 $Y_{a2} \rightarrow Y_{b2}$ 之间的差异。如果相等则没有效应；不相等，则 X 对 Y 有影响。应当看到，在观测记录时，X 同 Y 之间不可能完全相等，不能简单认为 X 总是有效。

统计方法因数据的不同性质而有异。实验产生的数据不外两类，一是"分类数据"，二是"量质数据"。对前者一般用"卡方分析"，对后者一般用"t 检验"（两组数据）或"F 检验"（多组数据）。这些方法都是把实验组和控制组的差异看成是"无误差"，并把它分解成"组内误差"（随机因素造成）和组间误差（实验条件造成）两个方面。当"组间误差"达到统计意义上的"显著程度"时，我们才能得出结论：X 对 Y 的变化有影响。

第四节 实 验 的 设 计

在控制实验研究中，设计是经常用的，甚至贯穿于整个研究中，因为不仅在整个研究中或实验中需要整体的设计，在具体的实验过程中还有具体的设计，如抽样设计、资料分析设计、统计类目量表设计。抽样设计与研究的建构有关，量表设计是为了保证实验的科学性而设计的程序与操作思路。本节介绍的设计是指导整个实验过程的设计。

为了便于理解和叙述，首先应规定某些符号以表示各因素或要素之间的关系。

R——随机抽样或随机分配；

X——表示对自变量的处理或操纵，并检验这些变量对因变量的影响；

O——观察或测量的过程,通常在 O 下有一个注脚,表示观察的次数,如 O_1 表示观察 1 次。

举例:RO_1XO_2 表示了实验的顺序,受试者被随机抽样成组别(R),然后接受观察过测量(O_1)。之后对自变量进行处理或操纵(X),接着是第二天的观察或测量(O_2)。每行的符号代表一组实验,如:

$$R \quad O_1 \quad X \quad O_2$$
$$R \quad O_1 \quad \quad O_2$$

一、基本实验设计

控制实验是一套完整的方法和体系,在实际实验中,都应根据研究者的假设和收集的不同资料,进行具体设计,并采用适合本研究的方法。研究者在研究和建构设计之前必须明确一些基本的问题:

研究的目的和目标;

实验和测量的具体内容;

实验中的因素(自变量);

层次的因素(自变量的程度);

期望得到的资料;

收集资料的方法;

统计分析方法;

本领域过去的研究;

研究本领域的意义;

研究的现有物质条件;

研究经费能否保证。

基本实验设计内容很多,这里介绍的仅是最通常使用的部分。

1. 关于预测—后测的控制组

在使用控制实验的任何研究领域,预测—后测控制组(Pretest-Posttest Control Group)都是基本的、常用的,这种设计包含了许多人为的假设,受试者是由随机抽样或分配而组成的,并且进行预测,然而只有第一组接受实验处理,将第一组 O_1 与 O_2 的差别与第二组 O_1 与 O_2 的差别进行比较,若发现结果差别比较大,就可以认为,实验处理正是造成差异的原因。

预测—后测控制组设计：
$$R \quad O_1 \quad X \quad O_2$$
$$R \quad O_1 \quad \quad O_2$$

2. 关于后测的控制组

当研究人员考虑到受试者可能对于后测很敏感时，可将前述的设计改为仅有后测的(Posttest-only Control Group)设计。

只有后测的控制组设计：
$$R \quad X \quad O_1$$
$$R \quad \quad O_2$$

仅有后测控制组设计广泛用于控制的解释。

3. 索罗门四组设计

索罗门四组设计结合了前两组设计，常用于"预测"为负面因素时。

索罗门四组设计：
$$R \quad O_1 \quad X \quad O_2$$
$$R \quad O_3 \quad \quad O_4$$
$$R \quad \quad X \quad O_5$$
$$R \quad \quad \quad O_6$$

举例：大学生习惯性阅读与时事测验分数相关性的实验。

假设数据中，数字表示大学生时事测验的分数，X 表示习惯性阅报的行为。

索罗门四组设计：

组别
1   R   20(O_1)   X   40(O_2)
2   R   20(O_3)   20(O_4)
3   R   X   40(O_5)
4   R   20(O_6)

为了判断阅报的效果，O_2 应与 O_1 有显著差别，且应与 O_4 有显著的差别。此外 O_5 与 O_6 亦应有显著的差别，与 O_3 也有显著差别。如果索罗门四组设计的假设数据中列出的 20 分为显著的差别，则表明了自变量对时事新闻产生效果。O_4 与 O_6 进行比较，可以评估可能产生的效果；O_2 与 O_3 进行比较，实验者便能查明随机的效果；O_2 与 O_5 进行比较，可探究预测与操纵之间可能的互动。

索罗门四组设计缺点是缺乏实用性，而且又需要较多的受试者，需要更多的时间和经费的投入，结果解释又较为困难。

二、因素研究

1. 多因素设计

包含两种或两种以上的自变量的分析研究称为多因素设计（factorial designs），每一项自变量称为因素（factor），研究者可调查和研究自变量之间的关系。在许多情形下，两个或更多的变量，对于因变量的效果可能是相互依赖的，其研究依靠简单的随机设计是无法完成。

2. 双因素设计

双因素设计（two-factor designs）表示有两项自变量受到操纵，三因素设计则包含三种自变量，并以此类推。研究中的因素设计必须包含至少两个因素或自变量。

3. 因素的层次

因素可以分为多个层次。2×2 多因素设计表示两个自变量，各两个层次；3×3 多因素设计则表示两个自变量，各有三个层次；2×3×3 多因素设计则表示三个自变量，第一个自变量有两个层次，而第二个与第三个自变量各有三个层次。

为了说明层次的概念，罗杰·温默（Roger Wimmer）和约瑟夫·多米尼克（Joseph Dominick）举了个例子。假设电视台要了解电影系列影片的促销活动是否成功，便计划将此系列影片在收音机和报纸上做广告，并随机选择受试者，被置于 2×2 多因素设计中，如图 7-1 所示。

	有收音机	无收音机
有报纸	1	2
无报纸	3	4

图 7-1

图 7-1 就可以进行两个自变量两种层次的试验——收音机的广告与报纸上的广告,一组为呈现在收音机和报纸上的广告,二组为呈现在报纸上的广告,三组为呈现在收音机上的广告,四组为控制组,广告在收音机和报纸上都没有呈现。进行实验之后,就可以了解到哪一种媒介或哪几种媒介的结合最有效。

2×3 多因素设计,第二种自变量增加为三个层次,这种设计说明如何调查彩色和黑白报纸广告的相对效果,如图 7-2 所示。

	有收音机	无收音机
彩色报纸广告	1	2
黑白报纸广告	3	4
无 报 纸	5	6

图 7-2

2×3 多因素设计:如果还想增加电视广告,就构成了 2×2×2 多因素设计,三因素设计包括了八种可能,如图 7-3 所示。

	有收音机		无收音机	
	有电视	无电视	有电视	无电视
有报纸	1	2	3	4
无报纸	5	6	7	8

图 7-3

第八章

个案研究

个案研究(case study)是了解某一特定现象,在其特定范围内、特定时间内的综合情况的研究方法。个案研究也是一种调查方法,或调查的一种类型,是和统计调查法相对而存在的。

第一节 个案研究的意义

日本学者安田三郎认为,个案研究只具有极少的几个个案(或一个),多数方面与整体相关,是主观地、调查性地把握,最后是把结果主观地、调查性地进行普遍化。换言之,个案研究方法对于整体来说是密切相关的,是一种定性的、非正规的研究方法。

前苏联学者 P·Φ·扬则认为,作为个案单位的特定的个人或家庭,一般称这种研究方法是"某个社会单位的生活全过程或关于它的某方面的个别事例和整体相关的研究法",是"收集整个社会状况或相关因素复合体的事实,由此叙述现象的社会过程和连续关系,把个别行为放在社会的背景下研究、分析、比较而形成普遍性原理"(《科学的社会调查和研究》,1939年)。罗杰·温默(Roger Wimmer)和约瑟夫·多米尼克(Joseph Dominick)认为,"个案研究欲了解或解释某个现象时便常运用个案研究法,特别是应用在医学、人类学、临床心理学、管理科学和历史学中。弗洛伊德(Sigmund Freud)做出了关于病人的个案研究报告,经济学家为联邦传播委员会(FCC)对有线电视业进行个案研究。"[1]其实,个案研究法并不是只限于个人和家庭,也可以是一个社会

---

[1] Roger Wimmer & Joseph Dominick: *Mass Media Research — An Introduction*, by Wadsworth, A Division of Wadsworth, Inc.

集团或一种社会制度或一地区。

在传播学研究中,个案研究主要用于传播者的研究,即关于人(法人)的研究,包括编辑、记者、通讯社、报社、广播电台、编辑部等。

个案研究一般不用于实证什么,因为个案研究事先没有假设,结果也不能得出假设。但个案研究可用于调查某些行为。例如,美国人怀特1950年在美国中西部城市对一份发行三万份的晨报编辑开展研究。他将该报一位编辑一周内对来自三大通讯社的稿件的选用情况进行比较。这位电讯编辑每天将选用的电讯稿保存起来,其数量正好是选用稿的九倍。他每天再用一至两个小时向怀特说明他舍弃这些稿件的原因。同时,怀特要求这位编辑详细分析自己选择新闻稿件的四个出发点:本人见解、对读者的看法、对稿件的题材和文笔方面的特殊的评定原则。这种个案研究至少可以作为研究"把关人"的背景及价值观念在编辑工作中所起的作用的基础,并提供了具体的资料。

一般的观点是,个案研究在传播学研究中并不常用,一方面是由于个案研究的本身应用范围有限,另一方面是该方法本身有无法克服的缺点。这些缺点主要是:由于只研究个案,没有典型性和代表性,因此无法导出普遍性法则,换言之,无法得到能代表整体的样本;研究过程非标准化,难以排除价值观念对研究的影响;结果的可信度低,只能参考,不能推论。

第二节 个案研究的特点

在较正式的研究中,个案研究是运用多种来源的材料,在某种现象(个人、事件、团体)的特定的情景中,研究该现象的经验主义的研究方法,而该现象同它所在的特定情景界限并不明显,这也是个案研究不同于其他定量研究方法的主要区别。

一、梅里姆的见解

梅里姆(Merriam,1989)提出了个案研究的四个特点:

特殊性(Particularistic)。个案研究着重于一种特定的情况、事件、节目或现象,以研究现实问题。

描述性(Descriptive)。个案研究的结果或最终结果是一份关于研究课题的描述性报告。

启发性(Heuristic)。个案研究有助于人们了解被研究的主题是什么,提出新的观点、新的解释、新的意义,虽然这种结论不能作为规律性结论。

渐进性(Inductive)。个案研究是依据归纳和推理的过程,并在检测大量资料中形成原理和普遍原则,许多研究在于发现新的联系,而不是证明存在的某种假设。

二、温默和多米尼克的观点

当研究者想获得与研究课题相关的大量资料时,个案研究是十分可行的方法,因个案研究能提供丰富的资料,特别是当研究者还未或者还不能确定研究的主题时,更需要这些资料,他有利于研究者发现和寻找到更多的研究线索和概念。个案研究不仅在研究的初期十分重要,而且还能用于描述性和解释性的资料研究。

个案研究常常有助于研究者讨论更大范围的现象,包括文献资料、文物资料、系统的观察、直接观察和传统的调查研究方法。

个案研究的缺点也很明显,主要是三个方面:

(1) 个案研究缺乏严谨的科学性。在研究实践中,有人认为研究的结果和发现受不清晰的证据和有偏见的观点影响,研究时很可能非常轻松,而不是严谨地投入大量的时间和力量。

(2) 个案研究不容易推论。个案研究的结果是单一和独特的。如果研究的主要目的是想在统计的基础上描述特定情景中某现象的频率或发生率,其他方式也许更合适,如内容分析方法。但是,如果研究者的目的仅仅是推论理论意义,个案研究也许是最合适的。

(3) 个案研究需要花费很多时间。常出现的问题是,研究人员虽然已获得了大量的资料,但一时难以消化这些资料,很难对资料作出结论,以至于许多研究人员可能研究了许多年,得到的结果却价值不大。现在许多研究者将个案研究方法结合起来,特别是非传统的方法结合起来。

第三节 个案研究的实施

个案研究不像其他定量研究方法有严格的研究程序。根据以往的研究,个案研究的实施通常有 6 个步骤,即:研究设计、预研究、研究实验、资料汇集、分析资料和提出研究报告。

1. 设计

同其他研究一样,个案研究首先是明确研究的主题或问题。一般的个案研究应以"为何"(why)和"如何"(how)形成个案研究的中心主题。明确主题或问题后就要解决分析对象的怎样构成,如一个人、一件事、一个团体。因为个案研究的是特定的、特殊的、独立的问题,因此提出研究的初步设想是必须的。

2. 预研究

在进行正式研究之前,研究者必须写出研究方案。方案应包括研究的顺序,如时间、地点、资料、仪器设备。因为是个案研究,就要考虑收集特定人物(团体、事件)资料的方法、时间、推论方法等,有时还要拟订访问计划。

3. 实验

实验是实现研究设计的重要阶段。如对某群体进行社会心理学实验。由实验性研究可发现在研究设计阶段没有预计到的变量,原设计的研究方案和推论方法中存在的问题也会暴露出来。

4. 收集资料

个案研究中常涉及的资料包括:信函、备忘录、会议记录、记事簿、标语及其他小册子、访谈记录,甚至包括问卷。

5. 资料分析

资料分析是最难的一步,因为个案研究的资料没有较好规则和程式,又不能像内容分析和实地调查那样用计算机进行统计分析。对此,美国学者英(Yin)在 1991 年提出了三种资料分析的技巧。

第一种技巧是模式对比(pattern-matching)法,就是将一个有实证基础的模式与一种或多种假设的模式相比较。例如,某报社想建立新的管理机构,召开高层主管和编辑记者会议。基于组织理论,研究者可能会预测会议结果,就是编辑和记者有更大的压力,他们被要求提高工作效率等。如果个案研究的资料分析显示这些结果并没有出现,便可能意味着最初的研究目的可能有问题。

第二种技巧是逐步逼近法。在建构解释的分析技巧中,研究者通过对研究现象原因的描述,建构出新的解释。典型的方法是研究者提出关于某些过程和结果的基本理论陈述,并与初步的研究相比较,修正前面的论述,再分析第二种类似的案例,并多次重复这种过程。例如,为了解释某种新的传播技术失败的原因,研究者最初认为是管理技术的原因,但在对电视业进程调查后发现缺乏管理技术只是问题的一个方面,对市场研究不够也是原因之一,这样就修正了以前的估计,并进行反复检验,直到找到了令人满意的答案。

第三种技巧是时间顺序分析法。在时间顺序的分析技巧中,研究者把资料中一系列的观点与假设的理论趋势或其他类似的趋势相比较。

第四节　撰写研究报告

撰写传统的研究报告是比较容易的,形式也较多。一般来说,研究报告主要包括这样的几个方面:
（1）研究的主要问题、目的和范围;
（2）研究方法和步骤;
（3）研究的人力、经费、物资材料;
（4）研究过程及碰到的主要问题;
（5）研究的发现和结果;
（6）进一步深入研究的设想。

由于有些个案研究可能要延续几个月甚至几年的时间,因此有些个案研究在中期就可能要进行评估,写出初步的研究报告,或称中期研究报告。在最近几年国家批准的社会科学基础研究资助项目里,基本上都要求有中期研究成果。

撰写中期研究报告不仅有利于促进研究人员增加研究精力,还有利于研究人员总结前一段研究的过程,发现问题,及时修正。

第九章

抽样设计与实施

最近几年,社会大兴调查之风,尤其是传播界,抽样调查更成为经常使用的研究方法。在对抽样方法的研究方面,也有许多成果,这些成果都是很好的积累。作为传播学的定量研究方法,抽样调查也当然成为本书不可或缺的一部分。事实上,抽样理论本身已经发展为一门独立学科。

第一节 概 述

大众传播学的定量研究重要目的之一就是研究事物的整体,但常常是通过研究一组群体来达到目的。例如,我们要研究《人民日报》国际新闻报道情况,但我们无法做到将每一天的《人民日报》逐一考察或普查,因为对象过于庞大,时间、经费、人力都受到限制。在这种情况下,我们只能从整体中抽取一些样本(sample)进行研究。这些样本是研究对象总体的一部分,被看成是可以代表整体的。

一、样本设计的一般原则

样本设计包括两部分内容,第一部分内容是选择样本,即按照科学的程序和规则把研究对象(总体)的某部分选入样本,另一部分内容是计算基本统计量,就是总体值的样本估计值。

美国学者莱斯利·基西(Leslie Kish)在他的《调查抽样》(*Survey Sampling*,1985)著作中提出了样本设计四条基本原则:

目的明确。样本设计是根据研究和调查目的而进行的,应该以调查研究目的为基本目标,并适合调查条件,因为这些影响到总体的选择和定义,影响到计量和抽样方法。

可度量性。设计能从样本自身计算出有效估计值或抽样变动的近似值,在调查中经常使用标准误差来表示,但有时也用函数或抽样分布来表示,这是推断统计的基础,是样本结果与未知总体值之间客观、科学的纽带。评价样本是否合适的方法取决于研究者的个人判断。一个不能度量的样本,比如一个定额样本或一个代表性城市,对总体的代表性不管是好是坏,单靠统计理论是不能精确判断的。统计推断的理论依靠概率样本,即总体中的每个单位被选中的概率是已知的。虽然概率样本在客观上是能够度量的,但概率抽样并非自动地保证可度量性。因此需要反复试验随机化,并严格按照重复设计进行方差计算,一般至少要从每层中随机地抽选和测定两个样本单位才能对标准误差进行有效计算。

实用性。样本设计对于能否保证基本上完成调查目的是十分重要的,或者说是关键性的。一个概率样本不能凭假设得到,也不能像在一理论著作中提到的那样,"给定"一个概率样本。抽样的艺术在于使实际设计的模型的配合尽量地好。而设计的中心问题是有关抽样框或总体名单的恰当建立。

经济性。怎样用最少的经费完成调查目的,达到调查目标也是研究人员必须考虑的。

那么,究竟什么样的样本是理想样本呢?莱斯利·基西进一步提出:

概率样本要求在抽选时具有已知的非零概率;

可度量样本是概率样本,它的设计可以用来估计出估计量的差异性,即标准误差;

等概率抽选样本是概率样本的特殊形式,它要求总体中的各单位具有同等被选中的概率;

区域样本是用区段作为抽样单位,当抽样框包括各区段时,它常常作为概率抽样的一种方法;

无偏样本是指样本的平均值或期望值等于总体值的样本设计;

精确样本具有较低的标准误差,精确度应按照调查目的的要求来判断;

准确样本具有较低的总误差,包括偏差、非抽样误差和抽样误差;

经济样本对于固定单位的精确度(或方差)具有较低的单位费用;

有效的样本在一般统计文献中指的是每个单位的高精确度。

二、抽样方法的选择

从总体讲,抽样方法分随机抽样和非随机抽样两种。随机抽样是以一定的数字原则进行选择,每一个体被选中的概率是已知的。非随机抽样并不一定遵循数学规律。研究人员可以计算出随机抽样误差,但却无法计算出非随机抽样误差。在实际研究中,究竟是采用哪一种抽样方法,罗杰·温默和约瑟夫·多米尼克提出四点参考意见:

(1) 根据研究目的。如果一些调查研究并不是要结论推论至整体,而是为了调查变量之间的关系,或是为收集设计问卷以及设计测量工具的基本资料,可考虑用非随机抽样。

(2) 根据成本与价值。抽样应该以最少的投资获得尽可能大的价值,因此收集资料的类型和品质与花费相比较,随机抽样的成本过高,也可以选用非随机抽样;根据时间要求,在许多情况下,研究者受到来自客户或委托单位的时间压力,而随机抽样则要较长时间,这时可考虑选用非随机抽样。

(3) 根据允许误差范围。在实验性、探索性的小范围研究中,误差的控制不是主要问题,也可以选择非随机抽样。

(4) 随机抽样是较严格的抽样方法,往往要有严格的、系统的选择程序,以确保每一个单位都有被选中的几率。即便这样,也不能保证每一个样本都具有代表性。例如,为宣传吸烟对人类健康的损害,某组织在街头随机抽了100位吸烟者和100位非吸烟者,了解他们的背景资料和身体状况,统计结果发现100位吸烟者的身体质量明显好于非吸烟者。因此,随机抽样常要重复测量。

第二节 随机和非随机抽样

随机抽样的基本形式就是简单随机抽样,研究对象的总体中每一个单位都有入选的几率。如果从研究总体中抽取的单位不再返回总体,就叫做非重复抽样方法。反之,如果将从总体中抽取的单位重新返回总体中,即是重复随机抽样,即首次被选中的单位有第二次被选中的几率,在较复杂的研究中,常采用重复随机抽样方法。

随机抽样通常以随机抽样表(乱数表)来实施抽样。例如,某研究机构要研究某报纸360天中10天的头版头条新闻内容,就必须将360天逐天编号,然后完全随机地从中选取10天。选取的方法是首先任意选一天,然后在乱数表中找出相应的数字,并在该数字的任一方向选取9个数字,即得到了所需的样本。

一、简单随机抽样

简单随机抽样应用并不广泛,只作一般调查之用,如随机电话号码,方法是用乱数表选取4位数或5位数,然后加上地区号码。随机电话号码抽样应考虑抽的数量足够多,因为在实际调查时常会出现空号或电话无人接听。

简单随机抽样虽然不常使用,但常被研究者提出来研究,这是因为简单随机抽样的数学性质比较简单,很多统计理论和技术都是假定元素,且是用简单随机抽样的方法来选取的。同时,所有的概率选样都可以看作是对简单随机抽样的限制,它限制了总体元素的一些组合,而简单随机抽样允许所有可能的组合。此外,简单随机抽样的计算公式经常用于复杂抽样办法得到的数据。

简单随机抽样的优点也非常明显:研究人员不需对研究总体作过多的调查;可以统计推断外在的效度;容易找到一组具有代表性的对象;排除了分类误差。

二、系统随机抽样

系统随机抽样与简单随机抽样很相似。系统误差的抽样方法是在研究总体每隔一个固定的区间便抽取一个单位。例如,要在有100个单位的总体中抽10个单位,每个单位的被抽几率为10%。研究人员首先随机抽取第一个单位,然后按每10个单位为一间隔,如果任意抽取的单位是15,那么所抽取样本单位就是15、25、35、45、55、65、75、85、95、5。

在大众传播学的定量研究中,系统随机抽样法常被使用,因为与简单随机抽样相比,系统随机抽样省时省力,样本的代表性也比简单随机抽样好。

系统随机抽样的最大缺点是容易遇到周期性误差,就是所选的单位在排列和顺序上的偏差。例如在大众传播媒介研究中,要研究某电视台的电视剧频道,假如新抽取的单位间隔为7的话,可能抽到的都是周末、周日或周二,这样就没有代表性。再如,假定抽一年的36天的某报纸为研究样本,抽样结果可能出现抽的是每月的1、10、20,如果抽的单位中有1号,那么全年中会有1月1日、5月1日、6月1日、7月1日、8月1日、10月1日、12月1日等若干个节日。研究一年的报纸抽的全是节假日作为研究单位就很难有代表性。

三、分层随机抽样

分层随机抽样抽取的样本都来自研究总体,就是说抽取的单位来自具有相似性特征的总体中,具有同质性。

分层随机抽样方法有两种形式,一种是比例分层抽样法,是以研究总体中所占比例为分层的根据。例如在人群中,18—24岁的成人占研究总体中的30%,那么在所抽取的样本中,该年龄层也应占30%。另一种是非比例分层抽样法。例如要研究新闻媒介实行舆论监督的情况,在一项调查中,突出的是具有认知能力的人,即22—60岁这一年龄段的比例最大。

分层随机抽样法的优点是十分明显的,那就是能够表现相关变量的代表性,可以同其他研究总体相比较,样本选自同质群体,抽样误差少。但分层随机抽样也存在一定的缺陷,选择前必须详细了解研究总体的情况,抽样成本较高,分层标准很难掌握,中选几率较低。

四、集体随机抽样

集体随机抽样法是将研究总体分成若干区域,然后再从若干区域中抽取一部分区域作为样本。集体随机抽样法容易产生两种误差,一种是选定原始团体时的误差,另一种是自若干区域中取部分称作为样本的误差。例如,抽取的某区域正好是经济水平和社会地位都很低的阶层,或者都是经济收入较高、社会地位高的白领阶层,这两个阶层都不能代表研究总体,也就是说研究结果的偏差大,与实际情况不符。为了减少这种误差,较容易的办法是将区域分得很小,降低每一区域中个体的数量,又能选取更多的区域。

在集体随机抽样法中,多段抽样法常被使用。多段抽样法就是将研究总体分成若干阶段。例如,一项全国性的研究,首先抽取较大的区域,如省、地、州、市,然后从地、州、市中再抽出县或区,再从区中选出路、道,然后再随机抽出某号楼某家庭。以家庭作为样本时,还要确定哪一位家庭成员作为样本,这就要用随机数表来决定。调查过程如图9-1所示。

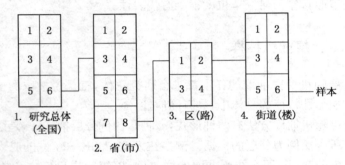

图9-1　多段抽样调查过程图

	家 庭 成 员 号 码						
受	1	2	3	4	5	6	7
访	1	2	1	3	5	5	7
者		1	3	4	3	2	6
		2	3	2	1	4	1
				1	2	6	4
					4	1	3
						3	2
							5

摘自《Mass Media Research — An Introduction》

图9-2　多段抽样选择受访者的模型

在选择家庭成员时,调查人员询问听电话的人,如"你家中18岁以上的成员有几位",如果对方回答是3位,那么就选择3号家庭成员,即从年龄最长者往下数第3位。若下一位被调查对象同上一个被调查对象的情况相同,调查者则从家庭成员号码的"3"下选一个号码。

五、非随机抽样

非随机抽样方法在大众传播学定量研究中经常被采用,特别是现成样本、自愿样本和立意样本等形式已经被普遍地使用在传播媒介中。

现成样本也叫便利样本,就是对容易得到的被调查对象进行调查,能够取得有用的资料。但现成样本的信度低。

现成样本在一些研究领域中有争论,一部分研究者认为现成样本不论得到什么样的结果,都是无价值的,不能代替母体。另一些研究者认为,如某一特征或现象普遍存在的话,它应该存在于任何样本中。但无论如何,现成样本还是有用的,如要确定问卷的科学性及研究程序和研究方法的可行性,可先行试调查。

自愿样本并非按照数学原则选出,也是一种非随机样本。由于这些被调查对象,迥异于非自愿者,因此误差的出现是不足为怪的。但自愿者常常是教育水准较高、职业地位较高的社会成员,是能代表社会中较高阶层的特征的。

立意抽样是针对具有某种特性或质量的对象进行抽样,并常常被用于大众传播的广告研究,如让一些消费者对同一用品的新旧产品和不同厂家产品进行比较等。

配额抽样是同立意抽样类似的方法,按照特定和已知的比例选择对象。

偶然性抽样也是一种非随机抽样方法,它按照表面特征或某种特征要求偶然选择对象,它是研究者的主观行为和意志的研究,误差已在考虑之中。

第三节 样本数量、抽样误差和抽样加权

样本数量、样本误差和抽样加权是抽样调查中颇具有争论的问题。样本数量所要关心的是多少样本才能达到信心水准,样本误差所要关心的是误差范围与确定,而抽样加权是在样本数量达不到设定的数量时,对获取的样本进行加权处理。

一、样本数量

样本数量的大小、多少没有特别的规则,一般的参考依据是：研究的类型,研究的目标,研究的难易程度,允许误差程度,时间要求和经费状况,以及过去的研究情形。一般的概括性调查不需要大规模样本,对重大问题的研究,尤其是要求精确度较高的研究,则应考虑大规模样本。

罗杰·温默和约瑟夫·多米尼克提出了决定样本数量一般原则,包括：

(1) 在决定样本数量时,首先要考虑所选用的研究方法。6—12个样本单位适用于团体研究,研究的结果不能推论总体情况。25—30个样本单位适用于预测性和实验性研究。

(2) 按人口统计分类抽取样本。如 18—24 岁抽 100 个样本,25—34 岁抽 100 个样本,35—44 岁抽 100 个样本,45—54 岁抽 100 个样本,55—64 岁抽 100 个样本,加起来为 500 个样本,就是总体样本。

(3) 根据时间和经费情况决定样本数量。虽然样本越大越好,但往往因为经费问题而不允许。

(4) 多变量研究比单一变量研究需要更多的样本。多重变量研究样本的数量的原则是：50 太少,100 较少,200 适中,300 较多,500 很多,1 000 最佳。

(5) 抽取的样本要比实际需要样本多一些。在调查过程中,样本损失是正常的事情,很难避免,如不合格样本、中途退出、空号、作弊、损坏等。一般抽取的样本要比设计的样本数多出 10%—30%。

(6) 已做过研究的问题可作参考。如过去研究时抽取的样本数,可以作为参考。

(7) 样本大比小好。不论样本大小,共同目标是使样本能代表总体。如果样本不能代替总体,多少都毫无意义。研究人员在关注样本的数量时,要更多地关注样本的质量。

二、抽样误差

研究者检验从总体中抽取的样本,必然会将样本的结果与总体的实际情况进行比较，通过比较得出误差。在抽样调查中，误差似乎是无法避免的，就是说，研究都有误差。

有各种各样的误差，如抽样误差、测量误差、随机误差。抽样误差亦称标准误差，不同误差相加就是总误差。

抽样误差就是测量样本得到的结果与总体实际不相符合。因此研究者常常要估计抽样误差率，以探讨研究结果与真实情况的差距。只有随机样本才能评估出抽样误差，而非随机抽样是无法估计出抽样误差的，这是因为在研究总体中每一个单位并不拥有相等的几率。

评估抽样误差对研究人员来说是十分重要的，它以中央极限定理的概念为基础。这个定理用简单的形式来说，就是大量随机分布的自变量会近似于常态分布。从理论上说，所有样本都应该包括在常态分布中，这种分布可用常态曲线表示。重复测量产生的抽样误差一般趋向于常态分布，所以常态分布在评估抽样误差时显得更为重要。

评估抽样误差就是测量和断定样本与总体之间的差异。有些误差无法查明，但随机抽样可以透过样本和常态曲线之间的关系确定误差的发生率。

三、抽样加权

在较科学和理想的调查中，研究者应有足够的研究对象，如较多的访问对象，较多的问卷。但在实际研究中，常常事与愿违。在既不能有较多研究对象又不能取消研究时采取的办法就是抽样加权。加权就是当样本总数未能达到需求的比例时，将得到的答案进行加倍（或加权）处理，以补不足。对单一对象的回答可乘以 $1.3, 1.7, 2.0$ 或其他数字以达到事先确定的标准。

第十章

问卷设计与可行性分析

第一节 概 述

问卷调查是当代人文社会科学研究中最常用的资料收集方法。美国社会学家艾尔·巴比称"问卷是社会调查的支柱",我国社会学家风笑天将问卷视为"透视社会的艺术"。作为社会科学中的一门独立学科,现代传播学研究在借鉴了社会学研究的主要方法的基础上,逐步形成了具有传播学研究特点的问卷调查方法。

问卷是在社会研究(包括传播研究)中用来收集资料的一种工具,它的形式是一份精心设计的问题表格:研究人员根据所要调查的内容和问题,编排成一种统一的表格形式,收集所有调查对象的回答,从而获得第一手资料。问卷作为一种普遍使用的测量工具,主要用来测量人们的基本状况、行为和态度。

一、问卷调查的发展

问卷调查的历史最早可以追溯到公元前几千年中国和古埃及以课税和征兵为目的进行的调查。近代问卷调查则开始于1748年进行的全国规模的人口普查。在近代问卷调查发展过程中,法籍比利时学者凯特莱(1796—1874)和英国学者布思(1840—1916)对问卷法做出了重大的贡献。凯特莱是著名的社会统计学家,他把以概率论原理为基础的大量观察法,应用于分析自然现象和社会现象,证明通过大量观察的统计数字,总是表现出统计的大数定律;统计的规律性不仅可以用来描述一定现象的变化,而且可以通过用来预测将来发展的可能性。他提出了"平均人"学说,认为在社会上的平均人,犹如物理的重心一样,是一个平均值,各个社会成员都围绕着它上下摆动。他的代表作是《论人类及其能力之发展》和《社会物理学论》。西方统计学界根据他在建立数理统计学方面的贡献,称他为"近代统计学之父"。布思最初研究职业统计,后来又试图用统计方法说明伦敦的贫困问题。他从1886年开始,采用实地调查的方法,致力于研究英国伦敦的市民生活和社会概况。1903年,他完成了17卷本的《伦敦居民的生活和劳动》。他在调查研究中综合了社会调查的各种方法,如参加观察、访问、问卷调查、统计分组法、图表法、综合指数法等。这种开拓性的实验研究极大地鼓舞了英、美等国的社会改革家和社会调查活动,也使20世纪初中国早期的社会调查受益匪浅。

无产阶级革命的导师马克思也十分重视问卷调查。他在1880年编写的《工人调查表》就是一种调查问卷。该表分为四个方面,包括近百个问题,以全面了解工人的劳动、生活和思想状况。20世纪以来,问卷越来越多地被用于定量研究,与抽样调查相结合,已成为定量研究的重要方式之一。

在现代传播研究中,问卷调查日益成为获得第一手资料的最重要的途径。与数理统计方法相结合的现代调查发轫于1936年美国新闻学博士乔治·盖洛普进行的美国总统选举预测调查。当年,罗斯福与兰登竞选美国总统时,《文摘》杂志发出了模拟选票1 000万张,回收237万张,预测兰登将以57%的得票率当选。同时,盖洛普也调查了3 000人,并根据调查的结果推断,罗斯福将当选为美国总统。结果采用"分层配比"的盖洛普获得了胜利,罗斯福如愿以偿。盖洛普的成功,促进了现代问卷调查的飞速发展,使问卷调查技术不断完善,更加科学,调查结果更加接近客观事实。此后,问卷法在西方国家开始得到广泛的运用,成为现代社会调查的一种十分重要的方法。

20世纪80年代以来,我国的社会科学研究空前繁荣,研究者们在研究中越来越普遍地使用问卷调查法进行调查,调查所涉及的范围也越来越广泛。我国在大众传播媒介中的调查始于20世纪80年代初的受众调查。自1987年以来,中央电视台总编室组织部分省、市电视台每隔5年举行一次全国电视观众抽样调查,至今已经举行了三次。除电视外,报纸、杂志、广播和互联网等也是众多媒体研究者调查研究的对象。近年来,国内学者主持的大型传播学调查主要有:中国人民大学舆论研究所组织的社会调查,兰州大学西北文化研究中心组织的传播与西北人的文化观念变革研究;柯惠新等参加组织的《亚运会广播电视宣传效果调查》;中国互联网络信息中心从1998年开始每年1月、7月在网上组织网民调查。复旦大学新闻学院张国良教授、丁未博士组织的系列传播效果研究等,这些研究在国内有一定的影响。因此,掌握问卷调查方法,熟悉问卷调查技术,对于了解社会民意,提高传播效率,更好地实现传播预期效果,有着十分重要的作用。

二、问卷调查的特点

在大众传播媒介的研究中,问卷是收集资料的一种工具、途径。与其他社会科学中的问卷一样,它的形式是一份预先经过科学研究,反复论证后的问题表格,主要用于测量受众的特征、行为和态度。同其他研究方法相比,问卷调查有许多独特的优点,也有许多不足之处。只有充分了解问卷调查的这些特点,才能根据实际的情况,有效地运用问卷调查更好地实现研究目的,论证自己的研究假设。

1. 问卷调查的优点

问卷调查节省时间、精力和人力,这是问卷调查的主要优点,也是许多社会调查研究工作者采用这种方法收集资料的主要原因之一。问卷法可以在同一时间、不同地区将大量的问卷发放到不同的被调查对象手中,因此具有较高的效率,可以节省大量的时间。另外,在进行问卷调查的时候,可以不受地理环境的限制,即使被调查的对象远在千里之外,调查者也可以通过邮寄或通讯网络顺利实现调查。由于它既不需要雇用大量的调查员,又不需要派遣调查人员分赴各地进行调查,节省了大量的人力、时间和经费。

问卷调查便于横向和纵向研究,资料收集速度快。因为这种调查方式的工具是一份统一的问卷,问卷的格式、问题、数量对所有的调查对象而言,都是完全一致的。在同一时间,将大量的问卷发放到不同地区的受众手中,然后在规定的时间内尽量回收所有的问卷,对回收上来的问卷进行分析研究。这样就可以对各类被调查对象进行描述比较分析,从而得出某一时期,大众的总体特征和普遍认识以及存在的各种问题,速度要比访问法快得多;将同一问卷,在不同时期发给特定的被调查对象,对不同时期收集的问卷进行对比研究,就可以得出不同时代人们的心理、行为的变化规律。

问卷调查客观性强，可以避免资料收集的主观随意性，调查结果便于定量处理和分析。问卷调查是一个系统化的过程，调查研究者按照一系列的研究计划分阶段进行，能够保证价值中立。首先，研究课题的确定是通过对大量社会现象的观察，结合相关的文献资料，而不是闭门造车或拍脑袋的随心所欲。其次，根据一定的指标体系，将课题具体化，将抽象的概念操作化，转化为具体的可以测量的指标，也就是标准化的过程。例如，测量上海市民的大众媒体参与情况，很难直接测量，所以需要首先将这个抽象的概念转化为具体的可以测量的指标。现阶段大众媒体主要指的是报纸、杂志、广播、电视、电影、网络，可通过测量大众每天或每月收看、收听、收视或上网的时间，就可以推算出市民对大众媒体的参与度。操作化是指将命题和概念转换成可以依据的一定的效度和信度进行经验观察的假设和指标的过程，也就是由抽象假设（概念）到具体假设（指标）的过程。再次，在问卷的发放以及回收过程中，即资料收集的阶段，可以派调查员访问，但在访问调查中，由于访问员的文化层次不同，社会经历不同，提问的方式和所用的语言也不尽相同，极易造成访问对象在问题理解方面的误差。而在问卷调查法中，对任何调查对象而言，同一次调查中问卷的题目内容、题目顺序、题目数量、答案的类型和填答的指导等都是完全一样的，具有高度的统一性。因此，就可以避免人为原因造成的各种误差。最后，在资料统计和报告撰写阶段，将所得到的资料用于计算机处理和定量分析。这样就可以避免研究人员在分析资料时的主观倾向，从而保证分析结果的客观性。在客观数据结果的基础上，研究者在撰写研究报告的时候，就可以做到有据可依，实事求是。

问卷调查有很好的匿名性，便于收集敏感性资料。问卷调查是从大群体中收集数据的一种高效率的方法。与个案调查不同，它关注的不是某一个人的生存状态，而是社会成员对某一问题的态度、意见、思想或是围绕某个议题或事件的行为模式。因此，在问卷调查中，一般不要求被调查对象在问卷上署名。如报刊式问卷、邮寄式问卷、电话式问卷以及网络式问卷，调查者与被调查对象根本就不直接见面，避免了面对面人际沟通的干扰。面对不需署名的调查问卷，被调查对象对调查结果就不会有太多的顾忌，产生责任分散的心理，能畅所欲言，回答一些较为敏感的问题。调查者就可以获得较为真实详尽的资料，实现调查目的，论证研究假设。

2. 问卷调查的弱点

受主客观条件的限制多。在主观方面,问卷调查要求回答者有一定的文化水平。因为填写问卷的人必须能够看懂问卷,有一定的阅读能力,能够看懂问题的含义。因此被调查对象与调查者必须掌握同一种书面语言。另外,要求被调查对象必须对研究主题有基本的认识。例如,如果跟没有任何计算机知识的人调查有关互联网的知识,将很难获得有效的信息资料。因此对文化层次较低的群体,就不宜使用问卷方法。在客观方面,问卷法所受的限制较多。电话调查要求被调查对象必须有电话,网络调查要求调查对象必须上网。然而现实生活中并不是所有的人都能做到这一点。因此,问卷的使用范围常常受到限制。

获得的信息有限。问卷法的工具是一份事先制作好的问卷,调查的项目是固定的,在封闭问卷中连答案也是事先设计好的,没有任何的弹性可言,这就很难适应复杂多变的实际情况。另外问卷一般不会太长。一般说来,问卷越短越好,越长越不利于调查。根据大多数社会研究人员的实践经验,如无特殊原因,一份问卷中所包含的问题数目应限制在被调查对象 20 分钟以内能顺利完成为宜,最好不要超过 30 分钟。因为问卷过长,很容易引起回答者心理上的压迫感,产生不愉快的体验,影响填答的真实性。由于篇幅所限,问卷调查的范围虽然较为宽泛,可以防止主观片面性,正确地把握全局和一般情况,却广而不深,不能反映个别情况,很难获得深入、详细的信息,无法了解事件发展或态度形成的具体过程。

回收率和资料质量难以保证。在访问调查中,由于访问员在现场与调查对象面对面地收集资料,访问对象大多能顺利回答提出的问题。但是在问卷调查中,回收率却很难保证。这是因为一份问卷能否完成并收回,并不取决于调查者,而主要在于被调查对象。由于无访问员在场,所以回答者既可以同别人商量着填写,也可以同其他人共同完成,还可以交给别人代填,而所有这些调查者都无法知道。另外,当被调查对象对问卷中的某些问题不清楚的时候,无法向调查者询问,容易产生误答或错答,甚至有可能产生大量漏答的情况。如果被调查对象对调查项目不感兴趣,加之责任心又不强,不愿意积极合作的话,就很容易发生不答或不回交问卷的情况,这样问卷的回收率和资料的质量往往很难保证。这是问卷法的最主要问题。

第二节 问卷的类型

按照不同的方法,问卷调查可以分为不同的类型。下面分别按问卷填答方式、发放方式和问卷结构三种分类方法,对问卷进行分类。

一、按问卷填答方式分类

传播研究中使用的问卷,依据其填答方式的区别,可分为两种主要类型:即自填式问卷和访问式问卷。所谓自填式问卷,是由被调查对象本人填写的问卷;而访问式问卷则是由访问员对被调查对象进行访问,由访问员填写的问卷。这两种问卷既有联系又有区别。作为问卷,他们有共同的形式,即主要由问题与答案组成,都是一份精心设计的问题表格。但由于其填答方式不同,也有许多不同之处。

自填式问卷主要由被调查对象自己填答,匿名性好,可以说在较大程度上能够真实反映被调查对象的基本状况、态度与行为,但要受到被调查对象本人文化程度、情绪等主观因素的限制,因此问卷在语言组织方面,就要尽量避免使用专用术语,防止出现看不懂的情况,问卷的设计比访问式问卷简单一些,另外,回收率也很难保证,比访问式问卷的回收率要差;而访问式问卷由访问员向被调查对象提出问题,填写问卷,这样,问卷可以在当场就由访问员带回,所以问卷的回收率较自填式问卷要高。但同时,正是由于访问员的存在,问卷的匿名性受到了威胁,使一些敏感性的问题难以启齿。因此,访问问卷在实施的过程中,除了考虑访问员的素质外,被调查对象与访问员的互动是影响问卷的真实性和有效性的重要因素。

二、按问卷的发放方式分类

按问卷的方法方式不同,可分为发放式问卷、访问式问卷、邮寄式问卷、报刊式问卷、电话式问卷、网络式问卷等6种调查方法。

发放式问卷。即由调查员将问卷直接发送到被调查对象手中,由被调查对象个别或集中填答,最后由调查员逐一收回。发放式问卷的最大优点是回收率高,回收速度快。但由于发放式问卷需要大量的发放回收员,所以它的费用较报刊式、邮寄式、电话式、网络式要高。

访问式问卷。即由调查员按照统一设计的问卷向被调查者当面提出问题,然后再由调查员根据被调查者的口头回答来填写问卷。调查员在访问过程中,按照问卷中顺序逐一提出问题,不能打乱问卷中题目的顺序,也不能暗示、提示被调查对象回答问题,当被调查对象对所提出的问题不理解的时候,调查员可以解释题意。访问式问卷有利于控制访问过程,利用访问法中的各种技巧,结合了访问法中的许多优点,从而提高了问卷的回收率和资料的质量。但访问式问卷是对点发放方式,需要大量的调查员,所以比较费时、费力、费钱。由于访问式问卷的匿名性差,所以在调查涉及政治敏感问题或个人隐私问题时的效果较差。

邮寄式问卷。通过邮局寄给被调查对象,被调查对象填答完后又通过邮局寄回。为了提高问卷回收率,在邮寄问卷的信中应该同时附寄信封,在信封的封面上写好调查者的地址并贴足邮票。采用邮寄式的方法发放问卷的主要优点是省时、省力、省钱,且调查范围较广;缺点是需要被调查对象的地址与姓名,回收率难以保证等。有一些邮寄问卷的回收率还不足15％。

报刊式问卷。即在报纸杂志上刊登问卷,请刊物的读者填答,然后在规定的时间内将问卷邮寄回报纸杂志的编辑部。报刊式问卷的主要优点是节省时间、费用。但报刊式问卷只能以读者为被调查对象,因此被调查对象的代表性非常差,非读者的情况无法测量。同时,尽管调查者在使用报刊作为载体发放问卷的时候,利用抽奖的方法刺激读者,但它的回收率仍然较低。

电话式问卷。即由调查者通过电话向被调查对象提出问题,并将被调查对象的选择答案填写在问卷上。这种问卷的主要优点是非常迅速,费用很低,回收率高,并且被调查对象不受文化水平的制约。但同报刊式问卷一样,由于它用电话作为发放问卷的渠道,所以它的调查对象在无形之中就限制在电话用户上。在采用这种调查方式时,要注意充分考虑被调查对象的范围,防止出现以偏概全的问题。电话式问卷在电话普及较高的欧美地区比较普遍,在我国的香港地区的电话式问卷也是比较常见的一种调查方式。但是在我国广大的内地,电话式问卷还是用得比较少的一种方式。

网络式问卷。是一种新出现的形式,它是随着计算机技术的发展而日益完善的。据统计,截至 2002 年底,我国网民已达 5 900 多万人,这为网络问卷的发展提供了丰富的土壤。网络式问卷的突出特点是方便、快捷、匿名性好。但它的被调查对象范围非常不固定,受文化水平和经济收入的限制较大,难以控制、把握。在中国,尽管上网用户数量很多,但由于中国人口基数很大,网民占全国总人口的比例还很小,所以调查对象的范围相对于前几种方法要小得多,而且回收率也很难保证。

上述 6 种问卷各有优点和不足,因此在选择的时候,不仅要考虑经费、时间和调查人员数量方面的情况,还要注意被调查对象自身的特点。只有这样,才能做到有的放矢。

三、按问卷的结构分类

根据问卷中问题的主要类型,一般将问卷分为结构式问卷和无结构式问卷。结构式问卷是指调查者在设计问卷的时候,将所有可能的答案全部列在问题的下面,请被调查对象在这些给定的答案中选择。

1. 封闭式问卷

因为问卷中所有的问题,调查者都事先设计好了答案,所以被调查对象没有自由发挥的余地,故称之为封闭式问卷。例如,在上海市大众传媒舆论监督的调查问卷中,对个人基本情况的调查采用的全部是封闭式的问题。例如:

1. 您的性别　　　　[1] 男　　　　[2] 女
2. 您的年龄　　　　[1] 16—20 岁　[2] 21—30 岁　[3] 31—40 岁
　　　　　　　　　[4] 41—50 岁　[5] 51—60 岁　[6] 61 岁以上
3. 您的婚姻状况　　[1] 已婚　　　[2] 未婚　　　[3] 丧偶
　　　　　　　　　[4] 离异
4. 您的文化程度　　[1] 不识字　　　　　　　　[2] 小学
　　　　　　　　　[3] 初中　　　　　　　　　[4] 高中、中技、中专
　　　　　　　　　[5] 大专、专科　　　　　　[6] 大学本科以上
5. 您的政治面貌　　[1] 中共党员　　　　　　　[2] 民主党派人士
　　　　　　　　　[3] 共青团员　　　　　　　[4] 无党派人士

6. 您的职业

[1] 党政企事业单位领导干部

[2] 银行、工商、税务、保险、金融从业人员

[3] 行政机关一般工作人员

[4] 文艺、影视、娱乐、体育业人员

[5] 外资、合资企业人员　　　　　[6] 邮电通讯业专业技术人员

[7] 商业贸易、服务业人员　　　　[8] 军人、公检法人员

[9] 工程技术人员　　　　　　　　[10] 个体经营者

[11] 医护人员　　　　　　　　　　[12] 新闻媒体人员

[13] 教师　　　　[14] 学生　　　[15] 农民　　　[16] 工人

[17] 其他

封闭式问卷的优点主要有以下两点：

（1）便于统计分析，做定量化处理。在封闭式问卷中，每个回答者所面临的都是完全相同的措词，而且答案的顺序也都是固定不变的，这样就比较容易对收集到的资料进行对比。在资料录入到计算机里的时候，只需要将答案的序号输入，然后做相应的处理就可以。例如，下面就是将前面6个问题收集到的部分资料录入到SPSS（社会科学统计软件包）中，创建的数据文件格式。

个案编码	性别	年龄	婚姻	学历	政治面貌	职业
101.00	1.00	3.00	1.00	5.00	4.00	6.00
102.00	2.00	2.00	2.00	5.00	4.00	5.00
103.00	2.00	4.00	1.00	4.00	1.00	7.00
104.00	1.00	1.00	2.00	4.00	3.00	14.0
105.00	1.00	4.00	1.00	3.00	4.00	17.0

这个数据库的所有变量均为数字型变量，每一个数字都被赋予了特定的含义。例如在"性别"一项中，"1"代表的是选项"男"，"2"代表的是选项"女"。通过对1、2两个数字的统计汇总，就可以非常轻松地得到该次被调查人口性别构成。

（2）便于被调查对象填写，匿名性好。因为问题和答案都是预先设计好的，所以调查对象只需要从备选的答案中选择就可以，而不必费心思去组织语言。而且对于一些敏感问题，封闭式问卷也比较容易回答。如在干部考核中，如果是一份封闭式问卷，人们只需要在答案上勾

勾挑挑,而不会留下个人的笔迹,这样就可以打消被调查对象的顾虑,从而收集到较为真实的信息。

封闭式问卷的缺点主要是给定的答案很可能限制被调查对象的思路,将被调查对象对问题的看法局限在给定的答案中,无法反映出被调查对象的真实想法。另外,封闭式问卷使调查的深度和广度都受到了限制。调查者对某些问题的考虑可能是不完全的,这样在调查中就会漏掉一些有价值的信息,使收集到的信息不完全。更严重的问题是,当一些被调查对象找不到自己认为合适的答案时,会拒绝选择或不负责任地胡乱选择。

2. 开放式问卷

开放式问卷与封闭式问卷的形式恰恰相反。开放式问卷是指调查者只给出问题,在问题的下部留出适当的空白处让被调查对象自由填写。

例如:

7. 如果电视台的记者采访您,请您谈谈对上海电视台的看法,您会畅所欲言吗,为什么?

8. 您对上海各个电视台在舆论监督方面还有什么意见和建议,请写在下面。

与封闭式问卷相比,开放式问卷的突出优点集思广益,收集的资料丰富。它比较适用于探索阶段的问卷调查:这一时期问卷设计者对某些问题可能不太熟悉,很难设想调查的结果会是什么,也很难事先设计好固定的答案。对于这类问题,如果事先设计好固定的答案,就有可能有许多有价值的信息无法搜集到。

但是,开放式问卷也有很多缺点,例如:

(1) 资料发散,标准化程度较低,难于做定量分析。被调查对象在个人经历、社会经验、语言表述等方面存在很大的差异,因此一道问题可能会出现多种答案,而同一答案也可能出现多种表述,这给后期资料整理工作带来很大困难。

(2) 文化层次要求较高,限制被调查对象的范围。与封闭式问题相比,开放式问题要求被调查对象有较高的文化素养,较强的文字表达能力,而且要花费较长的时间填答。这样,可能会使某些被调查对象产生畏难或厌烦心理,拒绝回答,降低了问卷的有效性和回收率。

因此,设计开放式问卷的时候,要从小问题着手,言之有物,切忌太空洞,使应答者无所适从,不知从何处答起。

3. 半开放式(半封闭式)问卷

开放式问卷主要用于研究的探索阶段,或是对某种专题研究深入调查;而结构式问卷适合于对某课题的大规模实地调查。现代传播调查广泛使用的是半开放式问卷,这种问卷中既有封闭式问题,也有一些半开放式的问题。

半开放式问题有助于保证答案选项的穷尽性,使该问题对所有的调查对象都适用。下面就是一道半开放式的问题。

您上网是为了——
1. 工作需要　　　　　　　2. 消磨时间、娱乐
3. 学习需要　　　　　　　4. 获得免费资源
5. 节省通讯费用　　　　　6. 对外联系方便
7. 上网比较新鲜,尝试一下　8. 发表自己的看法,与他人讨论
9. 炒股需要　　　　　　　10. 其他(请注明)

一般情况下,半开放式问卷的前半部分以封闭式问题、半开放式问题为主,开放式问题常常放在问卷的最后,主要是用于征询被调查对象对某件事的看法或一些意见、建议等。这种问卷在一定程度上可以弥补上述两种问卷的缺点,既易于后期的统计分析又可以使被调查对象的想法充分地表达出来。

第三节　问卷的结构

一般来说,一份标准的问卷包括封面信、指导语、问题及答案、编码及其他资料等四部分。

一、封面信

封面信是一封致被调查对象的短信,是调查者对被调查对象的自我陈述,即说明问卷调查的合理性。其主要内容是向被调查对象介绍

说明调查者的身份、调查内容、调查目的、被调查对象的选取方法和调查结果的保密措施等,以取得被调查对象的合作,篇幅一般为二三百字。在问卷调查中,封面信具有相当重要的作用,很大程度上影响了问卷调查的质量。调查的一切情况都要依靠封面信来说明与解释。

首先,说明调查者的身份,既可以是单位,也可以是个人;既可以在信的开头说,也可以在信的落款上注明。调查者的身份可以使被调查对象确信研究的合法性和价值。但要注意的是应注明调查者的具体身份,而不能像"某课题组……"等较模糊的落款,这样会增加被调查对象的不信任感、疑惑和戒备心理。所以为了保证调查能够顺利进行,获得真实可信的资料,调查者的身份越具体越好。

其次,说明调查的主要目的,即调查所要达到的主要目标。应尽可能说明调查对社会以及对人民群众的实际意义,不能空谈"为了科学研究……"诸如此类的话,而应结合调查内容加以详细说明。

第三,说明调查的大致内容。一项问卷调查的内容很多,不必一一列举,通常只需要用一两句话概括地、笼统地指出其内容的大致范围即可。需要注意的是,对调查内容的介绍必须与问卷反映的问题一致,否则就可能会使被调查对象产生受骗的感觉,从而影响问卷调查的顺利进行。

最后,说明被调查对象的选取方法和调查结果的保密措施。对于问卷调查,被调查对象或多或少总有戒心,通过对这两个问题的陈述,可以有效地消除被调查对象的戒备心理。

在信的结尾处,一定要真诚地感谢被调查对象的合作与协助。以下是封面信的示例。

1999 年上海市大众传播媒体舆论监督调查问卷

亲爱的朋友:

您好!

受上海市有关部门的委托,我们要调查上海市民对大众传媒舆论监督的反应,以测度舆论导向的现状和问题,论证监督导向的科学性和社会影响,从而为大众传播媒体进一步开展舆论监督提供参考意见。

按照随机抽样原则,您被选为受访者。我们衷心希望您能给予协助,回答问卷内的问题。对于您的回答,我们将根据《中华人民共和国统计法》第三章第四款之规定予以保密,仅用于科学研究的统计分析。

谢谢您的支持与合作！

上海大学影视艺术技术学院
上海大学传媒研究中心

二、问卷填答指南

问卷填答指南是用来指导被调查对象填答问卷，或用来指导访问员如何正确进行访谈的各种解释与说明，其作用类似于产品的使用说明。填答指南具体又可分为卷首说明与具体问题填答说明。卷首说明是对整个问卷填答的要求，具体问题填答说明则针对某特定问题的特别指示，形式如下：

填 表 说 明

（1）请在每一个问题后的答案中选择适合自己实际情况的选项，如果您是男同志，请在性别栏"1. 男或　2. 女"中选择"1"选项。

（2）若无特别说明，每一个问题只能选择一个答案。

（3）填写问卷时，请不要受别人影响，独立地填写或独立回答访问员提问。

问卷的填答指南应简单易懂，从而使被调查对象更好地理解问题的意义，从而真实有效地填写问卷，在最大程度上避免由于被调查对象读解问题而发生的错误。

对于一些较为特殊的问题，其填答的具体要求往往附在具体问题的后面，如：

您对报纸中的哪些内容比较感兴趣（限选 2 项，将选项序号填在括号里）：

[1] 政治类　　　[2] 经济类　　　[3] 文化类　　　[4] 体育类
[5] 社会生活类　[6] 法律类　　　[7] 娱乐类　　　[8] 教育类
[9] 国际时事类　[10] 其他_____

　　　　　　　　　　　　　1（　　）　　　　2（　　）

三、问题与答案

问题与答案是问卷的主体，是资料收集的主要内容，也是调查所要涉及的主要内容。它是对被调查对象的主客观事实进行量度的操作性工具，下面对问题与答案的形式与设计原则进行探讨。

1. 问题的形式

（1）填空式。一般是在问题的最后划一横线，由被调查对象直接填写。例如：

您的年龄是_____周岁

您主要看哪几种报纸（最多填三种）：1_____ 2_____ 3_____

填空式问题一般比较简单，通常只需填写数字。

（2）是否式。即问题的答案只有"是"和"否"两个答案，回答者只需根据实际情况选择其一。例如：

您家订阅报纸吗？　　　　　　1. 是　　　　2. 否
您经常收听广播吗？　　　　　1. 是　　　　2. 否
您经常上网（国际互联网）吗？　1. 是　　　　2. 否

（3）多项选择式。即给出的答案选项在两个以上，回答者根据实际选择一个或多个，这是各种调查问卷中运用最多的一种问题形式。例如：

请问您平时收看下列哪些类型的电视节目（限选四项，将选项序号填在括号里）：

[1] 新闻类（如《新闻联播》）
[2] 经济类（如《今日财经》）
[3] 深度报道类（如《焦点访谈》）
[4] 法制类（如《案件聚焦》）
[5] 体育类（如《体育大看台》）
[6] 游戏类（如《智力大冲浪》）
[7] 服务类（如《房屋买卖》）
[8] 文艺类（如《越洋音乐杂志》）
[9] 电影和电视剧
[10] 专题片（如《纪录片编辑室》）
[11] 教育类（如《英语：走遍美国》）
[12] 少儿类（如动画片）
[13] 综艺类（如《正大综艺》）

[14] 广告(如《电视直销》)
[15] 谈话类(如《有话大家说》)
[16] 其他(请注明)

2. 答案的设计

由于当代传播研究中,包括量表在内,问卷主要都是由封闭式问题组成,因此答案的设计至关重要,直接关系到调查研究的成功与否。关于答案的设计,除了要与所提问题一致外,还应注意答案的穷尽性与互斥性原则。

所谓答案的穷尽性,指的是现有答案中包括了所有可能的情况。例如:

您的性别是:(1)男　　　　　　(2)女

因为对于每一个被调查对象来说,问题的答案中总有一个是符合他的情况,即回答者总有答案可选。如果某个答案无法在答案中发现适合他的选项,那么这一问题的答案就是不穷尽的。在上述例子中,就一般的认识而言,人们的性别状况基本是男女两种,因此答案只有两个。

但也有一些问题调查者可能并不非常熟悉或者答案非常分散,这时为了保证答案的穷尽性,通常在答案选项的最后加上一项"其他",从而包含了所有可能的情况。

所谓答案的互斥性,指的是答案之间不交叉重叠或互相包含,即对于某被调查对象,某个问题的答案只有一个适合他,如果有两个或多个答案适合他,就说明这一问题的答案是不互斥的。比如下面就是答案不互斥的一个典型例子:

您主要是通过什么渠道了解国内外的重大事件的:
(1)电视　　(2)电影　　(3)广播　　(4)报纸
(5)杂志　　(6)互联网　(7)大众传媒　(8)参加社团活动
(9)与家人、朋友聊天　　(10)其他(请注明)

因为答案中选项(7)"大众传媒"包括了电视、电影、广播、报纸、杂志、互联网,所以使被调查者在回答该问题的时候就会举棋不定,影响问卷的顺利填答。

3. 相倚问题

在问卷中,经常遇到这种情况,有些问题只适用于调查样本中的一部分人。而且某个被调查对象是否应该回答这个问题,常常要根据他对前面某个问题的回答结果所定。这样的问题,我们称之为相倚问题,而前面的那个问题则称为过滤问题或筛选问题。一个回答者是否应该回答这个问题要根据他对过滤问题(筛选问题)的回答情况来决定。例如对于过滤问题"你家自费订报纸吗"有两种可能的回答,"有"和"没有";而相倚问题"你家自费订的报纸有几种"只适合前面问题选择"是"的那部分调查对象回答。

相倚问题的格式如下所示:

您家现在自费订报纸了吗:
[1] 订了   [2] 没订,但常买   [3] 没订
_____。

您订了_____份,分别是_____

相倚问题一定要具有显著的标志,以与一般问题区分。如上例中,以方框将其与过滤问题分开,还要用箭头指示特定一部分回答者(回答"是"的样本)应回答的问题,表明只有回答"是"的人才能回答相倚问题,而回答"否"的其他调查对象可以跳过相倚问题,继续回答其他问题。有时也可以使用下列格式:

你收听广播吗?
(1) 否
(2) 是_____请跳过问题 4 到问题 8
              直接从问题 9 答起

这里的问题 4 到问题 8 都是询问有关非广播听众的情况,对于广播听众来说,显然无意义,故设置跳答指示,指导他们从问题 9 开始回答。

4. 问题的数量与顺序

对于一项调查研究来说,调查问卷的容量即问题数量的多少,应视研究内容、样本的情况、分析方法、调查经费及其他因素而定。一般来说,问题不宜太多,可视研究内容的多少设计 30—50 个问题,被调查对象答题时间不超过半小时。如果经费较多,可以在调查的同时付给被调查对象一些报酬或赠送一份小礼物,这样问题就可以多一点,否则,

就不应该随便增加问题。如果被调查对象对于调查内容较感兴趣,可以适当增加问题,反之,问题则越少越好。问题的数量要不致使被调查者感到厌烦。

问卷中问题的排列顺序也非常重要,它既影响问题的测量效果,又影响调查能否顺利进行,在问卷设计中也是应该注意的关键问题之一。问卷中题目的顺序要考虑问题之间逻辑关系,要考虑从易到难,从一般到具体。一般来说,问题的排列应按照询问的内容加以排列,同样内容的问题放在一起。一般的顺序依次为:个人基本情况,行为问题,态度问题。行为方面的问题,可以放在前面,而态度、意见、看法方面的问题可以放在行为问题之后。因为前者较为客观,容易回答,而后者则较为抽象或涉及敏感问题,往往需要认真思考,放在后面不致影响前面问题的回答。对于每一部分的内部的具体顺序而言,一般是先问简单问题,再问复杂问题;先问回答者感兴趣的问题,再问枯燥的或敏感问题;先问回答者熟悉的问题,再问回答者感到生疏的问题。这样就使回答者即使在后面遇到难以回答的问题时,也能够顺利回答前面的绝大多数问题,从而保证问卷填答的有效性。

另外对于某些特殊问题也有其适合的一般顺序,如一般把开放式问题放在最后。因为,开放式问题需要回答者认真思考,组织语句加以表达,应该是比较难的问题,放在最后则不会影响回答者对于前面问题的回答。

问卷问题的数量与顺序在问卷设计之初就应该基本确定,然后通过对于问卷初稿的检验(试调查与请教专家)不断加以调整,才能获得适宜的问题数量和适当的顺序。

在此,要特别提一下问卷中态度量表的设计。量表是对于所要调查资料进行数量化的一种工具或手段。广义的量表包括主观态度量表和客观事实量表。主观态度量表主要用来测量人们的态度、看法、意见、性格等主观性较强的内容。与普通的社会研究相比,传播研究更侧重于受众的主观感受、态度与看法,可以说,态度量表是一种特殊的问题。量表主要分为瑟斯顿量表、李凯尔特量表、博格达斯社会距离量表和奥斯古德语义差异量表等。

在传播研究中运用最为广泛的是李凯尔特量表。在形式上,量表表现为一组对某事物态度与看法的陈述语句,回答者对于这些陈述的态度划分为:"非常同意、同意、不知道、不同意、非常不同意"五类。通过被调查对象对每一陈述语句的判断来测量其态度。一般来说,问卷中应至少包括一个态度量表,用来测量被调查对象的主观态度。量表的容量应包括10—15个陈述语句,语句以第一人称"我"表述。语句的态度倾向包括正负两种向度,正向度与负向度的语句数量上要大体相当,语句以随机的方式进行排列。以下是一个李凯尔特量表的实例。

对于下列语句,你的态度是:

请问您是否同意以下说法:

	非常同意	同意	很难说	不太同意	很不同意
书到用时方恨少	5	4	3	2	1
我每天都很忙,所以没有什么时间看书	1	2	3	4	5
我的专业课很多,很少有时间看自己感兴趣的书	1	2	3	4	5
任课老师推荐的书我都会尽量找来看一看	5	4	3	2	1
读书很枯燥,没有什么意思	1	2	3	4	5
组织读书小组是浪费大家的时间	1	2	3	4	5
我只会选择我感兴趣的书来读	5	4	3	2	1
书太贵了,没有多余的钱买书,所以我很少看书	1	2	3	4	5
对我来说,实践(操作能力)第一,理论第二	5	4	3	2	1
养成良好的读书习惯对一个人的成才是至关重要的	5	4	3	2	1
读的专业书越多,一个人的专业水平就越高	1	2	3	4	5
看专业书籍是必要的,但是博览群书才是最重要的	5	4	3	2	1
现在市场上卖的书是金玉其外,败絮其内	5	4	3	2	1
我学的是影视专业,所以我只关心影视方面的东西	1	2	3	4	5
读的书再多,也不如毕业时有过硬的社会关系有用	1	2	3	4	5

每一个回答者在这一量表上的15个得分加起来,就构成了他对"读书"的基本态度。按照上述赋值方式计算其总得分,就可以将回答者的态度定量化。在本例中,调查对象在该量表上的得分越高,表明他

的态度越积极①。

四、编码及其他资料

除了上述内容以外,问卷还包括一些相关资料,如问卷的名称、问卷发放回收时间、调查员、审核员、调查对象的地址、计算机编码等。如下所示:

<pre>
        上海市大众舆论监督调查问卷   问卷编号
访问日期：   年   月   日
访问地点：   上海市   区   居民区(行政村)
访问开始时间：   时   分
结束时间：   时   分
访问员：
审核员：
</pre>

需要着重指出的是,在大规模的传播调查中,研究者通常使用以封闭式问题为主的问卷,为了将调查对象的回答转化为数字,以便于输入计算机进行处理与定量分析往往需要对回答结果进行编码。在问卷设计时同时设计好的编码为预编码,在问卷回收后进行的编码称为后编码,两种编码的原则基本相同。

如下所示:

(1) 性别：   1. 男   2. 女

1—

(2) 年龄：   周岁

2—3—

(3) 文化程度：
1. 不识字   2. 小学   3. 初中
4. 高中、中技、中专   5. 大专   6. 大学本科及以上

4—

如问题(1),答案必为男或女,只有一个编码;问题(2),年龄一般为

---

① 戴元光:《大众传播学的定量研究方法》,上海交通大学出版社2000年版。

1—100 之间的数字,故设置两个编码,问题(3)与问题(1)类似。

五、参考问卷

这里提供的参考问卷是关于老人社会需求的调查问卷(Allen Rubin and Earl Babbie),原发表于《社会工作研究方法》(*Research Methods for Social Work*)。

受访者的基本资料

姓名:

地址:

编号:

电话号码:

社会安全号码:

出生年月日:

婚姻状况:□单身　□已婚　□离婚　□分居　□鳏寡

访员姓名:

访问日期:

老人需求调查

受访者姓名:＿＿＿＿＿＿＿＿＿＿

受访者地址:＿＿＿＿＿＿＿＿＿＿

访员姓名:＿＿＿＿＿＿＿＿＿＿

	访　问　次　数				
	1	2	3	4	5
日期					
开始时间					
结束时间					
花费时间					
结果*					
约定的日期和时间					

*1. 全部访问完成
2. 部分访问完成,另外再约时间
3. 另约时间再去访问
4. 拒绝
5. 没人在家
6. 适合受访者不在家
7. 其他(请说明)

督导员：_____ 日期：_____
编辑者：_____ 日期：_____
编码者：_____ 日期：_____
键入电脑者：_____ 日期：_____

一、对家庭和社区环境的满意度

1. 访问一开始,我们想了解你的生活安排。首先,你是一个人独居,还是跟家人一起居住?
   ① □一个人独居
   ② □跟家人一起居住

   > 1a 你跟谁一起居住
   >   ① □配偶
   >   ② □子女,几人_____
   >   ③ □孙子女,几人_____
   >   ④ □其他亲戚,几人_____
   >   ⑤ □没有关系的其他人,几人_____
   > 1b 总共是多少人？_____

2. 你现在居住的房子是自己的还是租的？
   ① □自己的
   ② □租的

   > 2a 所有权都属于自己、还是贷款的、或有其他原因？
   >   ① □所有权都属于自己
   >   ② □贷款的
   >   ③ □其他(请说明)_____

3. 请问你在这里居住多久了? _____
（请填入开始居住的年代）

4. 如果你有机会重新选择,你仍会选择独自一人居住,还是跟其他人共同居住?

① □独自一人居住　② □与其他人共同居住

5. 你的屋子里有几个房间,除了浴室、客厅、起居间以外。

6. 你有私人的浴室吗,还是必须与别人共用?（配偶除外）

① □私人浴室　② □共用浴室

7. 你有私人的电话吗?

① □有　② □没有

8. 你有热水和冷水吗?

① □冷热水都有　② □只有冷水　③ □冷热水都没有

9. 家里有温度调节吗?

① □经常都很舒服　② □经常都很不舒服　③ □一半一半

10. 白天时,有没有足够的窗户,让屋子保持适度的光线。

① □有　② □没有

11. 每一个房间有没有足够的照明设备,只有某一个房间有,还是每个房间都有?

① □每一个房间都有足够的光线

② □只有某几个房间有足够的光线

③ □任何房间都没有足够的光线

④ □根本没有电器照明设备

12. 一般而言,对自己现在所住环境的评价如何？包括屋顶、地板、窗户等,你的描述是什么?

① □非常好　② □好　③ □还可以　④ 不好

13. 你认为你的房子大小如何?

① □很大　② □很小　③ □正好

14. 你认为现在居住的房子有没有满足舒适、方便、安全的需求?

① □非常好　② □好　③ □不太好　④ □非常不好

15. 对于维护、修理、一般家事,你觉得如何?

① □非常困难　② □有点困难　③ □没有问题

16. 当你想独处时,有没有适合的房间?

① □有　② □没有

17. 周围环境有没有噪音干扰你？（如果有,是经常还是有时候？）
① □没有　② □有时候　③ □经常

18. 下列事项,对你而言,有没有困难？

	有问题	有点问题	没有问题
① 有没有一些有害的小动物,如老鼠。	□	□	□
② 昆虫	□	□	□
③ 不收垃圾	□	□	□
④ 商店或餐厅太拥挤	□	□	□
⑤ 空气污染	□	□	□

19. 总括而言,你会继续住在这里,还是想搬家？
① □绝对会留在这里　② □可能会留在这里
③ □可能会搬家　④ □绝对会搬家　⑤ □不知道

20. 自从你搬来这里住,与邻居关系变得比较好,还是比较差？
① □比较好　② □差不多　③ □比较差

21. 你跟邻居有互动吗？
① □互动很频繁　② □有点互动　③ □没有感觉
④ □不喜欢,想搬家

22. 你的环境适合老人居住吗？
① □是个好地方　② □普通
③ □不是个好地方

23. 一般而言,从你居住的地方到下列地方,方便吗？（如果不去下列地方,就在"没有去"处打√）

	方便	不方便	没有去
① 朋友	□	□	□
② 亲戚	□	□	□
③ 教堂	□	□	□
④ 商店	□	□	□
⑤ 医疗处	□	□	□
⑥ 银行	□	□	□
⑦ 公园	□	□	□
⑧ 其他休闲地方	□	□	□
⑨ 餐厅	□	□	□

二、个人健康、安全和福利

1. 下面是一般人常有的疾病，我一项一项念，请告诉我，你有没有下面的问题，这些疾病是需要持续的治疗和照顾的。

	有	没有
① 糖尿病	□	□
② 高血压	□	□
③ 心脏疾病	□	□
④ 中风	□	□
⑤ 关节炎	□	□
⑥ 癌症	□	□
⑦ 瘫痪	□	□
⑧ 青光眼或其他	□	□

眼睛毛病，无法用戴眼镜矫正

2. 最近这四个星期，你生病了几天，以致无法做日常活动？

① □没有（在第3题第1项记录没有生病，然后直接跳问第4题）
② □1—7天
③ □8—14天
④ □15—21天
⑤ □21天以上

3. 生病期间，你都住在哪里？

① □没有生病
② □只是待在家里
③ □都在家里的床上
④ 住院

4. 下面的活动，请你告诉我有没有困难？

	没有困难	有点困难	无法做
① 上下楼梯	□	□	□
② 在屋里走动	□	□	□
③ 洗衣和洗澡	□	□	□
④ 穿衣和穿鞋	□	□	□
⑤ 在屋外走动	□	□	□
⑥ 看电视	□	□	□
⑦ 自己吃饭	□	□	□

5. 近来你有没有下列的身体需求? 如果是,拥有了没有?

	需求		如果有需求,拥有了吗?	
	有	没有	有	没有
① 戴眼镜	□	□	□	□
② 助听器	□	□	□	□
③ 假牙	□	□	□	□
④ 拐杖	□	□	□	□
⑤ 义肢	□	□	□	□
⑥ 特殊的鞋子	□	□	□	□
⑦ 腹部的支柱	□	□	□	□
⑧ 轮椅	□	□	□	□
⑨ 其他的协助	□	□	□	□

6. 去年,你做了健康检查吗?
① □ 是
② □ 否 ⎯⎯⎯⎯⎯⎯⎯⎯⎯⎯⎯⎯┐

┌─────────────────────────────────┐
│ 有什么特殊原因,没有做健康检查? │
│ _____ │
└─────────────────────────────────┘

7. 你有没有免疫性? 或应该接种什么疫苗?
① □ 有
② □ 没有 ⎯⎯⎯⎯⎯⎯⎯⎯⎯⎯┐
③ □ 不知道

┌─────────────────────────────────┐
│ 你认为你应该接种什么? │
│ _____ │
└─────────────────────────────────┘

8. 去年,有没有受过下列伤害?

	有	没有
① 摩托车车祸	□	□
② 在家里跌倒	□	□
③ 工作伤害	□	□
④ 其他	□	□

9. 你最近有没有参加医疗保险？
① □有 ② □没有

10. 你是不是下列医疗照顾方案的会员，像 Kaiser，HMSA，Blue Cross 等。
① □是
② □不是

> 如果是，请问你参加那一团体？
> ① □Kaiser
> ② □HMSA
> ③ □Blue Cross
> ④ □其他＿＿＿＿＿＿＿＿＿＿

11. 下面，我做了一些食品组合，请你告诉我，你多久会吃一次？每天？有时？或从不？
(1) 牛奶、起司、冰淇淋或牛奶制品
　　① □几乎每天 ② □有时 ③ □从不
(2) 肉类包括：牛肉、猪肉、羊肉、鱼、蛋、豆、豆腐、核果等？
　　① □几乎每天 ② □有时 ③ □从不
(3) 水果、蔬菜或果汁？
　　① □几乎每天 ② □有时 ③ □从不
(4) 麦、稻米等制品
　　① □几乎每天 ② □有时 ③ □从不

12. 你每天会吃维生素丸吗？
① □是 ② □否

13. 你觉得你的食欲好不好？
① □不好 ② □普通 ③ □很好

14. 你的食欲是现在才这样？还是去年开始？还是一向如此？
① □现在 ② □去年开始 ③ □一向如此

15. 这两年来，你的体重胖了？瘦了？还是一样？
① □较重 ② □较轻 ③ □一样

16. 买你喜欢的食品，有困难吗？
① □有 ② □没有 ③ □有时

三、经济满意度

现在,想请问你的经济状况:

1. 你或你的配偶处理每天的经济?像买食物、衣服、付租金、贷款等,或请别人处理?
   - ① □自己(或配偶)处理
   - ② □别人处理

   ┌─────────────────────┐
   │ 谁帮你处理经济?   │
   │ _____ │
   └─────────────────────┘

   ┌─────────────────────────┐
   │ 你有没有从子女或其他亲 │
   │ 戚,得到经济资助?   │
   │ ① □有   ② □没有   │
   └─────────────────────────┘

2. 过去一年,你有没有从下面叙述中,得到经济收入?

	有	没有
① 薪资	□	□
② 商业专业领域中得到收入	□	□
③ 由农场中得到收入	□	□
④ 社会安全	□	□
⑤ 退休金	□	□
⑥ 储蓄的利息	□	□
⑦ 其他	□	□

3. 过去一年,你从上面叙述中,得到多少收入? $ _____
4. 以上的收入要资助多少人的生活? _____
5. 你最近有工作吗?
   - ① □有
   - ② □没有

   ┌─────────────────────────────┐
   │ 5a 如果有,是全职还是兼职?   │
   │ ① □全职   ② □兼职   │
   └─────────────────────────────┘

   ┌─────────────────────────────┐
   │ 5b 如果没有,如果你能找   │
   │ 到一份工作,且也有能力   │
   │ 做的话,你会喜欢吗?   │
   │ ① □喜欢   ② □不喜欢   │
   └─────────────────────────────┘

6. 你的收入能满足你的需求吗?
   - ① □非常能满足
   - ② □能满足

③ □正好可以
④ □不能满足
⑤ □非常不能满足

> 答案如果是"不能满足"和"非常不能满足",请回答6a
> 6a 你和你的家人每个月需要多少收入才能满足需求?
> ① □美金50元以下　　　② □美金50—99元
> ③ □美金100—149元　　④ □美金150元以上

四、知性的和社会的满意度

1. 上周你拜访家人几次?
① □每天　② □数次　③ □一次　④ □一次都没有　⑤ □有家人住在附近
2. 上周你拜访邻居或朋友几次?
① □每天　② □数次　③ □一次　④ □一次都没有
3. 一周你和家人、邻居、朋友、商业接触或其他人通电话的次数为多少?
① □每天　② □数次　③ □一次　④ □一次都没有
4. 邻居中,有多少人和你非常熟悉,所以你常会去拜访?
① □5人以上　② □3—4人　③ □1—2人　④ □没有人
5. 有没有人是值得你信任的?
① □有　② □没有
6. 你认为你有足够的朋友、亲戚和邻居吗?
① □是　② □不是

第四节　问卷的制作

一、问卷设计的基本原则

问卷调查实质上是调查者通过问卷发生的一种与被调查对象的社会互动过程。从传播学的观点来看,问卷调查是调查者以问卷为传播媒介，通过被调查对象的反馈，获得信息的传播活动：传播者（调查者）—媒介（问卷：不完全信息）—受众（被调查对象）—媒介（问卷：完全信息）—传播者（调查者）。在这一传播过程中，由于存在信息的多次编码解码过程，很容易发生信息的耗损，从而造成沟通的障碍，影响获得资料的有效性。因此，对于问卷设计过程中所应遵循的原则，调查者应有清醒的认识。

1. 问卷以研究目的为指导，为受众服务

问卷作为调查者用来收集资料的工具，本身也是研究者用以获得受众反馈的媒介载体。因此，要得到受众反馈的真实信息，首先必须考虑调查对象的具体情况，根据被调查对象的不同特点设计恰当的问卷。例如，如果我们是在文化程度较高的地区进行调查，那么不妨多设计几道开放式问题，采用电话调查、邮寄调查、报刊调查或者网络调查的形式。但是如果在我国文化水平尚不太高的广大农村地区，则最好设计成访问问卷，其中尽量减少开放式问题的数量。

其次，在设计问卷时也应考虑调查者的需要，即问题应主要围绕研究者所要研究的主要问题和所测量的主要变量来设计。不同的研究目的有不同问卷的设计方案，问卷设计时要考虑调查者的研究目的。总之，这一原则的本质就是要找到调查者需要与被调查对象特征的最佳契合点，从而保证问卷调查的顺利进行。

在实地调查研究中，某些研究者往往忽略这一原则，常常只为自己着想，不考虑被调查对象的具体情况。主要表现为问卷过长，问题太多，需要被调查对象较多的时间与精力；或问题需要被调查对象进行难度较大的记忆与计算等等，都违反了传播内容适度及应简单易懂等原则。不言而喻，只有问卷设计者在充分考虑被调查对象的构成特点和研究目的的基础上，才可以保证问卷调查顺利实施，从而形成和谐的传播—反馈过程。因此，在问卷设计中，这是首要原则。

2. 明确问卷调查的阻碍因素

作为问卷设计者，如果要保证问卷的有效性与可信性，使问卷调查顺利实施，获得真实可信的资料，就必须分析问卷调查中可能出现的阻碍因素，在问卷设计中加以避免。阻碍调查对象填答问卷的因素主要包括被调查对象本身主客观两大方面。

主观障碍指的是被调查对象在心理上和思想上对问卷产生各种不良反应所形成的障碍。作为一种书面传播形式，问卷必然对被调查对象产生一定的影响。被调查对象面对设计不当的问卷往往产生不良反应,这就构成了调查对象的主观障碍。如问卷内容过多,容量太大,或问卷需要记忆和回忆的问题太多,就会引起被调查对象的畏难情绪;还有如果封面信对调查者的身份、调查的目的、意义等解释不清楚,那么极容易引起被调查对象的怀疑,从而拒绝回答问题或表现出对问卷不感兴趣;另外,对于一些敏感问题的提问不当也往往会阻碍问卷调查的顺利进行。

客观障碍指由于被调查对象自身的能力、条件等方面的缺陷所形成的障碍,即被调查对象的素质难以适应问卷调查的要求。典型的障碍有:阅读能力的限制将使文化程度较低的被调查对象难以回答设计较为复杂的问卷;被调查对象缺乏表达能力,就难以对开放式问题作出合理的回答;其他诸如记忆能力、计算能力的限制也降低了问卷调查的可信性和有效性。

广泛使用的发放式问卷法、邮寄式问卷法等都极易由于对样本估计不足而产生此类障碍。因为发放式、邮寄式问卷以及报刊式问卷、网络式问卷等都要求被调查对象自己填写问卷,这就对被调查对象的知识水平等内在素质提出一定要求,如果被调查对象的素质难以符合问卷调查的要求,就会造成问卷调查的失败。

3. 问卷设计的具体因素分析

一份好的问卷不仅仅意味着有好的问题和匹配的答案,在具体设计过程中,还涉及许多潜在的因素。影响问卷设计的因素是多种多样的,主要包括:调查目的、调查内容、样本性质、问卷使用方式及资料处理方式等。

(1) 调查目的。对于任一问卷的设计工作,调查目的都是其灵魂,它决定了问卷的内容和形式。如果调查目的只是描述被调查对象的基本状况、特征,所设计的问卷就要尽可能搜集关于被调查对象的客观事实。但如果调查目的不仅是描述,而且要对各变量之间的关系进行解释时,就必须围绕研究假设和所测变量来设计问卷。总之,调查目的是问卷的纲,所谓"纲举目张"。只有紧紧围绕调查目的来设计问卷,才能保证通过问卷获得有价值的资料。

(2) 调查内容。调查内容是由调查目的所决定的,是根据研究目的需要所要了解的被调查对象的资料。在调查中,如果调查的问题被调查对象比较熟悉,又不涉及敏感的问题,就比较容易引起被调查对象的兴趣，这样问卷设计起来也比较容易。但是，如果被调查对象对于调查内容不熟悉，或者调查的内容枯燥、晦涩，或者问卷中较多的问题涉及个人隐私时，问卷设计就较为困难，需要问卷设计人员具备较高的概念操作化能力，将专业化的术语转换为通俗易懂的大众化语言。

(3) 样本的性质。样本的性质即样本的构成，它对问卷设计工作同样有很大影响。问卷设计者在设计问卷之前应该首先了解样本的构成特点，它包括样本的年龄构成、大体的职业分布和文化程度等基本情况。同样研究目的和研究内容的课题会根据样本的不同而采用不同的研究方法。对于同质性较高的样本，用问卷法会受到较好的效果，但对于异质性较高样本，问卷法则不太适用，如果经费允许的话，最好用访问法。同样的道理，如果因为经费的限制，不得不采用问卷法的话，那么对于文化程度较高的样本来说，问题可以复杂一些，语句的陈述可以书面化一些，可以采用自填式问卷。而对于文化程度较低的样本，语句陈述应尽量口语化，问题要尽量简单，最好采用访问式问卷。

(4) 资料处理方式。问卷调查的资料收集完成以后，就要进行问卷资料的分析与处理，因此，问卷设计时要根据问卷资料的分析方法来设计问卷，因为不同的资料分析方式对问卷有不同的要求。如果对资料进行定性处理，问卷就应以开放式问题为主；如对资料进行定量分析，问卷就应以封闭式问题为主。

除了以上各种因素外，也不应忽略调查经费、调查人员、调查时间、调查地点等对问卷设计工作的影响。

二、问卷制作过程

问卷的制作过程主要包括初步探索、设计问卷初稿、问卷试用、修改定稿等四个基本步骤。

1. 初步探索

对于问卷设计者来说，在针对某个课题设计问卷时，第一步工作并不是动手去列出问卷的提纲，而是在明确了研究目的和研究内容之后对调查课题进行初步了解，即通常所讲的探索性研究。探索性研究的主要目的首先是要确定课题，其次要对研究课题的基本情况，包括一些文献资料和现实状况的了解，从而确定研究假设。

了解课题基本情况有三种方法：一是查阅文献资料，增加对课题的熟悉程度，主要了解前人研究的情况，找出他们的成果和不足；二是实地探索，通过个别访谈和开座谈会的形式，设计者围绕调查课题，与各种对象（一般是与研究课题相关的人）交谈，并注意观察他们的特征、行为、态度，了解样本的基本状况，从而避免问卷中含糊问题产生，也有利于答案的设计，这是探索研究最佳途径；三是请教一些专家，通过他们深邃的眼光，来达到对研究课题的深刻认识。通过以上途径，设计者就在设计合理问卷的过程中迈出了第一步。

2. 设计问卷初稿

在探索性工作基础上，就可动手设计问卷初稿，这一阶段主要完成的是将研究假设和相关变量操作化的任务——即将抽象的研究课题转化为具体指标的过程。具体方法主要有两种，一种方法是框图法，即研究假设—测量变量—具体问题；一种是卡片法，即具体问题—测量变量—研究假设。

卡片法的主要思路是从具体问题出发，然后到测量变量，再到研究假设。具体操作方法如下：第一步是根据探索研究得到的对于课题的印象，将具体的每一个问题写在一张卡片上；第二步是根据问题的内容，将具有相同内容的问题的卡片放在一起；第三步是将每一堆问题卡片按照合适的询问顺序加以排列；第四步是将各对的顺序排定，使卡片连成一个整体；第五步是根据被调查对象填答是否方便等因素，对问题的顺序加以调整，对不当之处加以修改，并将卡片上的问题按确定的顺序写在纸上，形成问卷初稿。

而框图法的思路正好相反，它先从研究假设开始，然后到测量变量，最后到具体问题。操作方法如下：第一步是根据研究假设和所需资料，在纸上画出问卷的各个部分及其前后顺序的框图；第二步是具体写出每部分中的问题与答案，安排好顺序；第三步是根据被调查对象填答是否方便等因素，对所有问题进行检查修改，从而产生问卷初稿。

卡片法由于以卡片的形式，易于着手进行，但难以从整体上加以把握。而框图法易于从整体上把握，但对于个别问题修改则十分不方便。因此在实际问卷设计中，一般将两种方法结合使用：先根据调查内容的结构，确定问卷的各个部分及其顺序；然后将各部分的具体问题以卡片的形式加以编制；最后调整问题的顺序，形成问卷初稿。

3. 问卷的试用

问卷初稿设计好以后，不能直接用于正式调查，必须对问卷初稿进行试用和修改，这对于问卷设计至关重要。问卷初稿试用的具体方法有两种，一种是客观检验法，一种是主观评价法。客观检验法的具体做法是：将问卷初稿打印若干份，主观选择一些典型的样本进行试调查，通过对试调查结果的分析，发现问卷的缺陷并进行修改。通过对问卷的试调查结果可以对问卷的效度、信度进行评估，也可以通过考察以下指标来检验问卷的初稿：

（1）回收率，回收率越低，说明问卷初稿问题越多。

（2）有效回收率，即扣除了废卷的回收率，有效回收率越低，说明问卷初稿的毛病越多。

（3）填写错误，包括填答内容错误和填答方式错误，填答错误越多，说明问卷设计初稿的问题越多。

（4）填答不完全，即对某几个问题或从某个问题后的问题没有作答，反映的是问题设计中存在的问题。

主观评价法的具体做法是：将问卷初稿分别送交该研究领域的专家、其他研究人员以及典型的被调查对象，请他们对问卷初稿进行阅读与分析，根据他们的经验来指出问卷的不妥之处。在问卷的试用中，应将两种方法结合使用，才能使问卷设计得更加完善。

4. 修改定稿并印制

根据上述方法找出问卷中存在的问题后，注意对问卷初稿中存在的毛病进行认真分析与修改，最后定稿，就可以开始大量印刷。在印刷过程中，一定要十分小心，注意不要产生印刷错误。这样，一份可用于实地调查的问卷就制成了。

第五节 问卷的效度与信度

在传播学实地研究中，问卷设计初稿在用于大规模实地调查前，必须进行试调查，根据试调查所得到的数据评估问卷的信度与效度，剔除不合适的项目，从而获得高质量的问卷。另外，为了测量较为抽象的"态度"、"意见"、"看法"等，还必须设计一些量表，对这些量表也必须进行信度、效度的分析。

一、信度

信度即测量的可靠性程度，指的是测量工具测到所要测量内容的稳定程度，也就是说，信度指测量结果的一致性或稳定性，即测量工具能否稳定地测量所测事物或变量。如用温度计去量同一物体的温度，如果量了几次，都得到了一致的结果，说明温度计的信度很高；如果量了几次得到的结果各不相同，就说明温度计的信度不高。测量变量也是这样，用不同的测量方法对变量进行测量，所得结果的一致性越强，说明测量方法的信度越高，反之则越小。社会测量中，作为测量工具的问卷，如果设计不周密，题意不确切、含混或具某种倾向性，其信度必定不会高，以此问卷为依据进行的调查也没有什么科学依据。

测量信度通常以相关系数(r)表示，信度的测量有三种方法：再测信度、复本信度和折半信度。

1. 再测信度

再测信度，是用同一种测量，对同一群被试者测量两次，根据两次测量的结果计算其相关系数，就得到该测量的再测信度。这种信度能表示两次测量结果有无变动，反映测量的稳定程度。具体方法是：用同样的问卷或量表，对同一组被调查者重复进行测验，然后将两次测验中各项的得分进行相关分析（显著的高度相关则表示信度高）或差异的显著性检验（无显著性差异则表示信度低），根据所得的结果，就可以说明该问卷或量表的调查信度的高低。这种方法特别适用于描述型的问卷，如性别、年龄等个人的基本情况，还有收视习惯、兴趣爱好等在短时间内不会发生显著变化的行为。对于态度量表或以测量态度为主的问卷，如果在短期内没有发生影响态度突变的重大事件，也可以用这种信度分析法。

这是一种较好的信度分析法，但必须注意两次测验之间的时间要适当。如果时间太短，被调查对象极易受上次调查的影响，而不能反映调查对象此时的真实态度；如果时间太长，可能会由于间隔期中发生一些变故，导致被调查对象的态度改变，从而影响测量的准确性。因此选择适当的时间，这就需要调查者的经验和对具体情况的理解。

2. 折半信度

在一种测量没有复本，只能实施一次，没有条件进行重复调查的情况下，较好的选择是采用折半法估计信度，这种方法特别适用于态度量表。其具体做法是：将被试者的测量结果，按题目的单、双数分成两半记分，再计算这两半得分的相关系数，得到折半信度，依此为标准来衡量问卷和量表的信度。

态度量表在设计的时候，针对态度构成的每一个纬度，都至少需要两个语句（正向度和负向度各一句），以便互相验证。

你认为"美国之音"

____非常公正；____比较公正；____中立；____不公正；____非常不公正；

____非常不可信；____不可信；____不知道；____可信；____非常可信；

____很受欢迎；____比较欢迎；____中立；____不受欢迎；____非常不受欢迎。

3. 复本信度

复本是指与调查使用的问卷在内容、数量、形式、难易程度等方面都保持一致，而只是在问法和用词上不同的问卷。如果测量有两个以上的复本，则可交替使用。根据一群被试者接受两个复本测量的结果计算相关系数，就得到复本信度。复本信度分析法与重测信度分析法较为类似，不同的是，复本信度法是在同一次调查中采用两个不同的问卷，调查结束后，信度就可以计算出来，不受时间的限制。而再测信度，是用同一份问卷在不同的时间进行调查，然后计算相关系数，受时间的限制。因此，在使用复本测量的方法来测量问卷的信度时，要注意真正的复本在题目的数量、形式、内容以及难度、鉴别度等方面都应保持一致；而使用再测法的时候则要注意两次调查的时间间隔。

使用复本信度分析法是信度分析的一种较好的方法，可以避免前两种方法的缺点，但必须注意的是，选用的复本必须是真正的复本。一般来说，如果时间、经费允许，最好采用这种方法来进行信度分析。

二、效度

效度即测量的有效性程度。它指的是测量工具或测量手段能够准确测出所要测量特质的程度,即能够准确、真实反映事物或变量的程度。也可以说,效度指的是测量标准或指标能够如实反映某一概念内涵的程度。当一次测量所测的正是它所希望测量的事物时,就称为测量有效度;反之则称测量没有效度。效度实质是测量指标与测量变量的契合度。比如,某一测量指标目标是测量甲事物,但如果测量结果反映甲事物的特征很少,或是甚至就是乙事物,就说明整个测量的效度很低或甚至没有效度。在社会测量中,对作为测量工具的问卷或量表的效度要求较高。鉴别效度需要明确测量的目的与范围,考虑所要测量的内容并分析其性质与特征,检查测量的内容是否与测量的目的相符,进而判断测量结果是否反映了所要测量的特质的程度。效度的类型主要有内容效度、准则效度和构念效度,我们将结合效度分析加以介绍。

1. 内容效度分析法

内容效度分析法也称为表面效度分析,主要用于分析测量量表的内容效度。所谓内容效度指的是量表的语句陈述能否代表所要测量的内容或主题。一般来说,内容效度分析是凭借研究者或一些专家对于问卷和量表的主观判断,即量表或问卷"看起来"测量了所要测量的问题。但随着社会研究定量方法的发展,对于内容效度的分析也趋于定量化,单项和总和相关效度分析就是其中一种。其具体操作方法是:首先计算每个项目分数和总和,然后根据相关关系的显著性程度(相关系数的大小)来分析其效度。相关关系显著,其内容效度也高;反之,内容效度则低。

内容分析的另一种方法称为项目分析,即测量量表中各个项目的难易度和鉴别度。所谓难易度指的是项目的难易程度,具体方法是:将调查对象对于量表各项的总得分由低到高排列,将得分最高和最低的调查结果分为"高分组"和"低分组"(各占总体的四分之一),然后分别计算"高分组"和"低分组"中被调查对象在每题上的"通过率"(对于正向问题,为选择"同意"或"很同意"的比例,对于负向问题,则为选择"不同意"或"很不同意"的比例)。如果两组人对某一问题的通过率较高,说明这一问题较为容易,反之则较难。对于问题的难易度,要根据调查目的来确定。在传播研究的态度量表中,一般问题的难易度应适中。至于问题的鉴别度,就是量表的项目对所测特性的区分和鉴别能力。要具体考虑高分组与低分组在某一问题上的通过率。如果高分组通过率高而低分组通过率低,其鉴别力较高;反之高分组通过率极低,低分组通过率却极高,则说明问题的鉴别力较低。通过问卷或量表问题的鉴别力分析,可以剔除效度较低的问题,从而提高问卷或量表的整体效度。

2. 准则效度分析法

准则效度也称为实用效度,它指的是用一种不同于以前的测量方式或指标对同一事物或变量进行测量时,以原有的测量方式或指标为准则,将新的测量方式或指标所得结果与原有准则的测量结果相比较,如果新的测量方式或指标具有与原有测量方式或指标同样的效度,那么就可以认为该测量方式或指标具有准则效度。在具体量表的效度分析过程中,其具体操作是:先根据某种已经得到的肯定的理论,选择一个与量表直接有关系的独立标准,以它为自变量,然后再分析量表所测特性与该自变量的关系,有显著相关(或对自变量的不同取值、特性表现出显著差异)的量表才是有效的量表。例如:当某种测量法 A 具有内容效度的时候,另一种测量法 B 的准则效度则由 A 决定;如果测试某样本,显示 B 与 A 高度相关,即可以说 B 准则效度高。

效度可以通过相关系数或决定系数的大小来表示,也可以用差异的显著性检验说明。

3. 构念效度分析法

效度分析最理想的方法还是利用构念效度分析法来分析。构念效度是指如果在理论层次上,概念 X 和概念 Y 是相关的,那么,在经验层次上对 X 的测量 z 与对 Y 的测量也相关,假如有另一个对 X 的测量,则它也应该与 Y 的测量 y 相关,这就称为构念效度。构念效度分析利用与所测概念相关的理论命题或假设中的其他变量,即通过对相关变量的测量来说明测量结果对于概念的反映程度。在研究者设计问卷和量表时实际上是假设有某些结构存在的,然后由测量结果加以验证。构念效度主要通过因子分析来进行。用因子分析不仅可以考察所用量表是否能测出真正结构,从而验证研究假设能否成立,还可以进行探索性研究,增加效度分析的可信性。

因子分析的主要目的是通过从量表所量度的多个变量中提取一些公共因子,这些公共因子寓于可观测的变量之中,即可以用这些因子说明量表要测量的变量,因此公共因子也就代表了量表的基本结构。所以,因子分析不但可以测量量表的效度,还可以将所测变量进行分类。

与前几种效度分析相比,因子分析不但可以研究"态度量表"的构念效度,还可以研究意见式、看法式量表甚至是整个问卷的结构效度。因子分析的计算方法较为复杂,但由于电子计算机的广泛使用和社会统计技术的发展,通过使用国际上较为流行的 SPSS 系统,就可以迅速、准确地获得相关数据。

从内容效度到准则效度,再到构念效度,可以看成为是一种累进,即构念效度需要比准则效度更多的信息,准则效度需要比内容效度更多的信息。

信度与效度都是构想的概念,是相对于某种量表(测量工具)和测量目的而言的,效度比信度有更高的要求。它们之间的关系是:

(1) 如果信度低,效度也会随之降低。也就是说,如果测量结果不可信,不可靠,那么,它就不能准确地说明被测量对象的状况。

(2) 如果信度高,效度可能会高,也可能低。有时候具有较高信度的资料,也可能很少或根本不反映被测量对象的状况,这说明实际的测量与测量目标有所偏离。

(3) 如果效度高,信度必然也高。如果研究有效地说明了某种现象,那么它的资料必然是真实可信的。

(4) 如果效度低,信度可能高,也可能低。它与第二种的情况相似。

由此可以看出,测量的信度是效度的必要条件,没有信度的测量工具就谈不上具有效度,但信度高的测量工具未必具有高的效度。

三、问题设计中常见错误分析

1. 语言陈述问题

问卷设计的语句陈述是研究者将研究内容与研究目的传播给调查对象的工具,是问卷设计中的关键,语句陈述的基本要求是简短、明确、通俗、易懂。

(1) 问题的语言要尽量简单易懂。无论是问题还是答案,都应采用简单明了、通俗易懂的语言,而不要使用复杂的、抽象的概念以及专业术语,如"媒介接触时间"、"把关人"、"沉默的螺旋"等等。有些问卷设计者忽略了概念的操作化问题,使用了类似上述词语的专业术语或生僻词,使普通的调查对象难以理解,就造成了"概念抽象"的错误。例如:

你对我国的新闻检查制度有什么看法?
1. 合理　　　　　2. 不合理　　　　　3. 不知道

问卷设计者忽略了"新闻检查制度"对于普通回答者来说是一个比较含糊的概念,且其本身就是一个抽象的专业术语。普通人往往不知道我国的"新闻检查制度"是什么,从而无法做出合适的回答。可想而知,这样的问题只会得到"不知道"的回答,也就失去了提问的意义。

民族之间的沟通渠道总是会改变的,您认为这些年在中国这种情况是:
1. 改变得太快了　　　2. 还可以　　　3. 没有什么变化

什么是"民族之间的沟通渠道"? 中国各个民族之间的沟通渠道又是什么呢? 这些都是既抽象又笼统的概念。在不同的回答者中间,他们的含义是不同的。有的人会以为是语言方面的沟通,也有人认为是商务活动,还有人认为是生活习惯上的趋同,这样被调查对象根据自己的理解和猜度在备选答案中选择,由于各自理解的标准不同,得出的结果也不能说明任何问题。实际上民族之间的沟通包含许多方面,每一个方面又需要若干个具体的指标来测量。因此,要回答这一问题,需要的是一份包含若干个问题的问卷,而远不止这几个简单的答案。

您的家庭属于下列哪种类型:
1. 单身家庭　　2. 核心家庭　　3. 主干家庭　　4. 联合家庭
5. 空巢家庭　　6. 丁克家庭　　7. 其他

对于绝大多数被调查对象来说,什么是"核心家庭"、"主干家庭"、"丁克家庭"、"空巢家庭",他们是不清楚的,甚至是从未听说过的。如果问一个人他家里有哪些家庭成员,这是人人都可以回答的问题,但是一旦用上述的专用词汇,也许就会使许多人拒绝回答该道题目。

(2) 问题的语言陈述应尽量简短。问题的陈述越长,就越容易产生模糊不清,或者甚至陈述本身就是错误的,就会给回答者造成歧义,从而造成回答上的偏误,即所谓的"问题含糊",问题的含义不清楚,不明确。这种问题有些是由于问卷设计者对所提问题的目的和用意不清楚造成的,有些则是由于表达不当,对问题的用语反复推敲不够造成的。例如:

您认为我国的电视节目现在最需要:
1. 全面改变　　　　2. 部分改变　　　　3. 不需要改变

哪些电视节目需要改变,是娱乐、游戏类节目、体育类节目、谈话类节目,还是电视剧、新闻类节目?答案中的"全面"包括哪些方面?"部分"又指哪些方面,是版面还是播出时间?全然不知。这样含含糊糊的问题也只可能得到含含糊糊的结果。例如:

您对新闻媒体近年来情况的感觉是:
1. 几乎没有什么变化　　2. 变化不大　　3. 变化较大
4. 变化很大

这道题目的问题有两个,一是没有明确指出具体的新闻媒体,是报纸杂志,还是广播电视?其次,答案中的四个选项的判断标准是什么,变化较大和变化很大的分界限在哪里。像这样笼统地问是得不出什么科学的结果的。问题不明确,就很难说所得的资料反映了现实。例如:

改革开放以来,我国的报刊事业得到了迅猛的发展,除了《人民日报》、《解放日报》、《大众日报》等政府机关的党报以外,还出现了大量的都市报,如《新民晚报》、《扬子晚报》、《新文化报》等,这说明我国的报业已经到了百家争鸣的时期。您是否同意上述说法?
1. 同意　　　2. 不同意

我们这里不讨论被调查对象选择了哪一个选项,仅就问题的陈述而言,就存在严重的问题:"除了《人民日报》、《解放日报》、《大众日报》等政府机关的党报以外,还出现了大量的都市报,如……",问卷设计者将《人民日报》、《大众日报》等归为党报,无形中将新出现的《新文化报》和各种晚报排除在党报的范围之外,从而出现了严重的论述错误。

(3) 问题要避免带有双重或多重含义。双重或多重含义指的是在一个问题中,同时询问了两件或多件事情,即在同一句话中问了两个或多个问题,就造成了"问题有多重含义"的错误。例如:

你经常听广播和看电视吗?
1. 经常　　　2. 偶尔　　　3. 从不

这里实际上询问了两件事:一是你是否经常听广播,一是你是否经常看电视。因此,那些经常看电视而不经常听广播的人,或经常听广播而不经常看电视的人,就无法回答这个问题,正确的问法应是:

1. 你经常看电视吗?
(1) 经常　　　　(2) 偶尔　　　　(3) 从不
2. 你经常听广播吗?
(1) 经常　　　　(2) 偶尔　　　　(3) 从不

(4) 问题不能带有倾向性。即问题的提法和语言不能使被调查对象感到研究者希望他选什么,调查者不能暗示调查对象选择某个答案,应保持中立的提问方式,用中性的语言。否则的话,极易产生"问题带倾向性"的错误。例如:

有些专家认为,青少年犯罪是由于他们经常观看一些暴力色情的电影或电视节目造成的,那么,您是否赞成这种看法:
1. 赞成　　　2. 不知道　　　3. 不赞成

问题的提法无疑具有明显的肯定倾向,它很可能导致回答者选择答案1。因为在问题的陈述中,"专家说"无疑对回答者做出了暗示,这样的问题回答者的一致性是很高的,从而降低了问题的判别力。例如:

人遇到实际问题和认识问题时,除了向家人、朋友询问以获得信息和帮助外,大众传播媒介也起了很大的作用,但大众传播媒介主要是用来传播知识、引导社会舆论、提供娱乐,那么对于处于现代社会中的人,每天接受大众传播媒体信息有那么多,是难以分辨有用无用的。但是每个人都有自己的选择,那么你认为,大众传播媒介(报纸、电视、广播)的作用主要是(限选三项):
1. 传播知识　　2. 舆论监督　　3. 娱乐　　4. 引导消费
5. 政治宣传　　6. 其他

题目的目的在于了解回答者对于大众传媒作用的认识,但在问题中过多的陈述,甚至帮助调查者做出了答案(大众传播媒介主要是用来传播知识、引导社会舆论、提供娱乐),这样对于回答者来说,很容易地就选择前三个答案。

(5) 一般不能用否定方式提问。在日常生活中,人们习惯于回答肯定问题,除了某些特殊情况外,一般不用否定方式提问。例如,"你平常不看电视是因为什么",由于不习惯,许多回答者会忽略问题中的"不"字,并按照这种理解回答的话,会造成填答错误。因此,在问题设计时,应尽量不用否定方式提问,如果不能避免,就必须在问题中的否定词下加着重号使其容易被回答者识别。比如：

您不听广播的理由,你认为是：
1. 没有收音机　　2. 广播节目不如电视节目精彩　　3. 没时间
4. 其他（注明）

（6）问题的设计要与答案相适应。在封闭式问题中,问题与答案是不可分割的整体。因此,在设计问题时,同时应考虑答案的情况,使问题与答案相协调,否则,就会造成"答非所问"的错误,比如：

你经常看下列哪些类型的电视节目：　　经常　　偶尔　　不看
[1] 新闻类（如《新闻联播》）
[2] 经济类（如《今日财经》）
[3] 深度报道类（如《焦点访谈》）
[4] 法制类（如《案件聚焦》）
[5] 体育类（如《体育大看台》）
[6] 游戏类（如《智力大冲浪》）
[7] 服务类（如《房屋买卖》）
[8] 文艺类（如《越洋音乐杂志》）
[9] 电影和电视剧
[10] 专题片（如《纪录片编辑室》）
[11] 教育类（如英语：《走遍美国》）
[12] 少儿类（如动画片）
[13] 综艺类（如《正大综艺》）
[14] 广告（如《电视直销》）
[15] 谈话类（如《有话大家说》）

这样的问题与答案形式将两个问题糅合在一起,就问题来看,需要回答的是电视节目的类型,但在答案中又设计有测量观看各类电视节目的频度,极易使回答者无所适从,极有可能选择与研究者意图相悖的答案,甚至拒绝回答。这种情况可以通过问题形式的单一化而得以避免,比如可以将问题改为：

您对于下列电视节目的观看情况是：　　经常　　偶尔　　不看
[1] 新闻类（如《新闻联播》）
[2] 经济类（如《今日财经》）

[3] 深度报道类(如《焦点访谈》)
[4] 法制类(如《案件聚焦》)
[5] 体育类(如《体育大看台》)
[6] 游戏类(如《智力大冲浪》)
[7] 服务类(如《房屋买卖》)
[8] 文艺类(如《越洋音乐杂志》)
[9] 电影和电视剧
[10] 专题片(如《纪录片编辑室》)
[11] 教育类(如《英语：走遍美国》)
[12] 少儿类(如动画片)
[13] 综艺类(如《正大综艺》)
[14] 广告(如《电视直销》)
[15] 谈话类(如《有话大家说》)

(7) 问题设计要为调研对象考虑。问题的设计要为调查对象考虑，不问回答者不知道的问题。在设计问题前，应考虑一下回答者是否具有回答问题的知识能力。如果问题所涉及的范围超出了回答者的可读解范围，即回答者对问题一无所知，可想而知，是无法得到回答的。比如询问样本：

你认为报刊的宣传对于中国足球水平的提高作用怎样：
1. 有作用　　　2. 不知道　　　3. 没有作用

这个问题具体来说只适用于那些经常阅读报纸，且对于足球运动非常熟悉的回答者。如果回答者既不看报纸，又不喜欢足球运动，问题对他来说是毫无意义的，同时也就无法反映他们的看法。设计问题时，一定要对调查对象的基本情况有所了解，从而有针对性地设计问题，防止此类问题的出现。

(8) 关于个人隐私等。对于涉及回答者的个人隐私或其他利害关系时，应采用间接询问的方式，使用较为委婉的语言，并尽量放在问卷的最后。对于此类问题，如果直接询问，极易引起并加强人们的自我防卫心理，从而导致较高的拒答率，甚至会导致调查的失败。因此对这一问题也不可小觑。近年来，随着社会现代化程度的提高，人们思想观念也不断发生着改变，以前的某些敏感问题如年龄、婚姻状况等已经不被视为禁区。但并不是任何问题都可以问，这一点在设计问卷时一定要明确。比如直接询问关于个人感情经历,家庭隐秘等。无论自填或访问,由于回答者对于回答的保密性没有信心,就有可能拒答或作出虚伪答案。这样,设计的问题就没有什么意义了。

(9) 问题的提问方式要合理。即对于回答者来说,回答问题不存在非知识性干扰。在设计问卷时,研究者应考虑回答者填答问卷的主、客观障碍,提出适合回答者、较为妥当的问题。否则,就易犯"问题提法不妥"的错误。比如:

您认为下列观点正确与否:
1. 舆论监督是对政府部门的行为进行批评　　正确____　　错误____
2. 舆论监督一定不违反法律　　　　　　　　正确____　　错误____
3. 舆论监督只是对社会丑恶现象的批判　　　正确____　　错误____

在问题中,设计者所想了解的是回答者对舆论监督的内容、法律认识的程度,但由于选用的提问方式是让回答者判定对错与否,这样无疑使回答者置身于考场,对于这种主观性极强的问题,往往使他们无所适从,难以回答,回答者也无法得到自己理想的资料。

对于这种问题,应以这样的方式来问:
您是否同意下列说法:
舆论监督是对政府部门的行为进行批评
1. 同意　　　　2. 不同意　　　3. 不知道
舆论监督一定不违反法律
1. 同意　　　　2. 不同意　　　3. 不知道
舆论监督只是对社会丑恶现象的批判
1. 同意　　　　2. 不同意　　　3. 不知道

这样得到的效果要好得多。

除此以外,还应注意一份问卷中,复杂问题和表格不宜太多,问题的设计要考虑人们的填答习惯。总之,设计问题在问卷的设计过程中是一项复杂并且重要的工作,一定要从变量的操作化开始,认真分析自变量、中间变量和因变量,紧紧围绕变量设计问题,从而获得满意的问卷。

2. 样本偏差问题

在设计问卷之前,应该首先考察被调查对象的特点,根据不同的被调查对象,设计不同类型的问卷。这在问卷的类型一节已经有详细的介绍,这里就不赘言。

总而言之,制作一份高质量的问卷,首先要对问卷的特点和使用范围有明确的认识,处处从被调查对象出发,以严谨、科学、负责、求实的态度设计问卷。同时,要求调查者具备丰富的社会实践经验,深入到现实生活中,才能设计出理想的调查问卷。

同观察法、访问法和量表法一样,问卷法只是用来搜集资料的一种工具,有其优势和不足。在实际研究的过程中,可以采用多种方法进行,互为补充,以弥补方法上的各自缺陷。

第十一章

描述性统计分析

统计分析是运用数字方法收集、组合、综合和分析资料的方法。

由于计算机的普及和发展,在传播学研究中,定量研究的统计分析方法越来越受到重视,使用越来越普遍。

统计分析方法的基本内容来源于统计学,统计学是 19 世纪的伟大成就。比利时数学家和天文学家莱博·阿道夫·奎特雷(Lambert Adolphe Quetelet)于 1853 年发表了《关于人类及其才能的发展》(*On Man and the Development of His Faculities*)的论文,奠定了统计学的基础。后来随着社会学、人类学、心理学的发展,统计学在人文研究中大显身手。现在,统计学已是必不可少的人文研究的工具性科学。

描述性统计(descriptive statistics)分析是运用统计数学解释所研究的对象,目的是用较少的数字来解释,使我们能够集中而清晰地看到有价值的内容。例如,如果我们要调查 2 000 个电视受众,我们很难将 2 000 个答案做出总结。但如果将 2 000 个答案通过某种形式组织起来,分析这 2 000 个答案就会变的容易得多。因此描述性统计分析对我们的研究是非常有帮助的。

描述性统计分析是定量研究的基础,是通过各种数据如总数、比率数、平均数、变异数、图表等来解释和表达研究的结果。

第一节 概　述

在一项研究中,虽然我们收集到大量的资料,但不经过描述性统计分析方法对资料进行某种排列,这些资料将会毫无意义,大众传播的研究者用描述性统计分析方法使得这些资料变得相对容易使用。通过描述性统计资料我们可以做出几种趋势分析。

1. 进行总体特征和趋势分析

通过描述性统计分析呈现研究对象的总体特征，了解研究对象的实际水准，并通过统计分析数据的相互联系从多侧面、多角度进行比较，发现事物的发展和变化趋势，各种现象之间的差异，各种事物的不同特点及互动和影响，相反的发展趋势等等。

2. 进行集中趋势分析

集中趋势分析是在分析研究对象总体特征的基础上，采用平均数（算术平均数、众数、中位数、调和平均数），对研究对象进行均整描述，以呈现研究对象的共同特征和发展水平。例如，用平均数可以在研究对象的总体范围内反映个体的差异，并将大量的个体的共同特征表现出来，例如，总体特征，不同变量的总体趋势，不同现象之间的互动关系等等。

3. 进行参数趋势分析

在大众传播的定量研究中，运用平均数、标准差和变异系数等，对各种不同变量值个别特性进行测度，以描述和呈现研究对象分布与中心位置的函数程度，如各变量之间的差异。

4. 进行相关分析

相关分析主要是通过相关系数反映两个或以上变量之间的依存关系。在定量研究实践中，常常会发现两个现象之间的数量关系可能是一种确定性的关系，也可能是一种非确定性的关系，前者表现为只要两个现象中任一现象的数值发生变化，另一现象的数值也随之发生变化，并且有一个确定的值与之相对应。后者表现为不能在一个现象的数值变化中求出另一个现象的数值变化，呈现出非确定性关系。

第二节 主 要 功 能

描述性统计分析在传播的定量研究中主要是解决研究对象是"什么"的问题，它的表现方式易理解、直观。它的主要形式有以下几种。

1. 显示资料分布

资料分布的方法之一是将资料在表或图中表示，每次分布都是一次数字的汇总，如："你每天看几个小时的电视节目"，这一问题能得到很多个假设分布,但很难从每个假设中得出结论。如果采用频率分布(frequency distribution)来表示,就很容易归纳,如表 11-1 所示。

表 11-1　"你大多每天看多少个小时的电视节目"调查的频率分布

小　时	频率(N=22)
0.0	2
0.5	3
1.0	5
1.5	2
2.0	3
2.5	3
3.0	4

也可以用区间分组表示频率,如表 11-2 所示。

表 11-2　区间分组的电视收视率分数的频率分布

小　时	频率(N=22)
0.00—0.50	5
0.51—1.50	7
1.51—3.00	10

电视收视率分数的频率分布

小　时	频　率	百　分　比	累计频率	累计频率百分比
0.00	2	9%	2	9%
0.50	3	13.6%	5	22.6%
1.00	5	22.7%	10	45.3%
1.50	2	9%	12	54.3%
2.00	3	13.6%	15	67.5%
2.50	3	13.6%	18	81.5%
3.00	4	18%	22	100%
N=22		100%		

除用表格来表示外,也可以用图形来表示。

矩形图(hiatagram)是比较常见的图形,以"电视收视率的频率分布"为例的矩形图如图 11-1 所示。

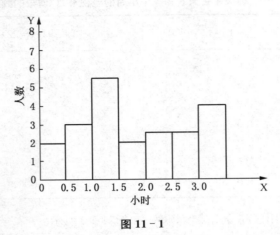

图 11-1

矩形图由两根垂直线组成,包括 X 轴线(水平轴线)和 Y 轴线(垂直轴线)。在图 11-1 中,X 轴线是分数线表示小时,Y 轴线是频率线,表示人数。

图 11-2 所示为在同一分数矩形图上的收视分数的频率多边形。

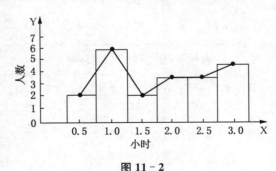

图 11-2

图 11-3 是在同一分数的频率多边形上的收视分数的频率曲线。频率分布图形的选择主要看如何表示更清楚和更美观。

2. 主要指标

描述性统计分析主要测量两个基本的分布趋势,即集中趋势和参数趋势,这些统计可以使资料更易使用。

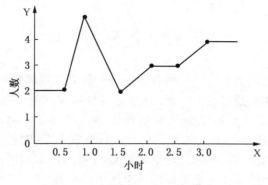

图 11-3

集中趋势统计指标可以解释典型的分布,即由一个有代表性的数值来显示或反映该组资料的典型状况或分布,而对于每一个分布来说,可以认为三个有代表性的数值:第一个是众数,就是出现最频繁的分数,这个分数不要计算,只需要检验分布状况;第二个是中位数,就是分布的中点,一半的分数在它上面,一半在它下面,如果这个分布有一个多余的分数,中位数就是正中间的分数,如果分数持平,中位数就是假设的一个数,是位于中间数之和的一半,判断中位数就是将分数从小到大排列,并通过考察确定中点的位置。例如下面有 11 位数:

0　3　3　5　8　(19)　23　24　26　29　88

中位数是 19,因为它的上面有 0、3、3、5、8 五位数,下面有 23、24、26、29、88 五个数字。在这一组数字中,没有数能正好平分这个分布,要判定中位数,就需中间两个数相加除以 2,即中位数是 (19 + 23)/2 = 21。

集中趋势的第三个数是平均数。平均数是最常见的统计指标,它表示一组分数的平均数。从数学上讲,平均数的含义就是用所有分数相加之和除以 N,或除以分数的总数。要了解统计分析的主要指标必须先掌握一些最基本的统计概念。

X_i = 一系列分数中的任何一个;

$\overline{X}$ = 平均数(M 也常用来表示平均数);

$\sum$ = 总和;

N = 一个分布中分数的总数。

如计算公式：

$$\overline{X} = \frac{\sum X_i}{N}$$

这个等式说明平均数是所有分数的和除以分数的数目（N）。

平均数和众数以及中位数不同，它将分布中所有的数值都牵扯到运算中，造成对于极端的分数的格外敏感。例如，在受众收视率分数中，假如表中包括一个人的回答是每天看电视12小时以上，平均数就要受到极大的影响。如果总数能平均地分布到样本的所有数之间，平均数将是可能被看作是能分到每个个体上的分数。

对于给定的一组资料，究竟选那种方法更好，有两个因素可以考察，首先是使用的测量水平影响选择。如果资料是正常水平，只有众数是有意义的；对于有序资料，众数和中位数都可以使用。

其次是研究目标比较重要。如果只是为了描述一组资料，应使用该分布中最典型的方法。例如，假设一个统计测验的分数是100、100、100、0和0，平均数67并没有确切地描述改分布，众数却可以提供更有代表性的描述，就是离散趋势。离散趋势的度量决定了这些分数在这个中心点分散开去的方式。当比较不同的分布时，离散趋势的统计测量更有价值。例如，调查对某电视片的认知程度时，在对两个组的测试中，一个组提供了几乎相同的数据，而另一组标准则处于两个极端状态，那么进行离散测量可能反映出这些不同点。

离散趋势有三种测量方法，即全距（R=range）、离散数（rariance）和标准差（standard deviation）。全距是一个分布中最高和最低分数之间的差距，计算公式是 $R = X_{hi} - X_{lg}$，X_{hi} 是最高分数，X_{lg} 是最低的分数。由于全距是整个分布中的两个分数，特别是大规模的研究中，样本数量多，全距的差别会很大，反映不出资料的特征，因此在大众传播研究中很少用。

第二种方法是离散度量。离散数提供分数偏离或不相符于平均数的程度的数学指数。离散数小说明分布中大部分分数与平均数相近，离散数大说明分布得很开。计算一个分布的离散数的方法是平均数从一个分数中减掉，然后将离散数平方，再将平方求和并除以 N。离散数的计算公式是

$$S^2 = \frac{\sum(x_i - \overline{x})^2}{N}$$

式中，$\sum(x_i-\overline{x})^2$ 被称为平方和。

此外，还有更简洁的公式，即

$$S^2 = \frac{\sum x_i^2}{N} - \overline{x}^2$$

式中，$\sum x_i^2$ 表示每个分数的平方后的和。

标准差是离散测量的第三种方法，是一种比离散数更有意义的描述形式，因为用来计算和表述时用同一单位，它的公式是：

$$S = \sqrt{\frac{\sum(x_i-\overline{x}^2)^2}{N}}, \quad S = \sqrt{\frac{\sum \overline{x}_i^2}{N} - \overline{x}^2}$$

式中，S 是标准差的符号。

标准差表示数据与其均值中心的某种离散程度。这个数字对描述标准化测验有很大的帮助。

第三节 常态曲线

常态曲线是描述统计分析的重要内容和重要工具。虽然离开均值的标准差的信数使不同测量之间可以进行比较，但是当它的常态曲线结合起来使用时，如果要考察某个变量出现的频率，就必须对标准分数作些说明。图11-4所示为一种常态曲线。

在图11-4中，该曲线是对称的，而且在它的平均数达到最高点，它的平均数也同时是它的中位数和众数。当曲线以这种方式表达时，它具有一个标准数分布的所有特征，这个特征是什么呢？就是曲线下面区域内固定的部分位于平均数和标准差的每个单位之间，曲线某一段下面的面积是落在那里的分数的频率的代表。例如，假使电视收

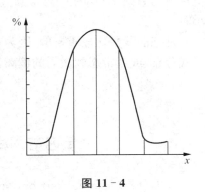

图 11-4

视率以一个每天 2 小时的平均数和一个 0.5 小时的标准差呈常态分布,有多少人看电视的时间在 2 小时到 2.5 小时之间? 首先将原始分数变成标准分数,即:

$$\frac{2-2}{0.5}=0 \quad 和 \quad \frac{2.5-2}{0.5}=1.00$$

那么以常态曲线表示表明,34%的人每天看电视 2 小时到 2.5 小时,如图 11-5 所示。

同样的资料,可以用来寻找每天看 3 小时以上的电视的受众比例。第一步是将原始分数转换成标准分数。以上例来说,3 小时相应的标准分是 2.00。

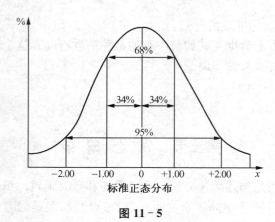

图 11-5

上图显示的 98% 的面积落在分数 2.00 的下面,曲线左半部的 50% 加上从平均数到 2.00 的 48%,因此每天只有大约 2% 的人看电视超过 3 小时。

常态曲线是比较重要的,因为在研究中遇到的许多变量,是以常态形式分布,或者常态到微弱的偏离都可以被发现。

第四节 样 本 分 析

样本分析(Sample distribution)是样本的范畴,也是其他分析单位测量出的特征分布。例如,调查 2 500 名大学生每月看几次中央电视台的足球之夜,"看几次足球之夜"这个变量分布结果将是一个样本分布,具有平均数和变量,调查每个大学生的一些问题在理论上也是成立的(不是实践上),这将产生一个平均数和变量的总体分布(population distribution)。通常群体分布的形状以及平均数和变量的值不明而且要从样本中估计,这估计就叫抽样分布(sampling distribution)。

一旦确定抽样分布,就可能做出某一值出现的或然率(probability)。解释或然率的方法有很多,一个事件将要出现的或然率等于总体中该事件发生的相对频率。例如,在抽奖活动中,一个容器里有 100 个黑白两色、数量相同的球,随机摸中黑球的即中奖,那么就是说中奖或然率是 50%。

或然率有两个重要原则。相加原则是指在一系列不相容事件中,任一事件发生的或然率也就是个别事件的或然率的总和。例如,在一个班级大学生中,每月一次电影也不看的 20%,只看一次电影的 40%,看两次电影的 20%,看三次电影的 10%,看四次电影的 10%,随机地请出一位每月至少看两次电影的学生的或然率是多少?答案应该是 40%(20%+10%+10%),这个数字就是各个不同事件或然率之和。

乘法原则是指独立事件组合体的或然率,是这些事件各不相同的或然率乘积。例如,在一个封闭的容器中,各有红白两色的球 50 只,第一次随机摸到了红球并不影响下一次摸球,这是两个独立的事件。罗杰·温默举了一个说明乘法原则的例子:计算一个没有准备的学生在对四个问题的对与错的测验中,可能猜对正确答案机会的或然率就是每个事件或然率的乘积,即猜对每个问题的机会 50%(猜对问题 1 的机会)×50%(猜对 2 的机会)×50%(猜对问题 3 的机会)× 50%(猜对问题 4 的机会)=0.062 5。

或然率理论在推断性统计分析中很重要,因为抽样分布是或然率分布的一种形式。理解或然率的概念,就懂得抽样分布的概念。一个抽样分布是一个典型统计量所有可能的值将发生的或然率分布。如果一个给定总体的固定容量中,所有可能的样本都被抽取了的话。对每个结果,抽样分布决定了发生的或然率。

在常态曲线中,沿曲线基部的水平部分用标准差单位的形式表达,和抽样分布一起,这个单位叫平均数标准误差(SE=Standard Error of the Mean)。在一般研究中,抽样分布不是作抽取大量样本和计算每一个可能的结果而得来的,而且标准误差不是用平均数的抽样分布的标准差来计算的。一个研究者只抽取一个样本并用它估计总体平均数和标准误差,一个样本进行推断的过程是:样本平均数被用作是总体平均数最好的估计值。而且标准误差从样本资料中计算。请看《大众媒介研究导论》(Mass Media Research —— An Introduction)举的例子,在100个人的一个样本中的40个人看了一个特定的节目,平均数是40%,在两分的情况下计算标准误差的公式是:

$$SE = \sqrt{\frac{pq}{N}}$$

式中,$p =$ 观看比例;$q = 1 - p$;$N =$ 样本中的数目。

标准误差是:

$$\sqrt{\frac{(0.4) \times (0.6)}{100}} = \sqrt{\frac{0.24}{100}} = 4.8\%$$

第十二章

推断性统计分析

描述性统计分析是研究人员经常使用的方法,但研究人员常常不满足这一点,而是希望通过抽样研究推论抽样的总体,使研究更有价值。

推断性统计分析是根据概率论和统计学原理,将随机抽取的样本进行统计,获得各种数值,如百分数、平均数、相关系数等,并以此为基础去推断相应的研究总体的研究方法。最早使用这一研究方法的是美国早期著名学者威廉·戈赛特(William S. Gossett)。1908年他发表了题为《平均的可能误差》的论文,尝试把试验结果量化。他进行了小样本调查,但他所发现的t分布统计规律并未得到广泛承认,直到15年后,才引起其他研究人员的兴趣。现在t-test在各个领域中被普遍使用。

第一节 非参数统计

统计基本分为两大类,即参数统计(parametric statistics)和非参数统计(nonparametric statistics)。过去有些学者认为,这两大类统计有几点不同:

第一,非参数统计仅适用于列名的(nominal)和次序的(ordinal)数据,而参数统计如适用于等距(interval)和等比(ratio)的数据;

第二,非参数统计结果不能推广到总体,只能利用参数统计;

第三,参数统计假设数据为正态分布,非参数统计没有这种假设,因此被称为"任意分布"(distribution-free)。

但是罗杰·温默认为,第一、第二区别并不存在,因为大多数大众传播研究专家认为参数统计和非参数统计都可以推广到总体。近几年许多专家就是这样做的。

事实上,非参数统计分析方法有很多的优点,例如,这种分析不要实现知道总体的分布情况，不要事先对样本分布作假设，只是对调查的样本进行分析，统计过程较为简单，是大众传播定量研究中实用简易的操作方法。

非参数统计分析方法缺点也是非常明显的，就是度量层次不高，检验分析的效力和效度比参数统计检验要低，解释与分析能力较差。

非参数统计包括内容很多，在传播学研究中，最常用的是以下四种。

一、卡方拟合优度分析

将某一现象的观测频率和期望或假设频率相比是大众传播研究人员经常采用的，目的是判断这种频率的变化是否真正有意义，即卡方统计（chi-square statistics），并通过卡方拟合优度检验实现。

卡方就是一个表示期望频率和观测频率关系的值，它通过下列公式取均值得到：

$$\chi^2 = \sum \frac{(O_i - E_i)^2}{E_i}$$

公式中，O_i 为观测频率，E_i 为期望频率。

这个式子说明每一期望频率之差先平方再除以期望频率，商的和就是那些频率的卡方。

知道了卡方值之后，就可以进行拟合优度检验，以确定这个值是否代表频率的显著差异。要做到这一点，就要知道两个值：第一个是研究人员预先定好的或然率尺度，第二个是自由度尺度（df＝ degrees of freedom），是某一特定检验中自变量的个数，它的值是可变的。假如某一项检验有三个未知量（x, y 和 z），$x + y + z = 10$，就有两种自由度：如果预定好某一变量的值，三个变量值中的其余两个可取任何不影响总和的值。就是说，如 $x = z$，$y = 4$，那么 z 肯定为 3。在拟合优度的检验中，用 $k - 1$ 表示自由度，其中 k 是组数。

卡方拟合优度检验能在比较广泛的领域中测量变化量，如分析研究受众对超时广告的感觉，影视节目安排的变动，评估传播效果等，甚至用来研究"把关人"。

当然，卡方拟合优度检验也不是万能的，只在某些研究领域。因为卡方拟合优度检验是一种参数统计方法，变量必须是名目的和次序的来测量，组也必须独立，且每组的每一测量值必须与所有其他测量无关。同时,卡方公布对小样本则会得到有效结果。为了解决这个问题,建议在研究中每组至少测五个值,并且使单元的应该期望频率为 5 的不少于 20%,而期望频率为 0 的单元不能出现。

二、列联表分析

列联表分析法基本上就是拟合优度检验的扩展,不同点在于列联表分析法可以同时检验两个或更多变量。列联表分析法中,自由度尺度表示确定统计有效性,表示方法:$(R-1)(C-1)$,R 是行数,C 是列数。

三、两个样本之差的非参数分析

1. R 检验

R 检验(word-wolfwitz Runs Test)是通过从对两个总体中随机抽出的两个独立样本的某种趋势(平均数)和离散(离差)趋势的检验,来分析这两个总体的分布是否有差异。R 检验可分为小样本 R 检验和大样本 R 检验。

小样本 R 检验。当 $n_1 \leqslant 20$ 和 $n_2 \leqslant 20$ 时的检验就是小样本检验。它的检验步骤分为:确定研究条件,如总体分布,抽样类型,量度层次,提出假设,计算抽样分布,确定水平和否定域,统计,获得结果。

大样本 R 检验。$n_1 > 20$ 和 $n_2 > 20$ 时的检验就是大样本检验,它的步骤同小样本检验的步骤相同。

2. U 检验

U 检验(Man Witney U Test)作为一种非参数分析方法,其假设条件与 R 检验完全相同,即两总体皆为正态连续分布的相同总体,量度层次为定序尺度。但是,U 检验比 R 检验更容易做到,且信度高。特别是当两个总体的差异性主要表现在集中趋势程度上,并且离散不太显著的情况下,U 检验比 R 检验更具效力。

U 检验也分为小样本检验和大样本检验,其步骤与 R 检验基本相同。

3. 配对样本的非参数检验

主要是柯-斯检验(Kolmogorov-Smirmov Test),它常被一些研究人员用来代替卡方拟合优度检验,甚至被认为是比卡方检验更好的方法,特别是它不规定每一单元期望频率的最小值。如果两个配对的独

立随机 n_1 和 n_2 都是分别从两个相同的总体中抽出的,那么,可以认为这两个样本的累计频率分布基本相似。柯-斯检验的统计量,就是这两个样本累计频率分布中的那个最大的差值 D_K,如果差值最大,则说明两总体分布相差很大,如果 D_K 差值小,并且小于 D_K 在否定域的值,D_K 就说明两总体分布无差异。

柯-斯检验的步骤类似 R 检验,一定显著水平的 D 可查表 12-1 和表 12-2。

表 12-1 柯-斯单样本检验 D 的临界值

样本大小 (N)	D 的显著性水平				
	.20	.15	.10	.05	.01
1	.900	.925	.950	.975	.995
2	.684	.726	.776	.842	.929
3	.565	.597	.642	.708	.828
4	.494	.525	.564	.624	.733
5	.446	.474	.510	.565	.669
6	.410	.436	.470	.521	.618
7	.381	.405	.438	.486	.577
8	.358	.381	.411	.457	.543
9	.339	.360	.388	.432	.514
10	.322	.342	.368	.410	.490
11	.307	.326	.352	.391	.468
12	.295	.313	.338	.375	.450
13	.284	.302	.325	.361	.433
14	.274	.292	.314	.349	.418
15	.266	.283	.304	.338	.404
16	.258	.274	.295	.328	.392
17	.250	.266	.286	.318	.381
18	.244	.259	.278	.309	.371
19	.237	.252	.272	.301	.363
20	.231	.246	.264	.294	.356
25	.21	.22	.24	.27	.32
30	.19	.20	.22	.24	.29
35	.18	.19	.21	.23	.27
35 以上	$\frac{1.07}{\sqrt{N}}$	$\frac{1.14}{\sqrt{N}}$	$\frac{1.22}{\sqrt{N}}$	$\frac{1.36}{\sqrt{N}}$	$\frac{1.63}{\sqrt{N}}$

表 12-2　柯-斯两样本检验 K_D 的临界值(小样本)

N	单侧检验		双侧检验	
	$\alpha=.05$	$\alpha=.01$	$\alpha=.05$	$\alpha=.01$
3	3	—	—	—
4	4	—	4	—
5	4	5	5	5
6	5	6	5	6
7	5	6	6	6
8	5	6	6	7
9	6	7	6	7
10	6	7	7	8
11	6	8	7	8
12	6	8	7	8
13	7	8	7	9
14	7	8	8	9
15	7	9	8	9
16	7	9	8	10
17	8	9	8	10
18	8	10	9	10
19	8	10	9	10
20	8	10	9	11
21	8	10	9	11
22	9	11	9	11
23	9	11	10	11
24	9	11	10	12
25	9	11	10	12
26	9	11	10	12
27	9	12	10	12
28	10	12	11	13
29	10	12	11	13
30	10	12	11	13
35	11	13	12	
40	11	14	13	

四、参数统计

参数统计方法是处理复杂数据的方法,这些方法都是假设数据呈正态分布。在大众传播学研究中最常用的参数统计方法是 t 检验。

1. t 检验

在一些大众传播研究中,常将实验对象分为两组进行实验,一组是经过某种形式的处理,另一组作为控制。实验后进行比较,以确定两组之间是否存在显著差异。t 检验是比较每一组的平均值,以了解实验对检验结果有无影响。

t 检验也有许多不同的方法,选何种检验方法可根据检验的是独立组成相关组,已知总体均值或未知总体的均值进行变换。

t 检验假设从中抽取样本的母体变量是正态分布,还假设数据具有变异数同性,就是说数据偏离平均值程度相同。t 检验的基本公式比较简单,公式的分子是样本平均与假定的总平均值之差,再除以平均值标准误差的估值(S_m):

$$t = \frac{\overline{x} - \mu}{S_m}$$

式中,$S_m = \sqrt{\frac{SS}{N-1}}$,$SS = \sum (x - \overline{x})^2$

t 检验是比较常用的一种统计方法,是检验独立组成或平均值的形式,这种方法用于研究两组独立组的差异。用于检验独立组的 t 检验公式为:

$$t = \frac{\overline{x}_1 - \overline{x}_2}{S_{\overline{x}_1 - \overline{x}_2}}$$

其中,$\overline{x}_2$ 是第二组的平均值,$S_{\overline{x}_1 - \overline{x}_2}$ 是两组的标准误差。标准误差是 t 检验公式的重要部分,计算公式是:

$$S_{\overline{x}_1 - \overline{x}_2} = \sqrt{\left(\frac{SS_1 + SS_2}{N_1 + N_2 - 2}\right)\left(\frac{1}{N_1} + \frac{1}{N_2}\right)}$$

式中,SS_1 是第一组的平方和,SS_2 是第二组的平方和,N_1 是第一组的样本范围,N_2 是第二组的样本范围。

2. 变异数分析

变异数分析(analysis of variance)是 t 检验法的扩展,因为 t 检验法仅适用于一个变量比较,而变异数分析法可用来同时研究几个自变量,即因素(factors)。变异数分析法按研究中涉及的因素数目命名;研究一个自变量,叫单向变异数分析;研究两个自变量叫双变异数分析,依此类推。也可以用自变量的尺度对变异数命名。2×2 变异数分析表示两个自变量,每个自变量有两级。

变异数分析法在大众传播研究方面被广泛适用,但是因为变异数分析最常用于检验两个或更多组之间的平均值显著差异,并且与变异数差异分析无关,同时变异数分析将系列数据全部变化分解为各自不同的变化源,就是说,它用一个或更多自变量来解释一系列数值变异数的来源,因此人们对变异数分析常有误解。

变异数分析两种变异数——系统变异数和误差变异数。系统变异数可归因于一个已知的因素,这个因素造成它所影响的数值预先增大或减小。数值的误差变异数归因于一个未知因素,它是研究中最难确定、最难控制的因素,所有研究者的主要目标是尽可能消除或者尽可能的控制误差变异。

变异数模式假设:

(1) 每一个样本都是常态分布。

(2) 每一组变异数相等。

(3) 实验对象由母体中随机抽出。

(4) 数值为统计独立,即它们与其他变量或数值无相伴关系。

变异数分析法首先选定两个或更多随机样本,这些样本可以从相同的或不同的母体中抽取,每组要进行不同的实验处理,然后进行某种形式的检验,检验得到的数值用来计算变异数比率,即 Fee 率。

在统计过程中,我们会遇到平方和法,在平方和法中,原始数值或偏差数值平方求和,这样就不必处理负数,只要将所有数据平方就不会影响数据平均值,而平方只是将数据变为一系列更易于分析的数据。

变异数分析法在检验中,要计算组与组之间、组内和总体的平方和。组间和组内平方和要除以相应的自由尺度,得到均方值;组间均方值(ms_b)和组内均方值(ms_w)。Fee 率的计算公式为

$$F = \frac{ms_b}{ms_w}$$

式中,$ms_{bdf} = K - 1$,$ms_{wdf} = N - K$,$K = $ 组数,$N = $ 总样本

数值计算所得 Fee 率要与 F 分布表中相应自由度尺度所造成或然率尺度的 Fee 率比较，如果计算值等于或大于表中查到的值，可以认为变异数分析统计有效。Fee 率表与 t 检验表和 x 平方表相似，只是 Fee 率表使用两种不同的自由度尺度，一个对应于 Fee 率分子，一个对应于分母。

3. 双向变异分析

双向变异数分析是研究者在实验中同时检验第二个自变量所用到的。在双向变异分析中，研究者收集数据，像单向变异数分析法时一样排成表，不同的是对应每一实验对象的数值填入表中每一单元，如表 12-3 所示。

表 12-3 双向变异数表

A 组(易)	B 组(中)	C 组(难)
$X_{111}, X_{112}\cdots\cdots$	$X_{121}, X_{122}\cdots\cdots$	$X_{131}, X_{132}\cdots\cdots$
$X_{211}, X_{212}\cdots\cdots$	$X_{221}, X_{222}\cdots\cdots$	$X_{231}, X_{232}\cdots\cdots$

X 表示相关测试数值，下角标有这个数值的实验对象（假设的实验对象）。

由于对每一个自变量的研究是同时进行的，所以双向变异数分析节省时间，节省材料，还可以计算两种自变量对因变量的影响：平均效应和互动效应，而单向变异数分析只能计算平均效应。平均效应是自变量对因变量的影响。互动效应是两个或两个以上自变量，对一个因变量的共同作用。

单向变异数分析只计算一个 Fee 率，双向变异数分析则要计算四个 Fee 率，每一个都要与 F 分布表对照以判定是否统计有效（列间、行间、互动、单元内）。列间（平均效应）代表对应于双向变异数分析列中的自变量的检验，行间是另一个平均效应检验，它表明双向变异数分析行间自变量水平的有效性，互动是对研究中的两个自变量之间互动的检验，单元内检验研究的每一单元间的显著差异，确定单独每个组变量之间互动的检验，单元内检验研究的每一单元间的显著差异，确定单独每个组在分析中的作用。双向变异分析不计算总的 Fee 率，故不用均方值和 F 列分析量。

4. 一般相关统计

研究人员在研究中发现,某些因素常常同另一种情景相联系。例如,某电影院放映《聊斋》时的观众越多,在某大城市,拜佛的人就越多,这两个变量之间就存在一种关系。两个变量,一个变量随另一个变量改变的程度,就是相关测度(measures of correlation),也叫结合测度(measures of association)。如果对同一对象进行两种不同测试,通常用变量 x 表示一种测度,用变量 y 表示另一种测度。如上面的例子,可用变量 x 表示看《聊斋》的测度,用变量 y 表示烧香拜佛的测度。如图 12-1 所示。

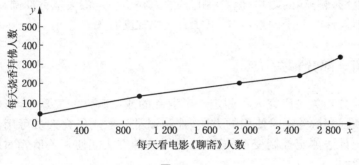

图 12-1

图 12-1 中,变量 x 是每天看电影《聊斋》的人数,变量 y 是每天烧香拜佛的人数,变量 x 同变量 y 是一起增加的,他们之间有一种正关系。如果变量 x 同变量 y 是相反的趋势,如,看电影《聊斋》的人越多,去拜佛烧香的人越少,这就是负相关或负关系,到某一点,变为正关系。这种关系也叫曲线关系。如果一个变量取值较大但没有引起另一个变量的大值或小值,说明这两个变数不相关。

研究人员可用多种办法来研究或检测两个变量之间的关系,如皮尔逊(Pearson)的积差相关(product-moment correlation),用 r 表示。r 在 -1.00 到 $+1.00$ 之间变化,相关系数为 -1.00 时,表示完全不相关或理想相关。皮尔逊 r 可取的最小值是 0.00,表示两个变量之间没有关系,这时,可以得出两个证明,一是它的数值可估算出是何种关系,二是它的符号表明了方向。相关系数是一个纯数字,是取绝对值,如 -0.5 和 $+0.5$ 是同等相关程度,而 -0.6 比 $+0.6$ 更相关。

如何计算 r 值呢?有一个公式,即:

$$r = \frac{N\sum xy - \sum x \sum y}{\sqrt{[N\sum x^2 - (\sum x)^2][N\sum y^2 - (\sum y)^2]}}$$

式中，x 和 y 表示原始数值；$\sum$ 是求和符号；$\sum xy$ 表示 x 和 y 的积求和，即将每一变量 x 与它对应的变量 y 相乘，将结果相加。

相关 r 是很抽象的概念，它与原始数值的大小无关，因为 r 没有单位概念，只有"弱"、"中"、"强"的概念。例如 0.00 是无关，0.01—0.3 是弱相关，0.4—0.7 是中度相关，0.71—0.90 是强相关，0.91—1.00 之间是高度相关。相关并不表示简单的因果关系。例如，烧香拜佛可能受电影《聊斋》的影响，但看《聊斋》的人并不一定都去烧香拜佛，相关只是因果性的一个因素，它还可能与文化程度有关。

五、部分相关

部分相关是研究人员假定一个混乱的或欺骗性的变量，会影响自变量和因变量关系时使用的方法，控制混乱变数。研究人员可用部分相关统计法测定控制变量的影响，使用这种方法能使相关值相对原先研究增加。

第二节 回归分析

在对数量的分析中，往往会发现变量与变量之间存在着一定的相关关系。如果在研究变量之间的相关关系时，把其中的一些因素作为新控制的变量，而另一些随机变量作为它们的因变量，这种关系分析就是回归分析。

回归分析（regression）的主要过程包括：线性回归、曲线估计、逻辑回归、概率回归、非线性回归、加权估计、最小二乘法。

考虑到研究的实用性，本节只介绍简单的线性回归和复回归分析。

一、简单线性回归

简单线性回归（simple linear regression）是用于检测一非独立变

量(因变量)与一组独立变量(自变量)之间的关系。所有因变量与自变量的测量必须依据一定的间隔尺度进行测量,标定变量,并记录为二进制(虚拟)变量。研究人员如果已经收集了大量的自变量并希望建立一个只包含与因变量有统计关系的回归模型,你可以利用一些已知的变量选择方式去选择一些自变量,并记录为二进制(虚拟)变量。例如,假如两个变量极为相关($\gamma=1.00$),我们便可利用所了解的某一个对象的一个变量数值,确定另一个变量数值,如图12-2所示为理想线性相关的情形。

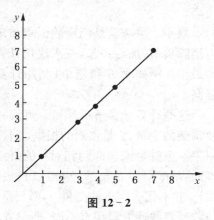

图 12-2

图 12-2 是散点图,所有的点都在一条直线上,这条线就是回归线。但实际上这种线性关系几乎是不可能存在的。散点图中不可能划出一条穿过所有点的直线,而只能从数字上计算出一条最能代表各自数值的直线,这样的直线虽然不能穿过所有数值,但却接近所有的数值。德国数学家高斯发明了计算这条线的最小二乘法。

最小二乘法计算出一条最佳方法描绘两变量之间关系的直线,如图 12-3 中所有代表 8 个 x 和 y 变量关系的数据点,最小二乘法确定了这些数据点的直线方程,这条线通过或最接近数量多的点,然后将计算所得直线与真实的或理想的直线相比较,以确定计算所得直线的准确度。计算所得的直线接近真实直线,预测越准确。

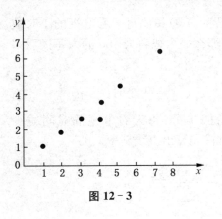

图 12-3

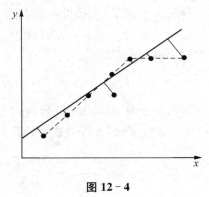

图 12-4

图12-4是根据图12-3所画的实线,代表通过或接近最多数据点的直线,折线连接引导真正的数据点,数据点与真实直线之间有一定距离。

最小二乘法就是测定数据点与理想线之间的距离,然后将距离平方消除负值,加在一起,一次次用计算机重复这个过程,直到距离平方和最小。距离平方和越小,利用计算公式对因变量所作预测准确度越高。

这些计算涉及解析几何。直线的公式是 $y = a + bx$,其中 y 是我们要预测的变量,x 是预测的根据,a 代表直线与 y 轴的交点,b 是直线的斜率。(也就是说,b 表示相对 x 的每一改变 y 的改变量,x 和 y 之间关系不同,斜率可以是正数,也可以是负数。)但严格地说,回归线性方程中,y 并不代表真正的变量 y,而只是一个预测的 y,所以回归线性方程与普通直线性方程稍有不同。回归方程中的 y 常用符号 $\bar{y}$ 表示,这样回归方程为

$$\bar{y} = a + bx$$

为了便于理解,请看罗杰·温默举的实例。假设我们拥有代表受教育年数和每天用于看报时间之间关系的数据,回归方程为:

$$\bar{y} = 2 + 3x$$

上式中,y 为每天的读报时间;x 为受教育年数。a 值告诉我们,没有受过正常教育的人每天用于看报的时间是2分钟;b 值显示每多受一年教育,花在读报上的时间要增加3分钟,那么一个受过10年教育的人读报时间是 $y = 2 + 3(10)$ 等于32分钟。

另一个例子里,假设一个人的智商(IQ)和他每天看电视的小时数的回归方程是 $y = 5 - 0.01(IQ)$。那么一个智商为100的人每天看多少时间电视呢?

$$y = 5 - 0.01(100) = 5 - 1 = 4 \text{ 小时。}$$

根据上述回归方程,智商每增加1分,每天看电视的时间减少0.01小时。回归方程的数字计算时首先算出直线斜率

$$b = \frac{N\sum xy - (\sum x)(\sum y)}{N\sum x^2 - (\sum x)^2}$$

上式的分子与计算 γ 系数式子的分子完全相同，而 γ 方程与分母中的第一项相同。因此，一旦计算 γ 所需的数值都确定了，那么计算 b 就非常容易。然后用 y 值求 a。但如果分析散点图显示有曲线关系，就要用其他的回归方法。

二、复回归

复回归(multiple regression)是线性回归的扩展，它是分析两个或更多自变量和一个简单因变量的关系的参数统计法。复回归与变异数分析有相似之处，它主要使用分析自变量所得的资料来预测因变量。因此复回归的主要目的是建立一个能够对于尽可能多的变量变异进行说明的方程。如图 12-5 所示为复回归模型。

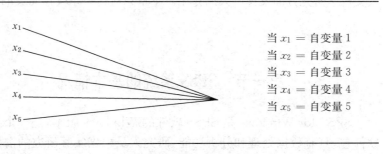

图 12-5

第十三章

SPSS 系统在传播学研究中的应用

SPSS(Statistical Package for Social Science)是国际上著名的统计分析软件。SPSS for Windows 是 SPSS 软件的 Windows 的窗口方式显示其各种分析数据的方法和管理功能,使用对话框展示出各种功能选择项。20 世纪 80 年代末当我在美国时,SPSS 系统已经普遍使用,但版本较低,中国内地还很少使用。今天,中国内地各领域已普遍使用,在我国人文科学研究方面发挥巨大的作用。本章只对这一系统作简要的介绍。

第一节 SPSS 系统的基本情况

SPSS for Windows 是 SPSS 软件的 Windows 版本,是一个组合式软件包,具有数据处理和分析功能,研究人员根据实际研究的需要和计算机的功能选择模块,对系统硬盘容量要求并不高。

一、SPSS 系统的主要特点

易学易用。在进行数据处理时,输入是使用键盘完成的,其他操作是通过菜单和对话框来完成的,一般的研究人员都容易学会和掌握。

无需重编程序。SPSS 的命令语句、子命令及选择项绝大部分通过对话框完成;对于一般的统计分析来说,无需编程序。如果研究人员熟悉 SPSS 语言,也可以在语句窗口直接输入程序语句,然后用鼠标按"Run"按钮运行。

分析方法很多。该系统既提供了描述性统计分析,也能进行多因素分析,以完成推断性统计分析。

同其他软件有数据转换接口。例如文件编辑软件生成的 ASCII

码数据文件可以方便地转换成 SPSS 的数据文件。

二、SPSS 环境要求

硬件环境。SPSS for Windows 根据硬件环境选择分析模块。它要求的存储空间是：

BASE	4 136 K；	PRO STATS	2 056 K；
ADV STATS	3 368 K；	TABLES	1 055 K；
TRENDS	2 776 K；	CATEGORIES	922 K；
LISREL	632 K。		

一般来说，计算机应有的自由空间在装完软件之后仍有总容量的 30% 以上，否则会影响计算机存取速度。

软件环境。SPSS for Windows 没有汉化版本，必须在 Windows 系统下以英语环境运行。但可装 Windows 98 版 + 中文之星 3.0 版，这样就能把英文输出通过编辑功能改为汉字在中文之星平台上运行。

三、软件安装

初始安装，开机后启动 Windows；SPSS 系统安装盘放入光盘驱动器；启动 Windows 界面上的"我的电脑"图标，双击鼠标键，打开对话框；将当前驱动器改为放置 SPSS 安装盘的驱动器（图 13-1-1）；找到 setup.exe，双击鼠标键执行该安装程序（图 13-1-2）。

整个安装有以下几个步骤：在确定 SPSS for Windows 安装在哪个目录中，如果是安装程序自动建立目录 C:\Program Files\Spss，把程序安装在此目录中（图 13-1-3），如果安装在另一目录中，则在显示默认目录的地方选择"浏览"，重新输入驱动器和目录名称，选择"OK"确认指定的驱动器和目录继续安装，或选择"Cancel"；输入安装盘序列号和使用者的名称（图 13-1-4），选择"Next"继续；选择"Cancel"，或按"Esc"键取消安装，退出安装程序；选择要安装的过程，查看硬盘剩余空间。

选择完毕，在对话框下方找到以下按钮：鼠标对准"OK"按钮，单击鼠标键，安装开始（图 13-1-5），并按提示更换系统盘，直至安装结束，然后将鼠标对准"Cancel"，单击鼠标键，取消安装程序，鼠标再对准"Help"按钮，请求帮助。

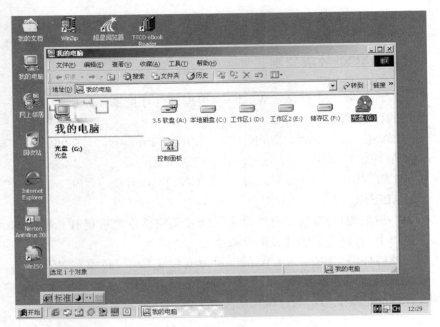

图 13-1-1

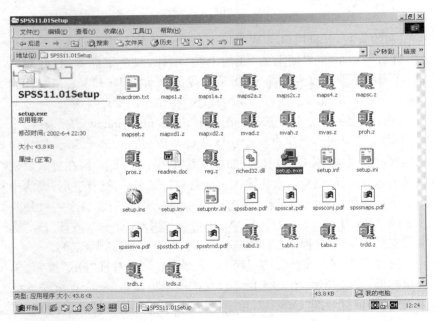

图 13-1-2

SPSS 11.0.1 for Windows Setup
Choose Destination Location
Setup will install SPSS for Windows in the following directory.
To install to this directory, click Next.
To install to a different directory, click Browse and select another directory.
You can choose not to install SPSS for Windows by clicking Cancel to exit Setup.
Destination Directory
C:\Program Files\SPSS
Browse...
< Back
Next >
Cancel
Help
Exit F3
开始
SPSS11.01Setup
SPSS 11.0.1 for Windows...
CH
12:59

图 13－1－3

SPSS 11.0.1 for Windows Setup
User Information
Enter your name, organization, and the serial number that is printed on the CD-ROM case.
Name:
Organization:
Serial number:
< Back
Next >
Cancel
Help
Exit F3
开始
SPSS11.01Setup
SPSS 11.0.1 for Wind...
SPSS系统在传播学...
CH
13:01

图 13－1－4

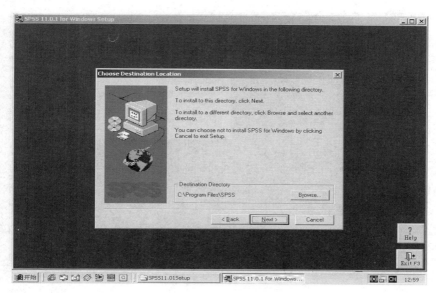

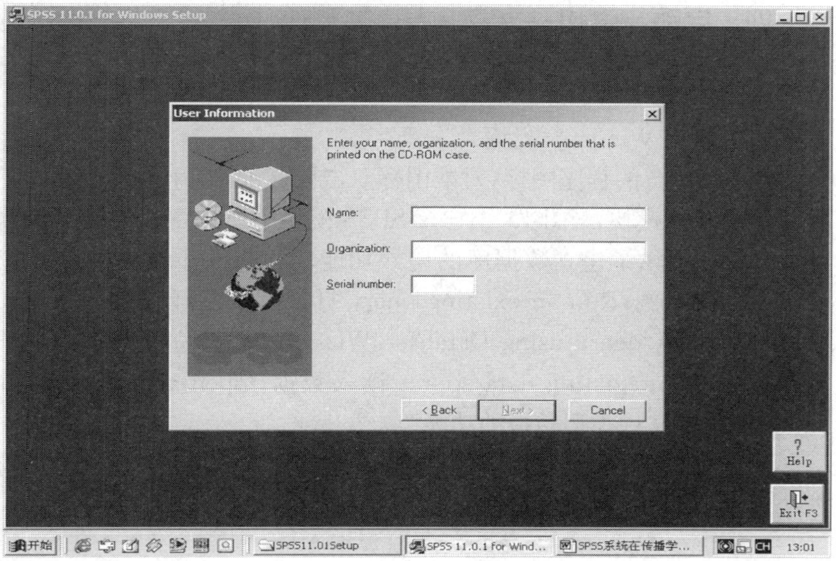

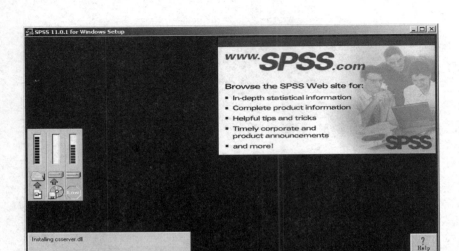

图 13-1-5

四、启动与退出

1. 启动

开机启动 Windows 界面。

找到 SPSS 的程序图标，对准图标双击鼠标键，展开 SPSS 窗口，并显示主要功能模块：（图 13-1-6）SPSS 模块中所选中并安装了的模块，tutorial 提供了建立数据库的向导功能；Type in data 提供了建立数据文件的示例；Run an existing query 打开一个已经存在的数据文件；Create new query using Database Wizard 提供建立新数据库的向导；Opening an existing data source 读入数据；Open another type of file 则提供了文件类型转换的功能。

用鼠标单击 SPSS 图标，展开 SPSS 主画面。SPSS 主画面一般有两个窗口（图 13-1-7）：

（1）Data View 窗口：输入、编辑数据文件。

（2）Variable View 窗口：定义变量。

主画面出现后，SPSS 启动完毕。

第十三章　SPSS 系统在传播学研究中的应用　233

图 13-1-6

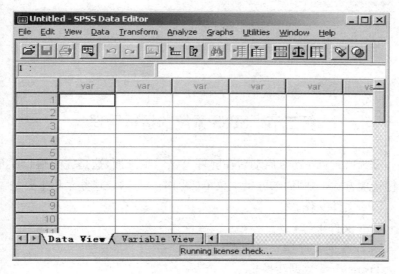

图 13-1-7

2. 退出

退出方法有几种，一般使用两种，即：

(1) 光标对准主画面右上角的窗口控制菜单图标 ⊠，单击鼠标左键。

（2）光标对准主画面中的 File，单击鼠标左键，找到菜单中的最后一项"Exit"，光标对准再单击（图 13-1-8）。

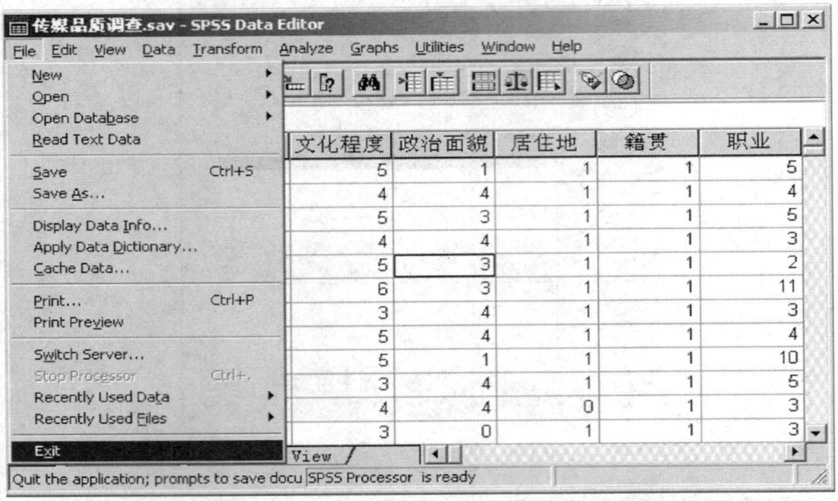

图 13-1-8

第二节　SPSS 系统的运行管理

SPSS for windows 启动后在屏幕上显示主画面，这是完全窗口菜单运行管理方式，主画面上方是主菜单（图 13-1-7）。这些菜单主要是：

File 文件操作；

Edit 文件编辑；

Data 数据文件建立与编辑；

Transform 数据转换；

Analyze 统计分析；

Graphs 统计图表的建立与编辑；

Utilities 实用程序；

Windows 窗口控制；

Help 帮助信息。

每个菜单又包括了一系列功能。当“New Data”窗口输入了数据或读入了一个数据文件后，可使用各菜单单项的各种功能进行工作。

程序运行管理方式是在语句窗口(syntax)中直接运行编写好的程序的一种管理方式。在该窗口中输入SPSS命令组成的程序，利用主菜单的“Edit”菜单项对窗口中的程序进行修改。在“syntax”窗中的程序可以分析数据窗中的数据，亦可用有关语句指定外部数据文件，对其进行分析。

也可以将“完全窗口菜单运行管理”和“程序运行管理方式”混合使用。首先在数据窗口中输入数据或利用主菜单的“File”菜单项打开已存在的数据文件，即把数据读入数据窗，然后用对话框选择分析过程和分析参数。选择后用“Paste”按钮将选择的过程及参数转换成相关的命令，置于“syntax”窗口，在该语句窗中增加对话框中没包括的语句和参数，或修改子命令中的参数，然后按窗中的“Run”按钮，将程序交系统执行。

一、主要窗口

1. 数据编辑窗口(Data Editor)(图13－2－1)

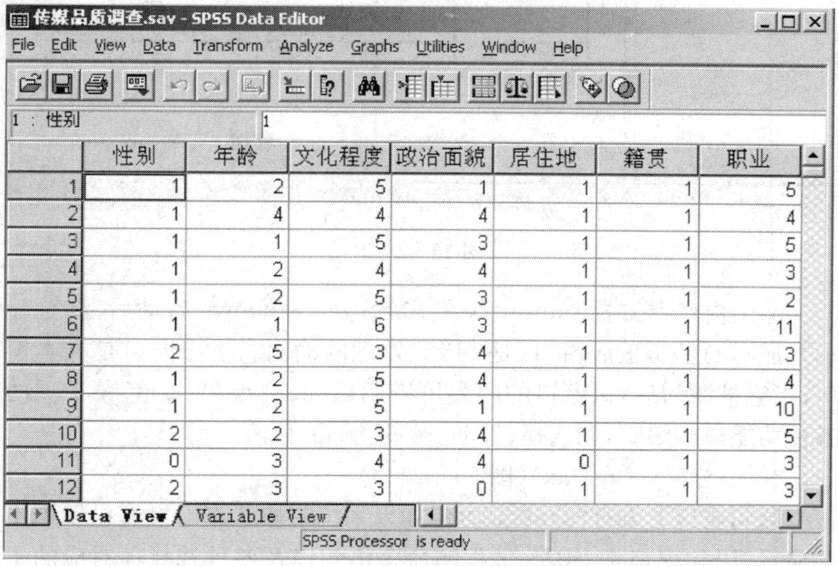

	性别	年龄	文化程度	政治面貌	居住地	籍贯	职业
1	1	2	5	1	1	1	5
2	1	4	4	4	1	1	4
3	1	1	5	3	1	1	5
4	1	2	4	4	1	1	3
5	1	2	5	3	1	1	2
6	1	1	6	3	1	1	11
7	2	5	3	4	1	1	3
8	1	2	5	4	1	1	4
9	1	2	5	1	1	1	10
10	2	2	3	4	1	1	5
11	0	3	4	4	0	1	3
12	2	3	3	0	1	1	3

图13－2－1

数据窗口上方标有"Data Editor"。在 SPSS for windows 启动后，屏幕显示的主画面上的激活窗口即是数据编辑窗口。利用系统菜单"Data"菜单项可以完成定义变量的属性，录入数据，修改变量的属性，移动记录指针，插入观测量或新变量等；利用"Edit"菜单项对数据和变量进行拷贝、移动、查询和选择而为分析数据作准备；利用"File"菜单项"Save、Save as"功能可以把窗口中的数据存入一个数据文件，或存入另一个新的数据文件；利用"Statistics"菜单项中的各分析过程对该窗口中的数据进行统计分析。

2. 输出窗口(output)(图 13-2-2)

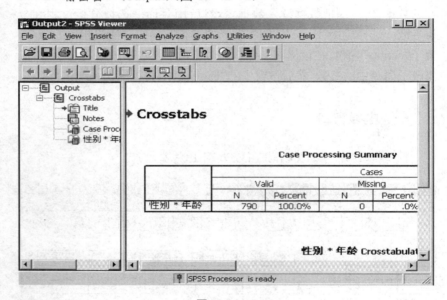

图 13-2-2

输出窗口上方标"output"，在 SPSS for windows 启动后，屏幕显示上显示的是非激活窗口，是 SPSS 处理的输出。输出窗口是文本窗口，当它被激活后，该窗口的内容可以用鼠标、键盘和"Edit"菜单项的各种功能进行编辑，如选择、移动、拷贝、删除、修改、寻找等。

3. 语句窗口(syntax)(图 13-2-3)

语句窗口上方有"syntax"。但如果系统初始状态时没有设置则不会显示，语句窗口把 SPSS 过程的命令语句以及各种选择项对应的子命令语句按 SPSS 语言组成一个或数个完整的程序粘贴到主语句窗口中,语句窗口可以用键盘输入 SPSS 命令编写的 SPSS 程序,用主菜单的 Edit 菜单项中的各种功能修改编辑窗口中的程序,用主菜单 file 菜单项的功能把窗口中的程序作为文件保存到磁盘或关闭该窗口,或把已存放在磁盘中的另一个程序文件调入,或独占该窗口,或与已存在于该窗口中的程序合并为一个程序运行。

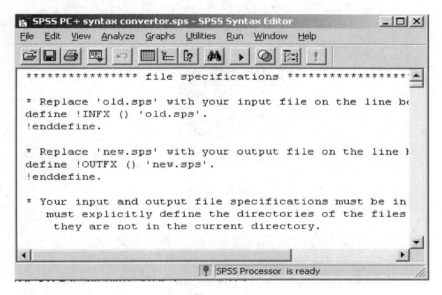

图 13-2-3

4. 图形编辑窗口(chart)(图 13-2-4)

在该窗口中可以对图形进行编辑、修改和打印。如,改变图形的花纹(Fillpattern 钮),改变或指定图形色彩(Color),改变图形中的符号(marker),改变图形中线的形状(line style),改变直方图的显示方式(Bar style),在图中标数字(Bar label),改变图中字体和字号(Text),改变或表明坐标(Swap Axis)等。总之,凡图形中所需改变的,在这一窗口中都能得到满足。

5. 帮助窗口(help)(图 13-2-5)

根据当时操作需要,寻求帮助信息。

二、对话框

对话框就是人为设置的人机对话窗口。在对话框中,研究人员可

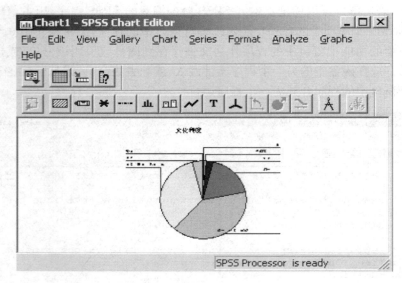

图 13 - 2 - 4

图 13 - 2 - 5

以通过多种选择按钮或菜单来指定选择项,执行命令,打开另一个对话框(子对话框)。

常用的对话框主要是文件操作对话框和统计分析对话框。

1. 文件操作对话框

主要是指打开数据文件对话框,打印文件或保存文件对话框,如按"Open Data File"打开数据文件对话框(图13-2-6)。

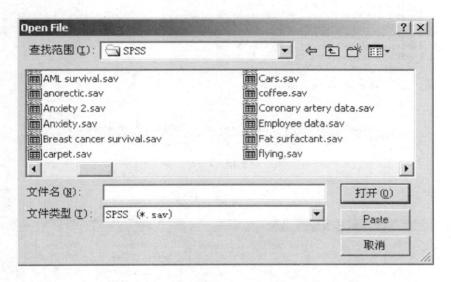

图 13-2-6

2. 统计分析对话框

该对话框主要任务是选择参与分析的各类变量,还可以选择分析中的计算方法和输出等(图13-2-7)。

三、系统参数设置

系统初始状态和系统默认的设置是通过 Option 对话框完成的,它的功能项在 Edit 菜单中。在 Option 对话框中可以设置的项目很多,本节主要介绍常用的几项(图13-2-8)。

(1) 设置运行记录的文件和写入方式,主要是:确定是否存入日志文件及写入方式;设定文件名。

240　传播学研究理论与方法(第二版)

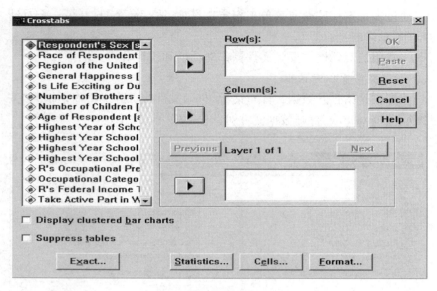

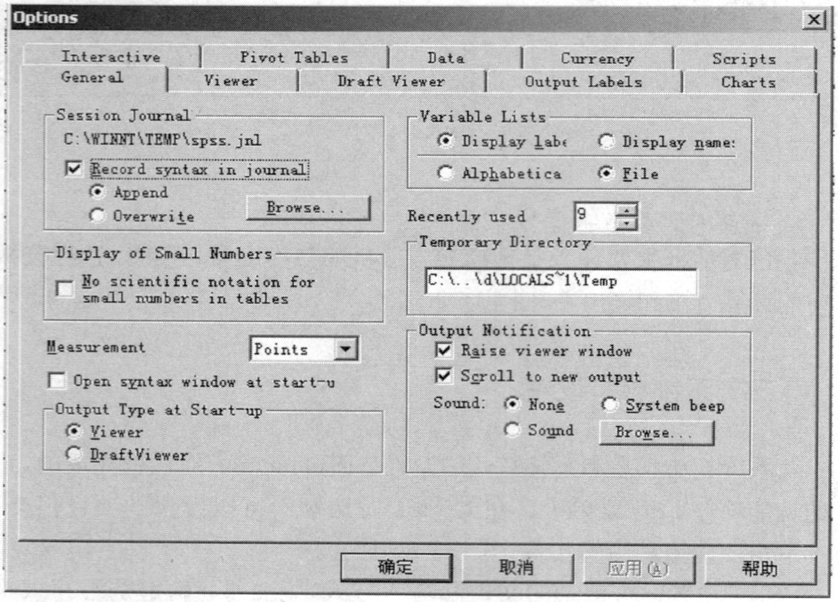

图 13-2-7

图 13-2-8

（2）设置时间，主要是在 Transformation & Merge Option 下面的矩形框中的选择项怎样执行 Compute、Count、Read ASC Ⅱ Data、Add Cases 和 Add Files 命令。这些方式主要是：

Calculate Values Immediately 指定立即执行方式；

Calculate Values before used 将这些命令保留到下次处理数据文件时执行。

（3）设置内存工作区。在设定日志文件有关参数的矩形框下面有"Working memory：□K Bytes"字样，在矩形框中直接输入作为 SPSS for Windows 计算统计量时使用的预留内存总容量。

（4）设置显示变量表的顺序。在 Display Order For Variable Lists 下面的矩形框中的选择项设定变量在变量表中的显示顺序，如 Alphabetical Order 按各变量的字母顺序，或 File Order 按变量在数据文件中出现的顺序排列。

（5）新变量的显示格式设置。

（6）语句窗的初始显示形式设置。

（7）统计图输出参数设置。

（8）数值型变量自定义格式设置。

（9）输出窗状态设置。

四、Windows 菜单项的功能和屏幕画面状态设置

窗口状态选择项设置，包括 File 项的功能，Cascade 项的功能，Icon Bar 项的功能，Status Bar 项的功能。

主要面窗口激活标志设置。

五、SPSS 的数据统计

SPSS 数据统计的前提是研究人员首先要把数据录入到 SPSS 能读识的数据文件或是 SPSS 的数据文件中，然后编辑数据库，对数据进行处理。

1. 建立数据库

建立数据库的步骤是：

（1）制定数据文件结构，即在数据录入之前要明确如何处理数据，

计算哪些变量,生成哪些图形;

(2) 录入数据,如定义变量,录入变量值;

(3) 编辑数据文件。

2. 数据统计

数据处理前先对数据进行拆分,如各年龄组、性别等;

统计处理,打开 statistics 菜单,然后单击 summarize 中 Descriptive 选择项,出现 Descriptive 对话框;

结果输出,统计结果通过 Output 输出窗口输出;

保存文件,将各个窗口的数据、结果或图形保存。

第三节　SPSS 统计分析系统

SPSS for Windows 使用两类统计分析方法,一类是数字分析,另一类是作图分析。数字分析过程在主菜单的 Statistics 中,通过多种分析过程,得到对数据的数值分析结果。图形分析可以给读者对数据统计特征图形化,以直观的形式出现。

一、SPSS for Windows 数值分析过程

1. 基本统计分析(图 13-3-1)

Descriptive Statistics 主要包括 5 个基本统计分析过程,即:

Frequencies 过程,该过程可以作单变量的频数分析表,可以显示数据文件中同用户指定变量的不同值发生的频数,也可以用来获得某些描述统计量和描述数值范围的统计量。

Descriptive 过程,可以计算单变量的描述性统计量。

Explore 过程,用于计算指定变量的综合描述性统计量,可以对观测量整体分析,也可以进行分组分析。

Crosstabs 过程,可作为两变量或多变量的各水平组合的频数分布表,即交叉分析表。

2. 分析功能(图 13-3-2)

Compare mean 分析功能主要包括四个基本统计分析过程,即:

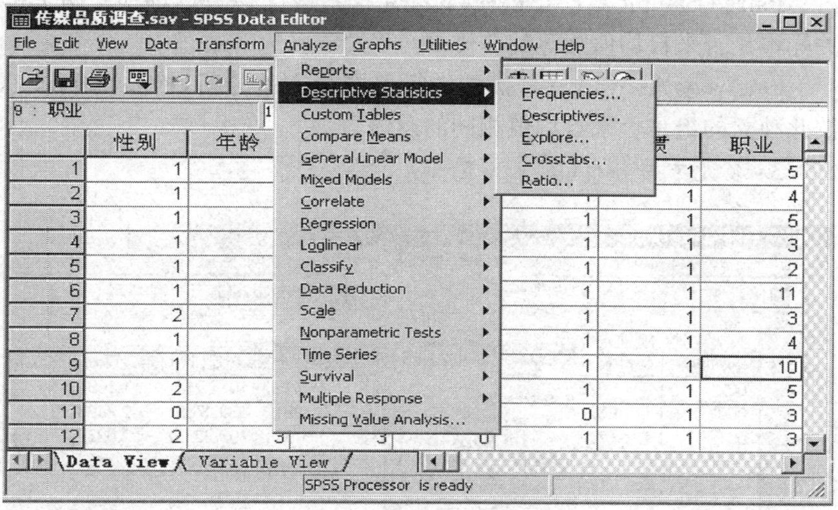

第十三章 SPSS 系统在传播学研究中的应用 243

图 13-3-1

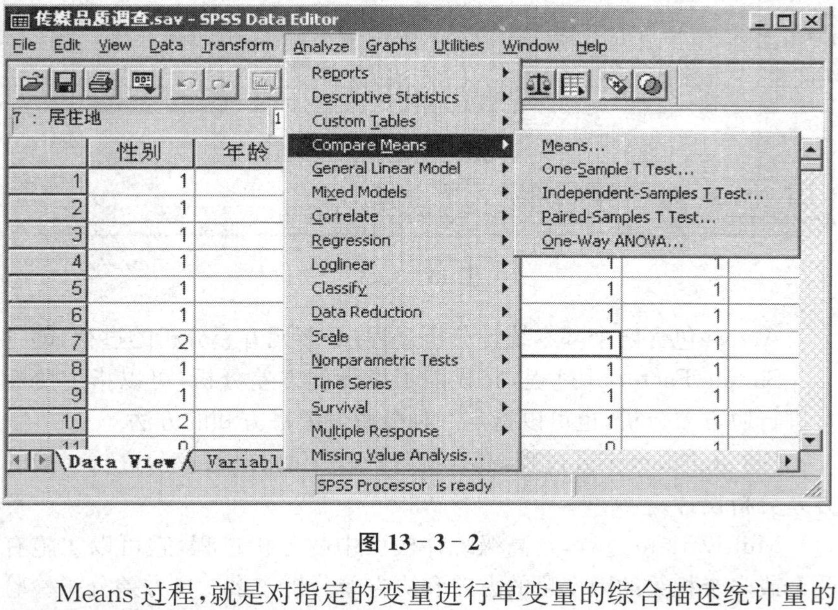

图 13-3-2

Means 过程,就是对指定的变量进行单变量的综合描述统计量的计算,还可以对指定的变量进行分组分析。

Independent Sample t Test 过程,进行独立样本的 t 检验,即检验两个不相关的样本是否来自具有相同均值的总体。

Paired Sample t Test 过程，对配对样本进行 t 检验，即检验两个相关样本是否来自均值相等的总体。

One-way Anova 过程，就是进行单变量方差分析，检验两个以上彼此独立的组是否来自均值相同的总体。

3. 多元方差分析（图 13-3-3）

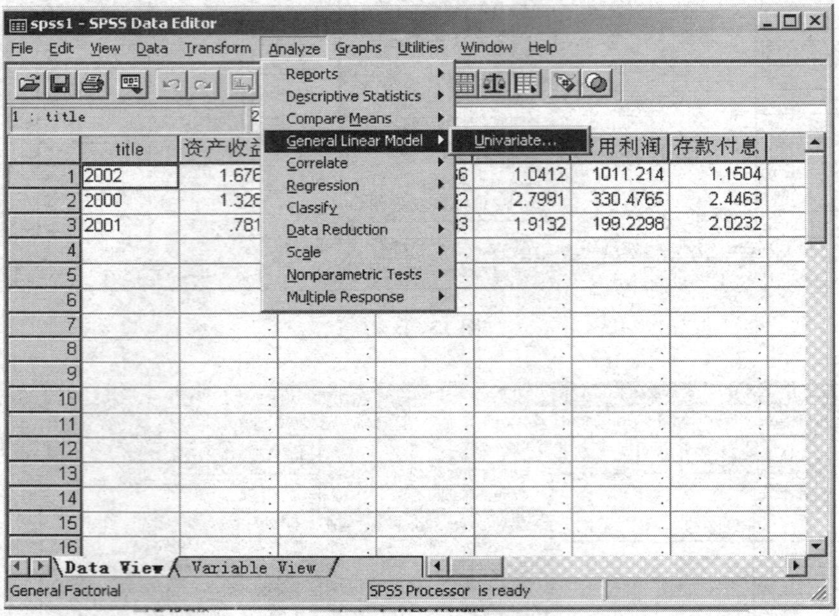

图 13-3-3

Anova 包含四个基本统计分析过程，是多元方差分析的过程，即：

Simple Factorial 过程，完成因子设计的方差分析，可以指定协变量进行协方差分析，也可以指定一种分解偏差平方和的方法。

General Factorial 过程，高级统计模块中的分析过程，进行一般的方差分析设计。

Multivariate 过程，是高级统计模块中的分析过程，它可以实施有两个或多个相关的因变量的方差和协方差分析。多变量方差分析检验相互有关的因变量集与一个或几个因素或分组变量之间关系的假设。

Repeated Factorial 过程，也属于高级统计模块中的分析过程，用于检验因变量的均值的假设，尤其是当研究对象的同一因变量在不同条件下测定时。

4. 相关分析(图 13-3-4)

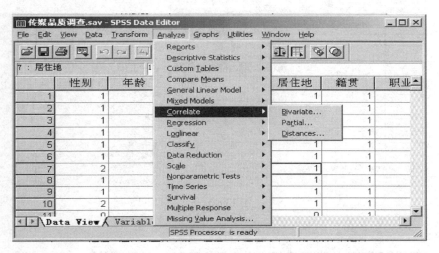

图 13-3-4

Correlate 包括进行各种相关分析的功能，主要是三个分析过程，即：

Distance 过程是计算许多相似性、非相似性或不同距离的测量，这些测量用于定量两个观测量或两个变量相似度和非相似度。

Partial 过程是计算两个变量间的相关系数。

Bivariate 过程是计算 Pearson 积矩相关矩阵和 Kendall、Spearman 非参数相关。

5. 回归分析(图 13-3-5)

Regression 是进行各种回归分析，例如：

Linear 过程，用于确定一个因变量和一组自变量之间的关系。

Logistic 过程，用于估计因变量为二分变量的回归模型。

Probit 过程完成概率分析，这种分析是测试刺激强度与反应比之间的关系。

Nonlinear 过程，用于估计带有表明观测度的不等权数的线性回归模型。

2-stage Least Squares 过程可以完成二阶最小平方回归，在模型中误差项与预测值有关联。

图 13-3-5

6. 聚类和判断分析（图 13-3-6）

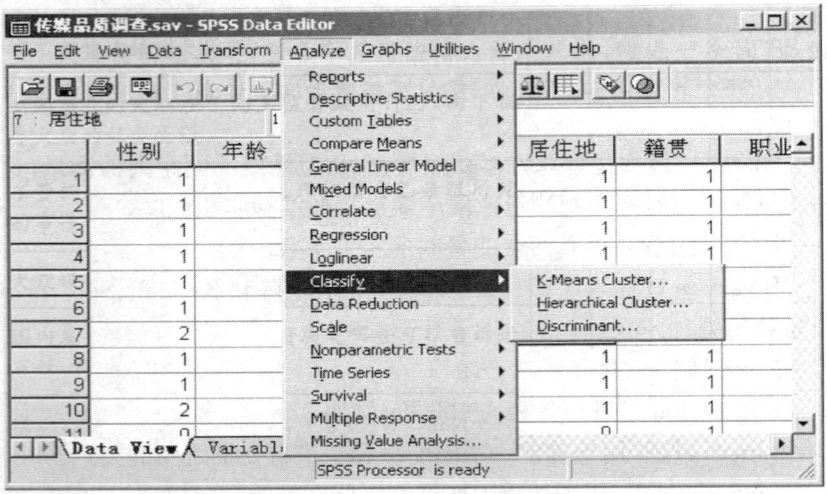

图 13-3-6

Classify 包含多种聚类和判断分析过程，主要是：

K-means Cluster 过程使用可以处理大量观测量聚类算法完成聚类分析，但要求指定分类的数目。

Hierarchical Cluster 过程，将观测量分组聚类，它使用密集存储的算法，简单地对许多不同结果进行检验。

Discriminant 过程,根据已知的按某些特性的观测量分类,找出判别函数,以根据一组变量组预测因变量的值。

7. 对数线性回归分析(图 13-3-7)

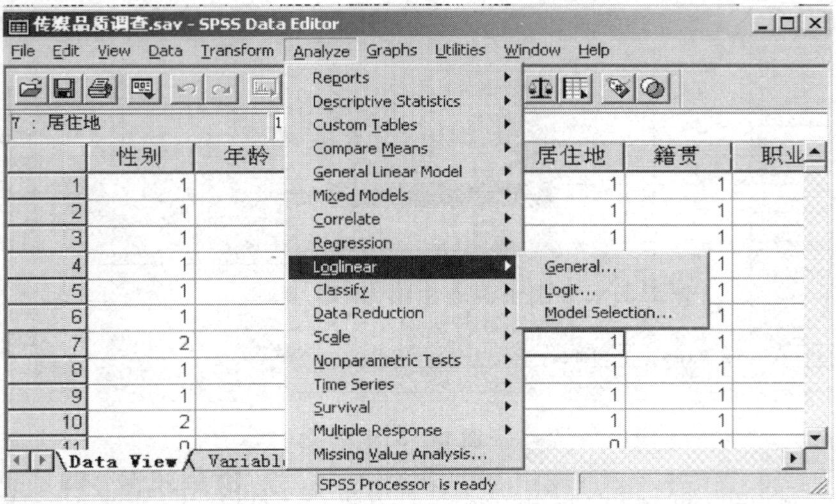

图 13-3-7

Loglinear 包含对数线性回归分析过程,具体的过程有三个,即:

General 过程是用最大似然法估计一般对数线性模型的参数,检验其效应,用以认定分类变量的关系。

Hierarchical 过程用于建立多维交叉表中变量间关系的模型。

Logit 过程用于检验一个分类因变量和一个或多个分类自变量间的关系。

8. 数据简化(图 13-3-8)

Data Reduction 包含五个不同过程,是简化数据的过程,如:

Factor 过程,属于专业统计分析过程,用于确认能够说明一组变量综合大批变量。

Correspondence 过程用于分析对应表(交叉表等),是对类别之间或变量之间距离的最佳测度。

Homogeneity Analysis 过程在 Categories 选择项中,是一项最佳换算过程,类似于因子分析,但该过程能够分析分类变量或有序变量。该过程亦可称为多重对应分析。

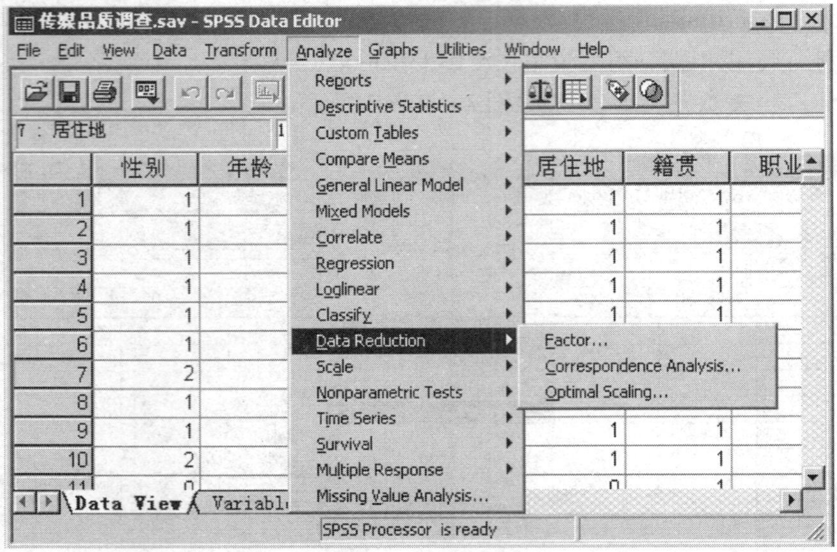

图 13-3-8

Nonlinear Components 是非线性分析,它的过程在 Categories 选择项中,完成非线性主要成分分析,以试图减少一组变量的维数。

9. Conjont 过程(图 13-3-9)

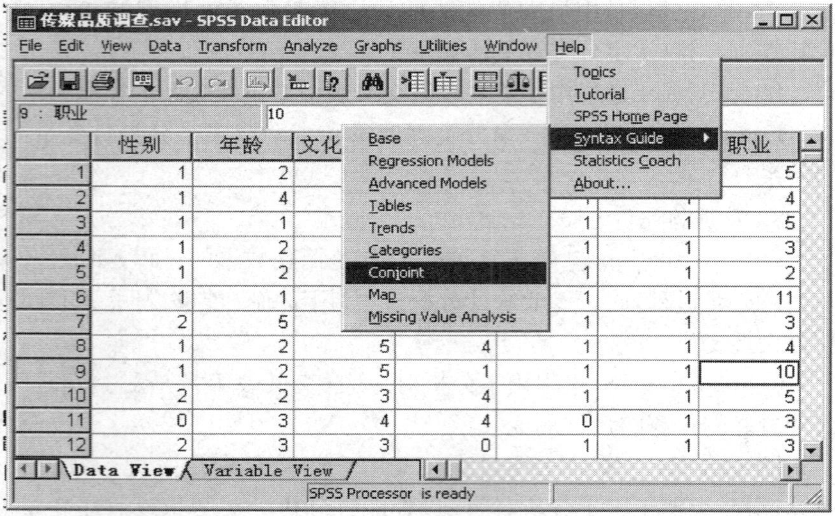

图 13-3-9

Conjoint 过程共包含三个过程，它们是：

Genrate Design 过程，产生"正交"设计，这个设计在没有对每种因子水平组合进行检验情况下，允许对几种因子进行统计检验。

Print Design 过程是打印 Genrate Design 过程完成的设计，供在数据收集中使用。

Analysis Design 过程对以上得出的设计而汇集的数据结果进行联合分析。

10. Scale 过程（图 13-3-10）

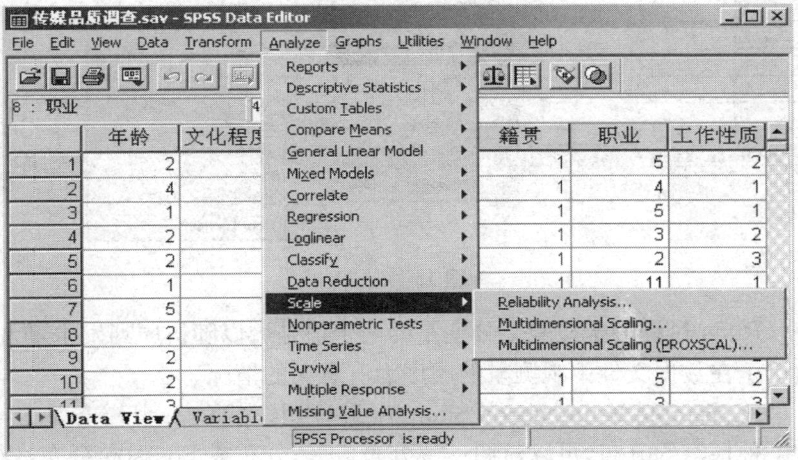

图 13-3-10

Scale 包含两个过程，即：

Multidimensional Scaling 过程代表多维空间的对象，从配对对象之间的相似性和距离方法估计对象的位置。

Reliability Analysis 过程是通过计算诸如"Cronbach's alpha"等级普通可靠性的度量，来完成加性等级的项目分析。当有一个通过求对独立项目响应而得到的等级，可以了解这些项目的相关程度。

11. Nonparametric Tests（图 13-3-11）

Nonparametric Tests 包含较多的过程功能，即：

Chi-Square 过程用于检验落入几个互不相交组的观测量数目相对比例的假设。

Binomial 过程用于对一个来自二项分布的总体，检验变量具有指定的事件发生的概率的假设，该变量只有两个值。

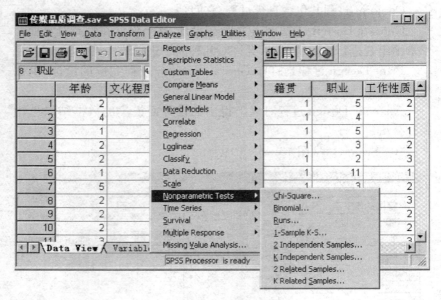

图 13-3-11

Runs 过程用于检验二分变量的两个值是否以随机序列发生，但仅适用于在数据文件中观测量的顺序为有意义的情况。

1—Sample Kolmogorov-Smimov 过程用于检验一个样本是否来自一种指定的分布，可以对照一致分布，正态分布或 Possson 分布进行检验。

2—Independent Samples 过程用于比较一个变量在两个不相关的组中的分布。

K Independent Samples 过程用于比较一个变量在两个或两个以上组别之间的分布。

2—Related Samples 过程用于比较两个相关变量的分布。

McNemar's Test 过程用于确定相关样本比例的变化，当因变量是二分变量时它可以用于"前和后"的实验设计。

K Related Samples 过程是用于比较两个或两个以上相关变量的分布。

Cocharn's Q test 过程用于检测不同二分变量是否具有相同的均数。

Kendall's W 过程用于测定评判的一致性，每个观测量对应一个评判人,所选的每个变量是一个评估的项目。

12. Time Series（图 13-3-12）

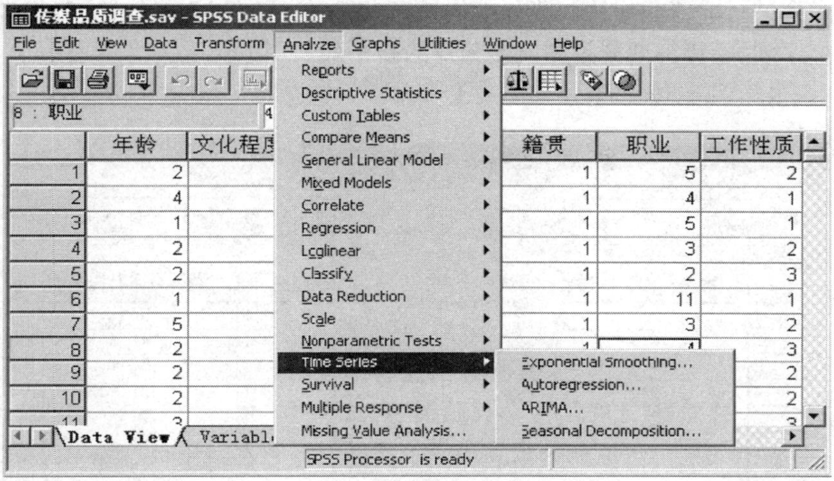

图 13-3-12

Time Series 包含四个过程,包括 Exponential Smoothing, Curve Estimation, Autoregression, ARIMA。

Exponential Smoothing 过程通过使用任何一种合并不同类型的趋势和模型,执行时间序列数据的指数光谱。这个命令在 trends 选择项中,建立包括预测值和残差的新序列。

Curve Estimation 过程使各类型数学函数拟合数据。就时间序列而言,独立变量可以是观测量的序列号,结果包括带有预测值、置信区间和残差的新序列。

Autoregression 过程估计检验第一阶自回归误差的线性方程,它提供三种估计方法,包括容许嵌入缺失值的方法。时间序列数据可能违背回归假设,因为这种回归假设所有观测必须是独立的,因此自回归模型对时间序列特别有用处。

ARIMA 过程估计非季节和季节单变量的综合自回归移动平均模型(ARIMA),该模型可选择固定回归自变量,这种算法在序列中容许嵌入缺失值。综合自回归移动平均模型建立包括预测值、标准误、置信区间和残差的新序列。

XⅡ ARIMA 过程估计增倍和加性季节分子,这是由于具选择的

ARIMA 向前和向后的方法，以及使用了一般的 XⅡ ARIMA 算法。

Seasonal Decomposition 过程使用 Censlls MethodⅠ方法对时间序列进行增倍和加性季节分子估计，它建立包括序列调节分子、季节调整序列、趋势图期分量和误差分量的新序列。

13. Survival(图 13 – 3 – 13)

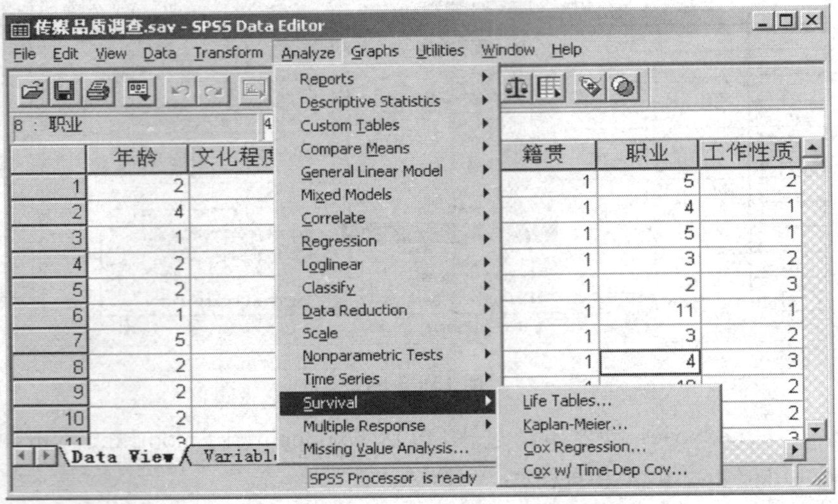

图 13 – 3 – 13

Survival 包含个四个过程，它们是：

Life Tables 过程用于检测两个事件分布，但第二个事件不一定发生。

Kaplan-Meier 过程用于检测两个条件分布但第二个事件不一定发生的情形。

Cox Regresssion 过程用于研究某个事件和一组时间自变量之间的相互关系。

Cox W/Time Dep COV 过程在时间函数是一个或一个以上的自变量时，该过程执行 Cox 回归。

14. Multiple Response(图 13 – 3 – 14)

Multiple Response 包括三个过程，即：

Define set 过程以指定变量组成一个多重影响或多重两分数集，并应有频数表和交叉列表。

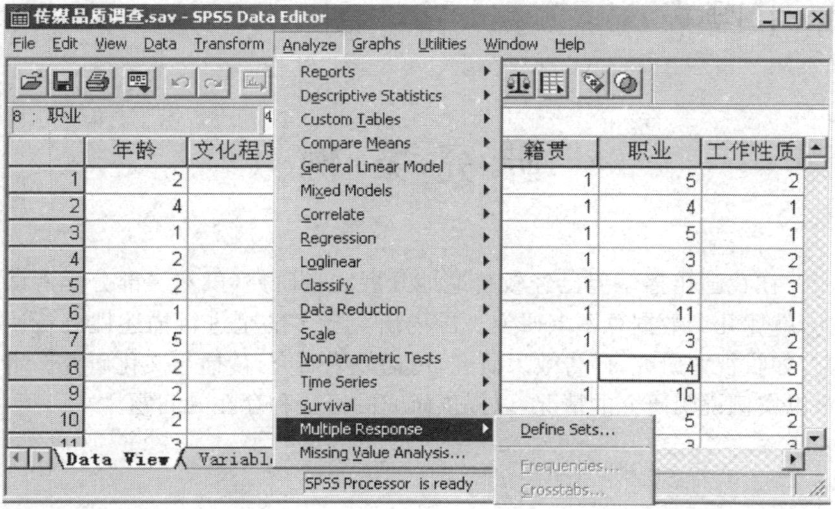

第十三章 SPSS系统在传播学研究中的应用 253

图 13-3-14

　　Frequencies 过程对定义的多重响应或多重两分集数提供一个频数表。

　　Crosstabs 过程提供带有另一种变量的、已定义的多重或多重两分数据集交叉表。

第十四章

研究案例

在我国传播学界已经较普遍地开展定量研究,虽然一部分学者认为,就凭几个数据算不上研究。国内研究较多的是进行描述性分析研究,如收视率研究,广告效果研究,传播效果研究,传播与文化研究。本章以实例说明研究的情况,以提供研究的经验和存在的问题。

第一节 "知沟"研究——社会结构与媒介知识差异研究*

我国的传播效果研究始于20世纪80年代初,中国新闻传播学界和业界的学者专家开始提倡和开展传播学的定量研究,如"首都知名人士对龙年的展望调查"、"江苏受众调查"、"浙江受众调查"、"1987年全国电视观众调查"、"人民日报全国读者调查"。这些调查虽然还是较浅层次的描述性调查,但这些调查对中国传播学的量化研究起到了推动作用。此后这类调查非常普遍。

20世纪90年代后,我国传播学的量化研究有了很大变化,达到了新的研究深度和广度。尤其是21世纪初,传播学研究出现了三个变化:研究模式从讲坛式研究向论坛式研究转移,研究内容从一般受众收视研究向深度传播效果研究延伸,研究视野从对西方或对本土的单一研究向中外多视角比较以及本土研究拓展。

"知沟"研究(Knowledge gap Research)是美国70年代以来研究传播效果的经典方法之一。1970年,美国明尼苏达大学的学者提出一个理论假设,就是在大众传播信息流量不断增加时,不同社会群体获取

---

* 该研究的作者是丁未,现为深圳大学新闻与传播学院教授。

媒介知识的速度其实是不一样的。按照这一假设，社会政治经济地位高的群体吸取媒体知识的速度要比社会政治经济地位低的群体快，这两类人的知识差距会出现两极化的趋势。这一假设向研究者提出的问题是现代大众传媒在信息社会化大众化均衡化的流通过程中给人以信息平均分配的假象，社会结构和社会分层的原因会影响受众对信息的吸收。换句话说，在存在不同阶层的社会里，社会的强势群体会得到多得多的媒介知识，这是不公平的。"知沟"研究案例是复旦大学新闻学院张国良教授、丁未博士的研究成果。这一成果具有开创性意义[①]。

一、研究目的

金字塔形的社会分层，是当前中国社会结构的基本特征。我们试图考察在这一社会背景和我国现有的媒介环境下，大传播过程中是否存在着知识鸿沟现象。

在此，我们考虑了两种研究设计：一是纵向比较，即选择一个社区，对该社区不同社会地位群体的媒介知识获取情况加以调查分析，以检验"知沟"假设是否成立；二是横向比较，选择两个以上的社区，对不同社区环境下的"知沟"形态进行跨地区比较，其优势在于：在检验"知沟"假设之普适性的同时，观察不同社会经济、政治、文化背景对"知沟"可能具有的作用力。

在以美国为主的"知沟"假设研究中，几乎极少从地域角度涉及地区及国际间经济、文化、政治差异对知识鸿沟产生的影响。我们希望通过地区间横向比较研究，以填补这方面的空白，对"知沟"理论有所补充与拓展。这也是基于中国特殊国情的考虑。中国是世界上自然地理、人口资源、经济发展和社会发展差距最大的国家之一，地区条件差异显著、发展极不平衡是中国国情的一个基本特征。改革开放以来，尤其是90年代以后，受政策倾斜和市场经济的作用，中国地区发展的差距（以人均 GDP 相对差距为发展指标）急剧扩大，据最新资料，2001 年广州、上海人均 GDP 已达到或超过 4 500 美元，北京也已达到 3 000 美元，达到了世界中等发达国家的水平；与此同时，一些西部地区的人均 GDP

---

① 丁未博士论文：《社会结构与媒介效果——"知沟"现象研究》。

还停留在很低的水平,例如贵州与上海的人均GDP就相差13倍之巨。在地区发展中,经济发展水平与知识发展水平往往互为因果、互为作用。

在知识发展水平上,我国地区间的鸿沟也同样明显,以教育水平为例,据2001年的统计资料,北京、上海两地15岁以上文盲与半文盲的人口比例分别占6.45%和8.68%,而甘肃、青海这样的西部贫困地区却占25%以上(分别为25.64%和36.52%)。2000年,中国社科院胡鞍钢等人利用"知识发展指标体系"(主要根据知识获取能力、知识吸收能力、知识交流能力三者建立的指标体系)对中国地区间的知识发展水平进行了测算,总体上得出:我国知识资源分布极不合理,东部地区综合知识发展指数明显高于中西部地区,8个少数民族省区都属于低知识水平发展地区。从综合知识发展水平上看,北京、上海远远高于其他地区,相当于全国平均水平的6.1倍和5.3倍。知识发展水平影响了人们对各种知识(包括媒介知识)的吸收与利用。

地区差异也可能发生在经济发展水平大致相同的社区,上海和北京即是典型——这两个中国最大的现代化都市由于历史、政治、地理的不同,加上两个城市在文化定位上的南北差异,也可能在媒介效果上出现地区性差异。

社会经济发展与文化背景的地区性差异为我们跨社区"知沟"比较提供了良好的土壤,也为我们在验证"知沟"假设的同时对这一理论作较为深入的探讨提供了便利。为此,我们选择了上海、北京、兰州三地,采用相同数量的样本、同一套问卷展开调查,以观察不同的社区环境对"知沟"的影响力(这里既包括了经济条件极不相同的东、西部比较,也包括了大型社区间文化环境差异比较)。

我们的研究目的主要包括以下三个方面:

(1) 在当前中国社会结构下,大众媒介效果中是否存在着"知沟"现象;不同的社会经济、文化环境对"知沟"形态是否产生影响。

(2) 从信息渠道的接触和使用、个体层面的动机、态度等因素分析"知沟"。

(3) 对当前中国社会的"信息富有者"与"信息贫穷者"进行总体描述,分析低SES(社会经济地位)群体在媒介信息利用上存在的问题,从多种变量看缩小"知沟"的可能性条件。

二、研究设计

1. 调查方法

本次大型调查于 2001 年 2 月 9 日到 12 月 20 日在北京、上海、兰州三大城市进行。调查采用统一问卷、入户面访的方式,对三个城市市区 18 岁以上(含 18 岁)人口进行了随机抽样调查。

2. 调查内容

(1) 受访者人口统计资料。包括年龄、性别、文化程度(受访者学历)、职业、家庭收入、婚姻状况等。

(2) 媒介接触与使用。所涉及的信息渠道包括报纸、电视、互联网、广播与人际传播。对报纸、电视、广播与互联网这几大媒介的接触与使用进行了详细的提问,其中涉及接触时间、接触频率、内容偏好、使用动机等。

(3) 知识测量。知识测量分两类:A. 基础知识测量,对受访者拥有的新闻常识进行测量,所有知识题均是媒介出现频率极高的国内外政治要人或基本政治知识;B. 议题知识测量,本调查选择了四个议题——"9·11"事件及美国反恐怖战争、中国加入 WTO、艾滋病及新《婚姻法》。

(4) 个体动机与态度。主要调查受访者对四个新闻议题的关注度以及相关的动机、态度。

3. 抽样方法

三个城市都采用多级分层抽样的方法,先按照城市各个区的人口比例,确定各区的样本数,然后从各区的所有街道随机抽取一定数额的街道,再通过随机抽样在街道中选取若干个居委会,最后根据居委会的住户人口密度,分配最终访问的样本。每个城市样本量均为 400,在 95% 的置信度下,用于推断总体时的最大误差小于 ±5%。

本次调查预计有效样本 1 200 个,各城市最后完成率都在 98.5% 以上。其中上海有效样本为 394,北京为 395,兰州为 394。

4. 数据处理

本次调查所采集的数据均采用国际通行的社会科学统计软件包(spss10.0/pc+)。

三、概念的操作性界定及对研究设计的说明

1. 新闻议题

根据"知沟"假设的要求以及我们的研究目的，在新闻议题选择上我们作了如下的考虑：

(1) "知沟"假设认为，大众媒介信息流量的增加，会导致不同社会地位群体间的知识差异现象，因此，我们选择了不同报道量的新闻议题，观察媒体信息量相对丰富的议题是否更容易产生"知沟"。

(2) 选择不同性质的新闻议题，包括国际新闻、国内新闻，且议题具有不同的冲突性与显著性，以观察议题的性质对"知沟"的影响力。

(3) 选择当年或调查进行时媒体的热点新闻，或与受众利益密切相关的新闻议题，用来考察不同社会地位群体对议题的关注程度，及其对"知沟"的影响力。

(4) 为便于对三个城市"知沟"现象的分析比较，本调查采用同一份问卷，因此所选择的议题必须在三个城市都得到一定程度的报道。

我们最终确定了四个议题为：

(1) "9·11"事件及美阿战争、美国反恐怖的相关报道（文中简称为"9·11"议题）。"9·11"事件无疑是2001年最大的国际性突发事件，调查开展之时，阿富汗临时政府刚刚宣布成立，美阿战争尚未结束，媒体的报道量还维持在一个很高的水平。可以说，研究一个报道量极大，冲突性、显著性极强的国际事件所产生的"知沟"现象，"9·11"事件为我们提供了一个最佳的案例。

(2) 中国加入WTO。WTO的加入对今后中国的进一步改革、对各行各业所带来的影响和冲击，使之成为2001年下半年媒介的热门话题，它牵动着亿万中国人的心。从2001年9月中国加入世贸组织的所有文件签署完毕，到11月多哈部长级会议通过中国加入世贸组织，及一个月后中国正式成为WTO的一员，无数中国人见证了这一系列历史时刻。我们的调查时值多哈会议不久，无论从议题性质还是从测量时机看，这一国内新闻事件都是"知沟"研究的上佳选题。

(3) 艾滋病知识。这是一个与健康有关的媒介议题，在美国已有学者对这一议题进行过"知沟"测量。在我国，艾滋病预防知识与艾滋病报道经常见诸媒体宣传，尤其在每年12月1日的世界艾滋病日，报

道量比较显著。我们的调查正好在这一时间进行。

（4）新《婚姻法》知识。新《婚姻法》是2001年上半年媒介报道较多的话题，《婚姻法》的修改工作在3月份的两会期间不时见诸报端，4月25日新《婚姻法》正式颁布，各大媒体也作了相关的宣传。新《婚姻法》中的内容涉及婚内财产分割、婚外性关系、非婚生子女、家庭暴力等问题，在很大程度上与弱势群体（尤其是妇女儿童）的利益相关。我们调查进行之时，媒体的报道已基本消退。

总体上看，艾滋病与新《婚姻法》议题在冲突性与显著性上不及"9·11"与WTO（具体的媒介报道量见下文）。

2. 知识测量

首先是一项"基础知识"测量，这方面的内容均是一些在国内、国际新闻中经常提到的政界要人或一些基本政治常识，如我国现任国务院总理的名字、现任联合国秘书长的名字、我国的最高权力机构等，共5题。

其次是4个议题的知识测量，每个议题下设7—9个知识测量题，都采用开放式提问与选择题相结合的测量方式。例如，在艾滋病议题上，"什么是HIV"为开放式提问；某种情形下（如"与艾滋病患者共用一个厕所"）是否会感染艾滋病采用的是选择题。在统计中开放式提问一律加权，为2分，选择题每选对一项得1分。

每个议题的总分构成了一个指数（index），因此每个受访者在新闻知识的测量上都有4个总分。为便于比较，我们把每个受访者每个议题的得分指数均换算成0—1分，采用的公式为：受访者的总得分/该议题的总得分，也就是说受访者如果某个议题的得分为1分，即意味着他（她）的得分是满分。"基础知识"也以相同的方式计算得分。

需要说明的是，国外的知识测量分为"简单知识"与"深度知识"两种。前者指对某个事件或人物的知晓，后者指"对特定事件的关系、原因或更广泛的背景的了解"。因此，我们对每个议题中的单项知识测量，如对新闻事件、人物、时间、地点等的知晓情况测量，可以看作是"简单知识"测量，例如关于新闻事件（"9·11"事件与新《婚姻法》的颁布），我们做了国外"知沟"研究最常用的"知晓度"测量（通常的提问方式为：你是否听说过××？），但其他的知识题采用更为复杂的提问方式，或采用选择题（如"担任中国加入WTO的最后一任首席谈判代表是：（1）石广生　（2）龙永图　（3）吴仪　（4）李岚清　（5）不清楚"），或采用开放式提问(如"您知道 WTO 是哪一个国际组织的简称吗?")。但在三城市"知沟"形态分析等绝大部分研究中,我们主要观察受访者在各个议题的总得分所产生的"知沟"情况,由于每个议题的测量包括了方方面面的背景知识,因此,每个受访者的四个总得分可以被视为对其"深度知识"的测量。

3. 社会经济地位(SES)

尽管代表 SES 的指标主要有教育程度、职业、收入三项,但我们按国外大多数"知沟"研究所采用的惯例,以教育程度为主要指标。我们采用教育程度而非职业或收入的另一个原因为,受访者中拒绝回答家庭月平均收入者占总样本的 20% 之多,而职业分类难度较大,准确性也不如教育程度。根据《当代中国社会阶层研究报告》(2002):目前中国的社会阶层分化的特征是,经济地位与社会地位(书中特指阶层成员的教育程度)趋于一致,我们在统计时也发现上海、北京两地受访者情况基本如此(上海受访者人均收入与教育程度的相关系数为 0.404^*,北京为 0.451^*①),兰州教育程度与收入相关系数比其他两城市小(0.284^*),可见兰州"脑体倒挂"现象比其他两个城市来得严重。但我们认为,总体上,教育程度基本上能代表受访者的社会经济地位(SES)。

我们的调查主要询问受访者的学历,分为未上过学、小学、初中、高中(含中专、职高、技校)、大专、大学本科和研究生共7级。国外的"知沟"研究有的分为两组(高中及高中以下为低 SES 组、大学或大学以上为高 SES 组),也有的分为三组,视研究需要而定。我们在研究中把每个城市不同文化程度的受访者分为高、中、低三组:"高"代表大专以上(含大专)学历者,"中"代表高中学历者,"低"代表高中以下学历者。这里把高中组分出来的理由是:一方面,在三个城市中,高中人数占的比例都在三分之一左右(北京 27.8%,上海 40.3%,兰州 36.3%);另一方面,在知识得分均值计算中发现,高中组的均值通常与高中以下组拉开较大的距离,但也与大专以上(含大专)组产生一定的差距(具体见下文),因此,把高中组单列出来较妥。

4. 知识差距("知沟")

与国外"知沟"假设研究最常用的方法一致,这里所测量的"知沟"

---

① 代表在 0.001 的水平下相关性显著。相关系数值在 0—1 之间,相关系数越大,说明相关性越强。

有两种:1)指三个文化组在某项议题上得分(各议题下设的所有知识题得分总和)的均值差。在研究中,我们对每个"知沟"的测量都作了F值检验,以观察样本推及每个城市人口总体的差异情况。2)单项知识差距,每个文化组回答正确的百分率比较,用卡方检验人口总数。

第二节 文化传播研究——文化观念变革的传播学分析[*]

1992年,兰州大学西北文化研究中心对西北地区进行了一次大规模的"文化传播在西北"发展研究,历时两年多时间。研究的直接结果是出版了一本《撞击下的浮躁与选择——当代中国西北人的文化价值观》。这项研究得到了一些基金会的支持,研究成果得到了许多知名专家的肯定,并获得了国家高校人文社科奖。

一、研究背景与假设

1. 研究背景

进行文化观念变革的调查是了解人民群众精神风貌,有的放矢地发展文化教育事业,进行精神文明和物质文明建设的基本工作,同时讨论传播事业的发展对国家发展的影响。特别是西北地区,汉族和少数民族杂居,宗教信仰差异较大,风俗习惯不同,文化观念和行为的变化情况不甚清楚,给制定少数民族地区发展战略带来一定困难。

这次调查基于这样一个背景,由于文化教育事业的发展,大众传播媒介特别是电子传播媒介走进了寻常百姓家,人们的思维空间和活动空间开阔了,精神面貌发生了很大的变化,人民受教育机会增加,社会参与意识增强,传统道德观念受到很大的冲击,产生了许多新的文化观念。但这种变化与人民群众的物质生活水平、文化程度和素养、职业范围、生活环境、传播媒介的覆盖率有关。特别是少数民族地区,交通不发达,经济落后,传播事业发展缓慢,要向该地区人民传播各种信息,进

---

[*] 作者戴元光,上海大学影视学院教授。

行精神文明建设和物质文明建设,稳定边疆,就要大力发展偏远地区的文化传播事业。

2. 研究假设

中国的改革举世瞩目,人民的精神文明和物质文明建设有了很大发展,但西北地区与沿海地区有较大的差异,发展是不平衡的;

国家对西北地区采取了一些优惠政策,这些措施产生了很大的影响,但相当一部分人的文化观念和行为认为仍局限在解决温饱的基础上;

传播媒介迅速发展,但传统的传播与交往方式仍占较大比重,价值观念变化不大;

人们的社会参与意识增强,但对于重要事件和国家大事知道的仍不多,有些虽有了解,但却不理解,需加强政策的普及和传播工作;

传播事业发达的地区,人们的文化消费普遍较高,反之就较低,西北地区的传播事业需大力发展。

二、研究范围与方法

甘肃和新疆地处西北边陲,是汉族与少数民族混杂居住区。以少数民族较多的甘南、临夏、巴州、阿克苏、北疆等地为重点调查区有一定的代表性;庆阳地区是老区,了解他们的精神面貌有助于进一步制定老区发展计划;兰州、乌鲁木齐是省会城市,发展较快,作为调查区有助于为发展地区文化观念研究提供参照系,进而研究城乡文化观念的差异。因此,基本调查点包括甘南、临夏、庆阳、巴州、阿克苏、北疆、兰州、乌市、青海、陕西。此外,兰州军区和新疆生产建设兵团也被列为调查对象。

这次研究采取问卷调查与访谈相结合,以问卷为主的形式。在问卷中,根据研究背景和假设的命题,设计了四个层次问题,即背景层次,认知层次,社会参与层次,道德与信仰层次,所设计几大类问题和作为面访、座谈的问题就是围绕这四个层次展开的。

这次调查采用分层抽样与随机抽样相结合的方法。多段分层抽样首先确定抽样的重点区域和各类人员的比例,然后进行随机抽样,在确定具体的县、乡、街道后,即首先抽取第一样本,再根据比例,采取随机抽样法抽取样本。为保证误差不大于2%,样本总数不少于3 000份,即被调查对象不少于3 000人。鉴于农村人口的文化程度低,填写大型问卷有困难,决定这次调查只限于县城以上居民,包括郊区农民。

具体比例:民族地区,城市居民 65%,郊农 35%;兰州市居民 75%,郊农 25%;乌市城市居民 80%,郊农 20%。

样本的地区分布如下:

甘肃 1 000 份,包括:部队 100 份(干部 20%,战士 75%,家属 5%);甘南 100 份(两个县);酒泉 100 份;临夏 100 份(两个县);天水 100 份;庆阳 100 份(两个县);定西 100 份;平凉 800 份。

新疆 800 份,包括:乌市 200 份(郊农 40 份,干部 40 份,中学、大学生 40 份,工商 40 份,工人 40 份);农建师 100 份(四个师,每师 25 份);巴州 100 份(两个县);阿克苏 100 份(两个县);伊犁 100 份(两个县)阿尔泰 100 份,和田 100 份。

另外,青海 200 份,宁夏 200 份,陕西 600 份。

三、实施时间

1991 年冬进行前期准备,包括对外联系,疏通渠道,培训调查员,印刷问卷等;

1992 年春首先在新疆试点,发现可能出现的问题;

在取得经验的基础上,在新疆全面开展。

四、经费

共需要经费 88 000 元,其中资料费 8 000 元,印刷费 3 000 元,室外工作费 20 000 元,差旅费 30 000 元,统计分析 5 000 元,鉴定费 5 000 元。

五、实地调查问卷样本

第一部分 背景材料

(一)你是哪个民族的?

1. 汉 2. 回 3. 维 4. 藏 5. 哈 6. 蒙 7. 锡伯 8. 柯尔克孜 9. 塔吉克 10. 俄罗斯 11. 乌兹别克 12. 东乡 13. 撒拉 14. 裕固 15. 保安 16. 土族

(二)你的年龄?

1. 8岁以下　2. 18—25岁　3. 25—40岁　4. 41—55岁　5. 55—65岁　6. 65岁以上

(三)你的性别？

1. 男　2. 女

(四)你在本地居住

1. 3年以下　2. 4—10年　3. 11—25年　4. 26—40年　5. 40年以上

(五)你的职业是

1. 学生　2. 工人　3. 农民　4. 商业　5. 科技　6. 文教卫生　7. 党政干部　8. 离退休　9. 艺术　10. 个体　11. 无职业　12. 其他

(六)你的职务、职称

1. 初级　2. 中级　3. 高级　4. 厅局级以上　5. 处级　6. 科级　7. 一般干部　8. 其他　9. 无职务(称)

(七)你的文化程度

1. 未上过学　2. 小学　3. 初中　4. 高中　5. 中专　6. 大学　7. 硕士　8. 博士

(八)你的婚姻

1. 已婚　2. 未婚　3. 离异　4. 丧偶

(九)你的月实际收入

1. 60元以下　2. 60元—100元　3. 101元—140元　4. 141元—160元　5. 161元—200元　6. 201元—300元　7. 300元以上

第二部分　家庭与生活

(一)你是家庭成员中的

1. 祖父母　2. 父亲　3. 母亲　4. 儿　5. 女　6. 孙　7. 媳　8. 女婿　9. 其他

(二)你的家庭位于

1. 农村　2. 乡镇　3. 中小城市(含县城)　4. 大城市(省会、直辖市)

(三)在你的家中拥有哪几件下列物品

1. 收音机　2. 收录机　3. 黑白电视机　4. 彩色电视机　5. 录像机　6. 电冰箱　7. 洗衣机　8. 照相机　9. 空调机　10. 自行车　11. 摩托车　12. 电话　13. 汽车　14. 拖拉机　15. 牛　16. 马

17. 骆驼 18. 水泵 19. 其他(请注明)＿＿＿＿＿＿＿

(四)在你的家庭中谁主要掌握经济支出

1. 父亲 2. 母亲 3. 儿子 4. 女儿 5. 媳妇 6. 女婿 7. 孙子 8. 孙媳

(五)你认为父母应由

1. 子女照料 2. 社会照料 3. 自己照料 4. 其他

(六)你认为已成年的子女应依靠

1. 父母 2. 兄弟 3. 亲戚 4. 社会 5. 自己 6. 不知道

(七)你认为父母与子女应

1. 生活在一起 2. 分开单过 3. 不知道

(八)你觉得父母对你

1. 很关心 2. 关心过分 3. 一般 4. 不关心 5. 干扰

(九)你的子女同你顶嘴吗？

1. 顶 2. 很少 3. 不顶

(十)你不打骂子女吗？

1. 打骂 2. 很少 3. 从不

(十一)你的子女有事同你商量吗？

1. 商量 2. 很少 3. 不商量 4. 子女还小 5. 无子女

(十二)你对女子跳舞交际的态度

1. 支持 2. 无所谓 3. 劝其减少 4. 看不惯 5. 反对

(十三)你希望子女进什么样的学校读书？

1. 民族学校 2. 汉语学校

(十四)你希望子女读书到

1. 小学 2. 中学 3. 中专 4. 大学 5. 研究生 6. 无所谓

(十五)你希望子女长大后成为

1. 产业工人 2. 农民 3. 商业 4. 干部 5. 科研人员 6. 大学教师 7. 中学教师 8. 小学教师 9. 医生 10. 军人 11. 艺术家 12. 个体 13. 公安人员 14. 其他

(十六)如果你父母婚姻关系不好你希望他们

1. 离异 2. 维持 3. 无所谓 4. 不知道

(十七)如果你子女婚姻关系不好你希望他们

1. 离异 2. 维持 3. 无所谓 4. 不知道

(十八)如果夫妻关系不好你认为离异是

1. 可以理解 2. 难以理解 3. 无所谓 4. 正常 5. 不应该

（十九）你自己在选择配偶时是否考虑种族因素

1. 考虑 2. 不考虑 3. 无所谓

（二十）如果你儿子有很多女朋友，你

1. 反对 2. 支持 3. 无所谓 4. 不知道

（二十一）如果你女儿有很多男朋友，你

1. 反对 2. 支持 3. 无所谓 4. 不知道

（二十二）你认为找对象的主要条件是

1. 人品好 2. 长相好 3. 学历高 4. 经济条件好 5. 家庭条件好 6. 爱情 7. 年龄

（二十三）你对未婚同居的态度

1. 反对 2. 无所谓 3. 正常的 4. 看不惯 5. 不知道

（二十四）你对婚外恋的态度

1. 坚决反对 2. 看不惯 3. 无所谓 4. 不知道 5. 可以理解

（二十五）你觉得未婚先孕是

1. 丢人 2. 有点丢人 3. 无所谓 4. 是她自己事 5. 不知道

（二十六）你的业余时间喜欢

1. 看电影电视 2. 读书 3. 练习书法 4. 体育锻炼 5. 艺术创作 6. 聊天 7. 旅行 8. 谈朋友 9. 逛商店 10. 棋牌乐 11. 做饭

（二十七）你认为目前家庭的职能主要是

1. 生育孩子 2. 教育孩子 3. 生产 4. 消费 5. 娱乐 6. 扶养老人 7. 性满足 8. 感情满足

（二十八）你希望家中子女数量

1. 一个 2. 两个 3. 三个 4. 四个 5. 五个以上 6. 多子多福

（二十九）如果要小孩，你希望最好是

1. 男 2. 女 3. 男女都要 4. 男女都行

（三十）你认为在中国生活，关系网重要不重要？

1. 很重要 2. 重要 3. 一般 4. 不太重要 5. 不重要 6. 一点不重要

（三十一）你碰到困难时，主要靠

1. 朋友 2. 亲戚 3. 组织或领导 4. 邻居 5. 自己

（三十二）在业余时间，如果单位有工作未完成，你

1. 乐意去做 2. 不太乐意去做 3. 很不乐意做 4. 不去做

（三十三）你认为对影响人与人关系最大的因素是

1. 友谊 2. 金钱 3. 地位 4. 面子 5. 工作 6. 其他

（三十四）你在购买商品时,首先考虑哪个因素

1. 价格 2. 商标 3. 名牌 4. 无所谓

（三十五）如果你有一笔存款,准备干什么？

1. 购高档消费品 2. 买房 3. 子女结婚 4. 子女上学 5. 旅游 6. 存银行 7. 其他

（三十六）你对年轻人好使用高级化妆品的态度是

1. 看得惯 2. 看不惯 3. 很反感 4. 无所谓

（三十七）你对男子烫发和穿奇装异服的态度是

1. 看得惯 2. 看不惯 3. 很反感 4. 无所谓

（三十八）下列法律你知道几项？

1. 民法 2. 民事诉讼法 3. 刑法 4. 宪法 5. 土地法 6. 义务教育法 7. 婚姻法 8. 教师法 9. 企业法 10. 治安条例

（三十九）如果你的人身或财产权利受到侵犯你愿意

1. 克制忍让 2. 私了 3. 找单位解决 4. 用法律解决 5. 找机会报复 6. 不知道

（四十）你们全家人

1. 在一起居住 2. 分开居住 3. 偶尔在一起 4. 从不在一起

（四十一）全家人在一起主要是

1. 吃饭 2. 看电视 3. 家务劳动 4. 商量事情 5. 外出玩 6. 其他

（四十二）家庭中难免有纠纷,在你的亲戚朋友中,何种原因引起的纠纷最多？

1. 住房 2. 婆媳 3. 教育子女 4. 性格 5. 金钱财产 6. 生活方式 7. 娱乐方式 8. 其他

（四十三）你在干某件事情时,首先考虑的是

1. 面子 2. 关系 3. 效益 4. 成功 5. 困难

第三部分 沟通与交流

（一）你家订阅报纸吗？

1. 订 2. 不订

（二）你家有收音机吗？

1. 有　2. 没有

（三）你家有广播吗？

1. 有　2. 没有

（四）你对国内大事知道多少？

1. 很多　2. 较多　3. 一些　4. 不多　5. 少　6. 很少　7. 不知道

（五）你对国外大事知道多少？

1. 很多　2. 较多　3. 一些　4. 不多　5. 少　6. 很少　7. 不知道

（六）你对国内外大事的了解主要来自于

1. 电视　2. 报纸　3. 广播　4. 杂志、书　5. 街头巷尾　6. 同事、朋友　7. 其他

（七）你每天读报吗？

1. 每天　2. 每周几天　3. 偶尔　4. 从不

（八）你最喜欢读的报纸是

1. 人民日报　2. 省报　3. 地、市报　4. 晚报　5. 科技报　6. 光明日报　7. 经济报　8. 其他

（九）你最喜欢读的内容是

1. 国内新闻　2. 国外新闻　3. 地方新闻　4. 文化新闻　5. 体育新闻　6. 经济新闻　7. 科技新闻　8. 社会新闻　9. 广告　10. 批评报道　11. 评论

（十）你最喜欢听的广播内容是

1. 国内新闻　2. 国外新闻　3. 地方新闻　4. 文化新闻　5. 体育新闻　6. 经济新闻　7. 科技新闻　8. 社会新闻　9. 广告　10. 批评报道　11. 评论

（十一）你看电视的主要内容是

1. 国内新闻　2. 国外新闻　3. 地方新闻　4. 文化新闻　5. 体育新闻　6. 经济新闻　7. 科技新闻　8. 电视剧　9. 广告　10. 信息　11. 其他

（十二）你最喜欢的电视台是

1. 中央一台　2. 中央二台　3. 省台　4. 市台　5. 国外台　6. 其他

（十三）你最喜欢听的广播是

1. 中央一台 2. 中央二台 3. 省台 4. 市台 5. 国外台 6. 其他

（十四）你看电影吗？

1. 每月一次以下 2. 每月一次 3. 半月一次 4. 很少看 5. 不看

（十五）你喜欢看的电影是

1. 中国的 2. 外国的 3. 无所谓

（十六）你最喜欢的中、外电影内容是

1. 武打 2. 爱情 3. 战争 4. 政治 5. 历史 6. 喜剧 7. 幻想 8. 其他

（十七）你最讨厌的电视节目是

1. 电视剧 2. 广告 3. 信息 4. 说教

（十八）你知道香港回归祖国的时间是

1. 1993年 2. 1995年 3. 1997年 4. 1999年 5. 2000年 6. 不知道

（十九）你是否知道海湾战争？

1. 知道 2. 不太知道 3. 不知道

（二十）你最喜欢的剧种是

1. 话剧 2. 戏曲 3. 京剧 4. 越剧 5. 黄梅戏 6. 秦腔 7. 皮影 8. 陇剧 9. 花儿 10. 其他

（二十一）你最喜欢看的杂志种类是

1. 文学 2. 综合 3. 电影 4. 武侠 5. 科技 6. 友情 7. 妇女 8. 青年 9. 文摘

（二十二）你对广播、电视、报纸等传播媒介信任吗？

1. 信任 2. 基本信任 3. 一般 4. 不太信任 5. 不信任 6. 不知道

（二十三）你喜欢串门吗？

1. 经常 2. 每月一两次 3. 每周一两次 4. 偶尔 5. 从不

（二十四）你喜欢到什么人家做客？

1. 亲戚 2. 朋友 3. 同事 4. 同学 5. 领导 6. 老师

（二十五）你同邻居经常讨论的问题是

1. 国家大事 2. 单位事 3. 工作事 4. 生活事 5. 子女事 6. 随便 7. 不讨论

（二十六）邻里如果是不同的民族,你们能和睦相处吗?
1. 能 2. 一般 3. 不能
（二十七）你周围邻里经常因哪些原因发生矛盾?
1. 为小孩 2. 为钱 3. 为政治成见 4. 其他

第四部分　工作与前途

（一）你喜欢自己的工作岗位吗?
1. 喜欢 2. 一般 3. 不太喜欢 4. 不喜欢 5. 想调整
（二）你认为自己的工作比十年前
1. 顺心多了 2. 好些 3. 差不多 4. 更不顺心
（三）你在选择工作时,首先考虑的是
1. 挣钱 2. 声望 3. 地位和前途 4. 铁饭碗 5. 权力
（四）你认为自己所得报酬与所作的贡献
1. 平衡 2. 多了 3. 少了 4. 不知道
（五）你认为本单位的领导
1. 称职 2. 较称职 3. 不太称职 4. 不称职
（六）你喜欢哪一种工作?
1. 独当一面 2. 与人合作 3. 领导别人 4. 被别人领导
（七）你对本单位情况满意吗?
1. 满意 2. 较满意 3. 不太满意 4. 不满意
（八）如果不满意,原因是什么?
1. 领导不好 2. 工作不好 3. 工人或干部素质差 4. 效益不好 5. 不关心群众
（九）你认为最理想的工作是
1. 研究技术人员 2. 管理人员 3. 大学教师 4. 中学教师 5. 小学老师 6. 医务工作者 7. 新闻工作者 8. 法律工作者 9. 公安人员、军人 10. 农民 11. 商人 12. 个体户 13. 商业服务人员 14. 艺术家
（十）你认为成就事业的最重要因素是
1. 水平高 2. 机遇 3. 勤奋 4. 有后台 5. 命运 6. 其他
（十一）你认为十年后生活水平比现在会
1. 有很大提高 2. 有可能提高 3. 差不多 4. 差 5. 不清楚
（十二）你认为生活中最理想的是

1. 工作成就　2. 生活富裕　3. 家庭和睦　4. 出国深造　5. 文凭学历　6. 冒险进取

（十三）你对自己的前途

1. 充满信心　2. 有信心　3. 信心不足　4. 没有信心

（十四）你对子女的前途

1. 充满信心　2. 有信心　3. 信心不足　4. 没有信心

（十五）你对本单位

1. 充满信心　2. 有信心　3. 信心不足　4. 没有信心

第五部分　社会与文化参与

（一）你知道中国的国家主席是

1. 杨尚昆　2. 李鹏　3. 邓小平　4. 李瑞环　5. 江泽民

（二）你知道我国最高权力机构是

1. 中央书记处　2. 人大常委会　3. 国务院　4. 最高人民法院

（三）你是否愿意参加当地的县区人民代表选举？

1. 是　2. 否　3. 无所谓

（四）你能说得出下述民主党派中几个党派名称：

九三学社　中国国民党革命委员会　民盟　农工民主党　台盟　民主建国会　民主促进会

1. 一个　2. 二个　3. 三个　4. 四个　5. 五个　6. 六个　7. 全知道　8. 全不知道

（五）你对中国改革知道多少？

1. 很多　2. 较多　3. 一些　4. 不多　5. 不知道

（六）你认为要发展中国应该

1. 按过去一套干　2. 按现在一套干　3. 应该进一步改革　4. 不要改得太多　5. 不知道

（七）你认为自己从改革中得到实惠了吗？

1. 得到　2. 很少　3. 没有　4. 不知道

（八）你认为当前的社会风气比改革前

1. 变好了　2. 一样　3. 变得更糟了　4. 不知道

（九）你认为人在世上最重要的是

1. 实现自我价值　2. 追求富裕生活　3. 追求友谊和爱情　4. 为社会和他人作贡献

（十）和上辈人相比,你对祖先的敬仰和崇拜

1. 多了　2. 差不多　3. 少了　4. 不知道

（十一）你认为年轻人对旧的传统应

1. 保持大部分　2. 发扬大部分　3. 全部保持　4. 全部放弃
5. 各取所需

（十二）新年和春节在你家生活中

1. 非常重要　2. 重要　3. 一般　4. 不太重要　5. 不重要

（十三）宗教在你家生活中

1. 非常重要　2. 重要　3. 一般　4. 不太重要　5. 不重要

（十四）你认为宗教

1. 非常重要　2. 重要　3. 一般　4. 不太重要　5. 不重要

（十五）你对参加宗教活动的态度是

1. 积极　2. 一般　3. 无所谓　4. 不参加

（十六）你认为改革开放后人们的宗教意识

1. 增强了　2. 淡漠了　3. 同以前一样　4. 不知道

（十七）你认为传统文化中,应当放弃的是

1. 中庸之道　2. 三从四德　3. 妇女贞节　4. 容忍礼让　5. 和为贵　6. 仁义道德　7. 明哲保身　8. 子孙满堂　9. 四世同堂　10. 勤俭节约　11. 光宗耀祖

（十八）你认为传统文化中值得发扬的是

1. 中庸之道　2. 三从四德　3. 妇女贞节　4. 容忍礼让　5. 和为贵　6. 仁义道德　7. 明哲保身　8. 子孙满堂　9. 四世同堂　10. 勤俭节约　11. 光宗耀祖

六、研究结果

全部调查结束后,问卷回收率达到88%,其中有效问卷达到84%,经过统计分析,研究人员提供了一份研究报告,归纳了西北人的4个变化趋势：

1. 西北人在生活观念和生活方式方面已经出现游离于传统的现代倾向,表现出与过去一致性相异的多样性特征,如：选择工作时更注重收入、声望、地位和权力；业余生活多样化,在民族地区,社会成员更

向往世俗教育（相对于宗教）；对国家和地区发展更为重视；自主性增强，依赖性减弱。

2. 西北人的人际关系中功利性倾向明显增加，如58%的人认为"关系网"很重要；社区交流、邻里交流减弱，关系淡漠，并有城市特点；代际矛盾更加明显；社会交流走向开放性和社会性；上级和下级关系不和谐。

3. 择业取向分化显著，如职业评价和心理职业等级倾向于社会权力和收入，传统的职业形象发生动摇；希望职业流动说明不满现状；个人的职业选择层次多样化；强调自我价值实现和职业风险。

4. 婚姻家庭观念发生很大的变化，如：对传统的价值观和文化观持肯定态度的达到30%，但对现代观念持肯定态度也在30%左右；群体意识和小农意识都浓厚，集体意识淡化；妇女自身主体意识增强。

第三节 大众传播媒体舆论监督研究[*]

上海是国家经济发展的龙头城市，20世纪90年代以来，上海的经济、文化、社会生活日趋活跃、丰富，为大众传播媒体的发展提供了充分的发展空间。受上海有关部门的委托，上海大学影视学院负责调查上海市民对大众传播舆论导向的现状和问题，论证监督导向的科学性和社会影响，从而为进一步开展大众传播媒体舆论监督提供参考意见。

一、研究假设

上海大众传播媒介在近两年的舆论监督中发挥了积极作用，得到社会的广泛支持和肯定。

（1）舆论监督力度较大，特别是社会关心的热点问题，敢于陈言。

（2）监督频率较高，凡对社会有害或有益或存在潜在影响的问题，都敢于提出。

（3）积极引导，以正面舆论影响社会舆论。

---

[*] 作者为戴元光，上海大学影视学院教授。

(4) 部分社会成员仍不满意,主要是:监督表面化、形式化,深度不够。

二、研究方法

问卷实地调查,分层抽样和随机抽样结合。

三、调查问卷样本

(一) 基本情况

1. 您的性别　a. 男　b. 女
2. 您的年龄_____岁
3. 您的婚姻状况　a. 已婚　b. 未婚　c. 丧偶　d. 离异
4. 您的文化程度
　a. 不识字　b. 小学　c. 初中　d. 高中、中技、中专　e. 大专、夜大、职大、电大、函大　f. 大学本科以上
5. 您的政治面貌
　a. 中共党员　b. 民主党派人士　c. 共青团员　d. 无党派人士
6. 您的职业(离退休者按离休、退休以前的职业填写)
　a. 党政企事业单位领导干部　b. 银行、工商、税务、保险、金融从事人员　c. 行政机关一般工作人员　d. 文艺、影视、娱乐、体育业人员　e. 外资、合资企业人员　f. 邮电通信业专业技术人员　g. 商业贸易人员　h. 军人、公检法人员　i. 服务业人员　j. 个体经营人员　k. 工程技术人员　l. 医护人员　m. 计算机专业人员　n. 新闻媒体工作人员　o. 教师　p. 学生　q. 农民　r. 工人　s. 其他(请注明)

---

7. 您上个月的个人收入
　a. 500元以下　b. 501—1 000元　c. 1 001—1 500元
　d. 1 501—2 000元　e. 2 001元以上
8. 您全家上个月的总收入是
　a. 1 000元以下　b. 1 001—2 000元　c. 2 001—3 000元
　d. 3 001—4 000元　e. 4 001元以上

(二) 媒体参与情况

1. 您家现在有下列哪些物品(选项不限)

a. 电视机   b. 电脑   c. 收音机或收录机   d. 订有报刊
c. 杂志

2. 您上互联网吗？

a. 上的   b. 不上

(1) 您每周上网的时间是

a. 1 小时以内   b. 1—5 小时   c. 6—10 小时   d. 11—20 小时

e. 21 小时以上

(2) 您上网是为了

a. 工作需要   b. 消磨时间、娱乐   c. 学习需要   d. 获得免费资源   e. 节省通信费用   f. 对外联系方便   g. 上网比较新鲜，尝试一下   h. 发表自己的看法，与他人讨论   i. 炒股需要   j. 其他(请注明)

_____

(3) 您上网是

a. 自费   b. 公费   c. 两者都有

3. 您读报纸、听广播、看电视的情况是

	从不听/看	每周少于1天	每周1—2天	每周3—4天	每周5—6天	天天看/听
报纸						
广播						
电视						

4. 您主要通过什么途径了解国内外大事(请您按照重要程序排列前三项)

a. 看电视   b. 听广播   c. 读报纸   d. 同家人、朋友聊天   e. 看杂志   f. 上互联网   g. 听传达或读内部文件   h. 参加社团活动   i. 其他(请注明)

_____；_____；_____

5. 您对日常广播节目的哪些内容比较感兴趣(限选三项)

a. 国际新闻   b. 国内新闻   c. 本市新闻   d. 教育节目   e. 天气预报   f. 上互联网   g. 曲艺   h. 戏剧   i. 广播剧   j. 生活服务   k. 经济信息   l. 广告   m. 体育节目   n. 电影录音剪辑   o. 小说、评书连播   p. 中、外文学作品欣赏   q. 听众信箱、听众热线类节目

r. 科技、文化知识介绍　s. 其他(请注明)_____

6. 您家现在自费订报纸了吗?

　　a. 订了　　b. 没订,但常买　　c. 没订

　　您订了_____份,分别是_____

7. 除了你自费订的报纸以外,您还经常读哪些报纸(请写出报名):
_____

8. 您对报纸中的哪些内容比较感兴趣

　　a. 政治类　b. 经济类　c. 文化类　d. 体育类　e. 社会生活类
f. 法律类　g. 娱乐类　h. 教育类　i. 国际时事类　j. 信息类
k. 其他(请注明)_____

9. 您家现在自费订杂志了吗?

　　a. 订了　　b. 没订,但常买　　c. 没订

　　您订了_____份,分别是_____

10. 请问您平时收看下列哪些类型的电视节目(请选出你最感兴趣的四类节目)

　　a. 新闻类(如《新闻联播》)　b. 经济类(如《今日财经》)　c. 深度报道类(如《焦点访谈》)　d. 法制类(如《案件聚焦》)　e. 体育类(如《体育大看台》)　f. 游戏类(如《智力大冲浪》)　g. 服务类(如《房屋买卖》)　h. 文艺类(如《越洋音乐杂志》)　i. 电影和电视剧　j. 专题片(如《纪录片编辑室》)　k. 教育类(如英语《走遍美国》)　l. 少儿类(如动画片)　m. 综艺类(如《正大综艺》)　n. 广告(如《电视直销》)　o. 谈话类(如《有话大家说》)　p. 其他(请注明)_____

11. 在下列社教和法制节目中,您收看的情况是:

	从来不看	很少或偶尔看	经常看
《新闻透视》			
《新闻观察》			
《焦点访谈》			
《东方110》			
《案件聚焦》			
《东视广角》			
《百姓视点》			

12. 您对下列节目的看法是:

	可以解决实际问题	有一定作用,但有限	纸上谈兵没有太大作用
《焦点访谈》			
《东视广角》			
《新闻透视》			

13. 您认为进行舆论监督的最好的媒体工具是(限选一项)
   a. 报纸   b. 广播   c. 电视   d. 互联网   e. 杂志
14. 您认为大众通过媒体实现对宪法和法律的监督是
   a. 可能的   b. 可能性不大   c. 可能性比较大   d. 不可能
e. 说不清
15. 您认为大众通过媒体实现对国家方针政策贯彻的监督是
   a. 可能的   b. 可能性不大   c. 可能性比较大   d. 不可能
e. 说不清
16. 您认为大众通过媒体实现对各级干部特别是领导干部的监督是
   a. 可能的   b. 可能性不大   c. 可能性比较大   d. 不可能
e. 说不清

(三) 您做过下面的事情吗?

1. 向新闻单位反映本人或家人遇到的问题
   a. 做过   b. 没有做过
2. 向新闻单位反映个人对报纸、广播、电视节目的意见或看法
   a. 做过   b. 没有做过
3. 向新闻单位反映本人对社会现象和问题的意见
   a. 做过   b. 没有做过
4. 向新闻单位反映本人对社会现象和问题的批评
   a. 做过   b. 没有做过
5. 向新闻单位反映本人对社会现象和问题的表扬
   a. 做过   b. 没有做过
6. 在报纸上参加民意调查,并将问卷寄回有关部门

a. 做过　b. 没有做过

（四）您是否同意下列说法？

	很不同意	不同意	说不准	同意	很同意
舆论监督有利于缓和社会矛盾，保证国家的稳定局面					
对公务员腐败现象的曝光有助于政府的廉政建设					
国家的事情自有政府来管，老百姓操心也是白折腾					
公民只要经常发表意见，也能影响政府决定					
媒体对社会阴暗面的报道太多了会影响社会稳定					
如果一个国家的政府犯错误，电视广播、报纸等大众传播也必然犯错误					
报纸、广播、电视等大众传播在精神文明建设中具有不可替代的重大作用					
新闻事业的天职在于向上监督政府行为，向下指导大众的社会生活					
不管新闻媒体上怎么说，我只相信自己亲眼所见的事情					
大众媒体无权对政府行为指手画脚					
国内发生的事情应该由政府决定哪些可以告诉老百姓，哪些不可以告诉					
报纸、广播、电视办得好坏，读者、听众、观众也有一定责任					
媒体的监督作用是无所不在的					
舆论监督可以不受国家法律的约束					
舆论监督就是批判社会丑恶现象					

（五）请您回忆一下，昨天您用了多少时间上网、看电视、听广播、读报纸？

	没上没看没听没读	半小时以下	0.5—1小时	1—2小时	2—3小时	3小时以上
上网						
看电视						
听广播						
读报纸						
读杂志						

（六）您对广播、电视、报纸、杂志在舆论监督方面还有什么意见和建议，请写在下面。

答：_____

四、研究结论

（一）上海市大众传播媒体的舆论监督环境基本形成

中共十三大报告将舆论监督提到重要议事日程，明确指出，新闻和宣传工作要发扬舆论监督作用，支持群众批评工作中的缺点错误，反对官僚主义，与各种不正之风作斗争。上海市大众传播媒体认真贯彻中央指示精神，积极发挥大众传播媒介舆论监督的作用，但也存在许多问题，需要认真研究并加以解决。综合研究结果，上海市大众传播媒体舆论监督主要特点如下——

1. 舆论监督成为大众传播媒体的重要任务

舆论监督是20世纪发展起来的一种社会控制系统，它涉及社会政治、经济等各个方面，实行舆论监督是国际性的社会历史现象。它的产生与发展有其必然性，是受众在了解情况的基础上通过一定的组织形式和传播媒体，行使法律所赋予的监督权力，反映舆论，影响权力机关和决策人物的社会现象。实现舆论监督是一个制度化的过程。在所抽查的上海市三种大众传播媒体中，不仅在新闻节目中充分报道广大群众关注的热点问题，开展社会批评，同时都开辟专题，对群众关心的社会焦点和热点问题展开讨论，对社会影响大、具有典型社会意义的问题及时曝光。上视《新闻报道》和《新闻透视》专题节目中,每期内容中有关舆论监督的报道,文章达4 000多篇,《文汇报》每年报道的有关舆论监督的文章也达到2 000多篇,《解放日报》长篇报道社会舆论监督文章(3 000字以上)达到150篇以上,其中许多文章是社会负面问题的曝光。各报舆论监督文章发在头条位置的平均达到30%。这个比例比西方许多大报类似文章要多得多。

2. 正面引导为主,展现积极的社会内容

我国当前的舆论特征,如陈力丹所言,"由于急速的社会变迁,舆论呈现一时的迷茫状态;由于公众心态的浮躁,舆论呈现情绪化;由于社会群体的重新组合,舆论呈现分散化。"舆论的这种状态说明,我国当代各种舆论相互交叉、相互矛盾、相互交织,从理论上讲不是坏事,它一方面是社会变革时期难以避免的,同时与大众传播媒体的引导有关系。但我国的受众整体上社会承受力、判断力都很弱,媒体的报道对受众影响大。尤其在物欲与精神追求的方面,在远大目标和当前利益发生冲突的情况下,受媒体的影响较深。因此,如果媒体反映的舆论内容与受众的现实感较为接近的话,舆论会较为一致,并形成较大的社会压力;如果媒体反映的舆论内容和受众的现实心理感受距离较大时,受众就会产生心理分裂,舆论多元就会出现;舆论多元又会加剧受众心理的分裂,受众的社会信任感就会产生危机。可见,媒体反映舆论不仅尽量接近舆论重点,注重报道的客观性,还要注重对受众的引导,培养受众和锻炼受众,使受众较为成熟,具有判断力和承受力。

上海市大众传播媒体在舆论监督的内容掌握和控制方面做了很多的工作。在舆论监督和控制的范围上,涉及的范围广,报道面宽,集中的问题是社会不正之风方面,交通方面,社会公共道德方面,管理方面,环保方面,突出社会关注的焦点,在对各级基层组织的批评占一定比例时,正面舆论监督的文章占30%左右,主要是社会褒扬,正面引导。就是某些批评报道,也是把积极向上的精神作为重点去展开,努力挖掘消极内容中的积极因素,注意在正面报道中掌握好"度",防止正面报道出现负面效果,提供的价值观念有舆论基础,不是虚拟,不是媒体的创造。在批评性报道时,为减轻消极因素可能带来的精神和价值的惶惑,跟进正面事实的弘扬,抵消负面影响。例如1999年几件大的全国性刑事案件的报道中,无论是电视还是报纸,都配合了正面的报道,既反映我国政府反腐败的决心和努力,又反映我国主流媒体是积极的,符合以正面报道为主的原则。

3. 加强沟通,引导与沟通相结合,聚合了舆论

上海市大众传播媒体在坚持以正面报道为主的同时,把引导受众对社会的正确认识和积极的社会参与结合起来。我国实行的是社会主义市场经济,这种经济形态对于中国人来说是陌生的和新鲜的。具体地说,一般受众认为,社会主义市场是将发展经济作为社会的主要任务,最大收获是得到实际的经济利益。媒体在过去相当长的一段时间内也较多地讲实际的经济利益,但对由社会主义计划经济转向社会主义市场经济可能会出现的困难和问题讲得不够,受众对转型期可能出现的问题缺乏思想准备和心理承受力,而国内一些传播媒体对出现的各种问题的报道不断增加和深化,使受众的期望值与负面的问题产生巨大的落差,从而产生失落感、挫折感,尤其是部分人对极少数人的暴发产生"被剥削"和"被掠夺"感,从而产生情绪化舆论。情绪化舆论影响社会的稳定。上海市大众传播媒体在这一点上是清醒的。在经济发展的大潮中,媒体注意加强对改革中可能出现的问题的预测和报道,引导受众正确认识改革中的问题,发动群众参与讨论,加强沟通,有效地防止情绪化舆论的蔓延。这类报道在1998年的上海市大众传播媒体中得到较多的表现。

沟通能防止情绪化舆论的蔓延,也有利于聚合舆论。舆论多元化是社会活跃的表现,生命力的表现,但对处于转型期的中国,多元舆论的长期存在,情绪化舆论的蔓延会激化社会矛盾,从而对社会的稳定带来危险。因为在改革中,我国出现的多元舆论和情绪化舆论是与改革中出现的问题有关,是缺乏社会认知、目标模糊和利益分配不均造成的。上海市大众传播媒体改变九十年代国内许多媒体一味报道发家致富,特别是对暴富哄炒的做法,加强报道劳动致富、勤奋致富,强调做一个劳动者,而不是投机取巧、非法牟利。据不完全统计,在1998年至1999年的报道中,媒体报道了几十件有关勤劳致富的典型,加上对腐败的揭露,有效地聚合了不同群体舆论。

4. 市民对大众传播媒体舆论监督有较好认知

测度舆论监督的社会效果有两个显著要件,一是大众传播媒体能及时反映社会舆论,二是社会对大众传播媒体的舆论监督较为关注和认知。据统计,各大报几乎每天都有舆论监督文章,受众非常关注大众媒体的舆论监督问题。上视《新闻透视》节目是开设不久的新栏目,经

常收看的观众就达54.6%，经常收看中央电视台《焦点访谈》的观众达到45.2%，经常收看《东视广角》的也达到30.3%。不看或很少看《焦点访谈》、《东视广角》和《新闻透视》的只占9.9%、6.9%、19.3%。在收看电视节目类型中，新闻节目、法制节目、深度报道等都是排在前面、受众群体较为稳定的栏目。

上海市民对舆论监督的认知已经达到很高的水平。在接受调查的743名受众中，对大众传播媒体舆论监督基本认知和认知较好的达到98%，其中基本认知的占52.9%，认知较好的占45.1%，认为《焦点访谈》、《东视广角》和《新闻透视》等大众传播媒体舆论监督对社会有影响的和较大影响的分别为85.5%、72.3%、84.9%。接受我们面访的20多位受众都认为，报纸上的舆论监督文章和电视上的法制专题节目是最受他们欢迎的。这些说明，上海市大众传播媒体舆论监督的社会环境已经形成。

5. 大众传播媒体舆论监督的社会层面不断拓宽

90年代初，一般人对舆论监督的认识面还较窄，认为舆论监督就是监督腐败，将坏人曝光，甚至认为是媒体监督社会。近年来，人们对舆论监督的认识有很大的提高。首先是媒体的认识有很大的提高，注意关心社会的热点和焦点问题，注意反映广大群众呼声的报道。《解放日报》、《新民晚报》每年仅反映群众呼声的报道就达千余篇。《东视广角》和《新闻透视》几乎每期都有反映群众呼声的报道。其次是社会对舆论监督的认识也有很大提高，敢于对社会影响大的问题提意见，对政府品头品足。统计数据表明，大众传播媒体舆论监督的范围已扩展到社会的各个方面，比较集中的有经济问题、社会生活问题、管理问题、环保问题、腐败问题、交通问题等。

（二）大众传播媒体舆论监督存在的问题

1. 大众传播媒体舆论监督定位不够

舆论是什么？英文叫"public opinion"，即"公众意见"，有"人民主权"的意思。公众意见应该是大多数人的意见，代表较广的社会层面。从上海市大众传播媒体舆论监督的报道来看，自上而下的监督占绝大多数，自下而上的监督较少，社会群众对政府的监督极为鲜见，特别是对政府高层的监督几乎没有。在抽查的样本中，《新民晚报》、《文汇报》、《解放日报》上对下的监督的文章分别为253篇、170篇、166篇，下对上监督的分别是94篇、89篇、48篇，同级监督的分别是90篇、56

篇、28篇。"东视广角"和"新闻观察"舆论监督的报道中,上对下的分别是25篇、10篇,下对上的基本没有。所谓下对上的监督也都是些日常生活问题。由于政府行政行为的透明度不够,舆论监督可能表面化,甚至流于形式。

2. 缺乏对舆论监督的深层认识

从受众调查的情况看,一般社会群众把舆论监督定位在日常生活行为的较多,认知结构有较大的缺陷,舆论不仅是一种政治现象,而且是一种经济现象。舆论首先是公众对社会经济活动的一种评价,在经济不发达国家尤其是如此。因此,舆论不仅是政治民主的一部分,也是经济民主的一部分,是这两种民主互相影响的中间环节。舆论对于经济的监督作用与对政治的监督作用是互为交叉和促进的。在发展中国家是如此,在发达国家也是如此。近现代的舆论监督是伴随商品经济的发展而发展的,普遍的舆论监督有成为进一步发展经济的必要条件。

舆论监督的对象是什么? 媒体缺乏对社会的引导。从理论上讲,社会各方面的干预才构成舆论监督的主体,因为舆论监督的对象是一切公民和组织。在现代社会,每一位公民都是权利和义务的统一体。因此,他既是舆论监督的主体,又是舆论监督的对象。从这个意义上说,每一位公民都应处在舆论监督之下。一个人损害了社会大众的利益,败坏了他所在组织的名誉,应受到舆论的谴责。同理,一切组织也应处在舆论监督之下。当前的我国,舆论监督的对象主要是:

第一,监督政府行为,主要是对政府决策系统的监督,对政府运转系统的监督,对国家公务员的监督。

第二,监督商业行为,主要是对市场竞争行为的监督,对商业道德的监督,对消费领域的监督。

第三,监督社会行为,主要是对公共道德的监督,对社会腐败和社会丑恶现象的监督。

第四,引导社会,主要是对社会带倾向性行为的引导。

3. 舆论监督的法理观念和伦理观念不强

舆论监督是社会行为,又是受法律监督的行为。在我国法律尚不完善的情况下,舆论监督又是受法律的补充。但舆论监督不能违法。上海大众传播媒体舆论监督行为的法理概念从总体看还是很强的,但问题还有不少,主要是:

一是法律意识淡。有些刑事报道,在案件尚未清楚,或者虽已清楚，但尚未经法律程序时，就作定性报道，尤其是重大新闻事件的报道，有碍司法公正。在上海市大众传播媒体舆论监督报道中，这类报道有一定比例，重庆彩虹桥垮塌事件的报道就是典型的例子，某报在报道这一重大新闻事件的一篇新闻稿中，在尚未经过法律程序时，就作定性报道，其中用定性的副词就达 20 多处，而类似的文章在几天内有多篇。

二是伦理观念弱。在报道社会新闻时，对个人隐私权的保护不够，尤其是对妇女、儿童的权益保护不够。某报在报道一篇儿童犯罪的新闻中，多次点名道姓地大讲犯罪事实，甚至提到该儿童的"性"问题。

三是监督的力度不够。上海市大众传播媒体舆论监督频度较高，力度相对不足，尤其是群众对政府的批评监督，对高官的批评监督很少，有些重大事件的报道是在人已捕、刑已判、性已定的情况下的报道。实际上是结案"公告"。

4. 缺乏对隐性舆论的反映

舆论是公众的意见，但公众的意见有不同的表现方式和存在方式。一般来讲，公开的舆论容易得到，容易报道，效果也好。但舆论有显性舆论和隐性舆论的不同表现。显性的舆论也包含行为舆论，它的表现透明度较好，是公众对外界社会刺激的认知、行为的综合反映，具有较明确的社会表达方式，是社会公众自我表现、自我需求、自卫、甚至自我发泄的需要。由于显性舆论容易发现，范围广泛，反映强烈，媒体反映的机会多，公众容易理解。隐性舆论是公众隐藏在心里，或没有表达，或没有表达环境，或没有表达心理准备，或没有形成概念，只是一种情绪，或不能确认社会认同情况，等待时机的舆论，是隐约的情绪。如果社会的隐性舆论潜伏期较长，也会出现突然爆发而成为一种社会行为。舆论监督中反映隐性舆论主要是加强社会调查，关注公众的社会情绪，适时让公众释放，防止隐性舆论的流动而发展成为社会行为。

（三）大众传播媒体舆论监督应从反腐败抓起

我国正处在社会大变革时期，实行民主政治，实行对权力的监督，实行反腐倡廉，是保证改革任务完成的重要方面。要实行监督，就必须尊重新闻规律，发挥传播媒体舆论监督的作用。

第一，反腐败是我国在相当长时间内思想战线上的重要任务，也是大众传播媒体舆论监督的主要内容。在我国由计划经济向市场经济转轨的历史时期，社会腐败是舆论监督的主题。权力不受监督就会产生腐败，腐败行为的多样性、复杂性决定在反腐败方式的多样。大众传播媒体因其独有的特性在反腐败斗争中成为其他手段不可替代的作用。上海作为我国最大的现代化城市,媒体的发展最为迅速,通过媒体让全体社会成员共同参与反腐败的斗争,有利于形成社会压力,起到法律起不到的作用。

第二,加强自下而上的监督,特别是群众对官员、下级对上级的监督。革命导师是十分强调媒体对政府和高级官员的监督的。列宁在苏联十月革命后指出,要提高舆论指责的百分比;毛泽东同志也很重视媒体的舆论监督作用,提出必须具体表现领导机关干部和党员的创造能力,负责精神,工作的活跃,敢于和善于提出问题,发表意见,批评缺点,对领导机关和领导干部监督。可见,监督政府和官员是舆论监督的主要内容,必须加强。

监督也不是一般的说说,应该动真的,就是要讲清楚,问到底,有回音。对于群众关心的、社会影响力大的舆论监督事件,应该从"幕前"讲到"幕后",拔出萝卜带出泥。有强度,不是温吞水。

第三,加强事前的报道和曝光。从调查的结果看,上海市大众传播舆论监督的新闻报道时间主要是事后报道,社会影响大,有震撼力。但事前报道更能体现传播媒体的社会参与性,也更能体现社会成员参与舆论监督。所谓事前报道,就是不要等到问题成堆再报道。例如,对一些带倾向性的社会问题,应防患于未然,抓苗头,也不要等有了结论再报道。对政府行政行为的监督,对政府官员的监督,不要设置障碍,应该松绑,给媒体独立的报道权,这样能防止"消防队"的干预。

第四节 内容分析——两岸媒体"9·11"事件报道比较[*]

本研究以新闻框架理论为指导,检讨"9·11"事件前后海峡两岸主流媒体的有关报道。研究表明,中国内地媒体立足于和政府立场的高度一致,注重报道和反映本国的国际地位和影响,台湾地区媒体则用商业化的方式追求新闻"可读性",注意捕捉戏剧性细节;两岸差别是不同

---

[*] 本文作者戴元光,上海大学影视学院教授;陈杰,上海大学影视学院研究生。

的新闻体制和媒介运作模式在国际突发事件报道领域的投射。可以分三个阶段来重新架构国际报道体系：对突发事件的快速指向与信息抵达；报道随事件的发展在时间纵向上和逻辑横向上扩展；对事件的阶段综合回顾。

　　的确，如何明察争议性事件中各方意见的框架内容，一向是新闻传播学中极为复杂且难以研究的课题。研究重大新闻事件在不同媒体上的表现，分析不同媒体的框架内容，是比较不同意识形态背景下传媒特点的主要途径。"处理同一背景时能把一些个人或民族的差异突出出来，那是有意思的，因为这个背景充当了反应剂。"[1]本文试图以新闻框架理论为基础，分析中国内地和中国台湾地区主流媒体对"9·11"事件的报道，界定其处理相关事件的特殊角度，进而透视两岸新闻的不同内蕴。

一、研究背景和方法

1. 新闻框架的形式结构：话语结构

　　1980年代以来，框架分析在媒介研究中越来越被广泛地使用，社会学家考夫曼（E. Goffman）在其《框架分析》中指出：所谓框架，指的是人们用来阐释外在客观世界的心理模式；所有我们对于现实生活经验的归纳、结构与阐释都依赖于一定的框架；框架能使我们确定、理解、归纳、指称事件和信息[2]。因此，框架可被视为个人或组织（包括新闻媒介）对社会事件的主观解释与思考结构。经过比较，我们采用了阿兰·贝尔（Allan Bell）[3]构建的新闻文本的话语结构（见图14-4-1）。

　　根据此种话语结构我们可以把新闻的形式结构分为以下十项：

　　（1）主要事件：由角色与行动组成，是新闻事件的主要内容。本文研究的主要事件是"2001年9月11日，恐怖分子向美国纽约世界贸易中心和华盛顿美国国防部所在地五角大楼发动恐怖袭击，造成重大人员伤亡和财产损失"，任何新闻报道和言论关于这一过程，即可归类为主要事件。

---

　　[1]〔法〕基亚. 比较文学[M]. 北京：北京大学出版社，1983. 41。

　　[2] E. Goffman, *Framing Analysis Am Essay on the organization of experience*, NewYork: Harper & Row, 1974.

　　[3] Allan Bell, "The Discourse Structure of News Stories", in Allan Bell and Peter Garrett(eds.), *Approaches to Media Discourse*, Blackwell Publishers, 1998.

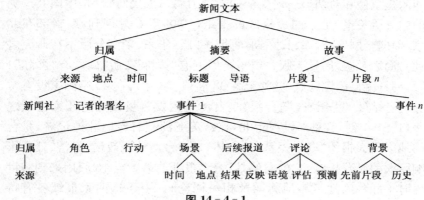

图 14-4-1

(2) 位置：新闻刊载的版面位置。

(3) 时间：主要事件发生的时间。

(4) 地点：主要事件发生的地点和新闻发布地点。

(5) 消息来源：在任何新闻中，消息来源是塑造框架的重要变量，不同媒体往往会为了支持自己的说法而寻找不同的消息来源。

(6) 结果：由主要事件引起的非言语后果，包括主要事件的结果或当事人对主要事件采取的行动。像恐怖事件发生后世界各国的强烈谴责、美国认定本·拉登为事件制造者，并对庇护他的阿富汗塔利班政权（台湾地区译称神学士）进行军事打击等，可视为主要事件的结果。

(7) 口语反应：其他各方对主要事件的言语反应，包括对该事件的评论，预测和评估。为研究的方便，本文中把口语反应的主体界定为世界各国、各地区的官方当局和政治人物，把各国民间和媒体对事件的言语反应列入评论分析、预测的范畴。

(8) 评估：记者本人或媒体组织对主要事件的评价。

(9) 预测：记者本人或媒体组织对主要事件未来发展的判断。

(10) 先前片段：距离主要事件较近而与主要事件有间接关系的背景。

二、分析步骤

1. 媒体选择

本次研究选择了《人民日报》和台湾地区《联合报》两家媒体。从新闻的权威性和对两岸三地受众的影响力看,《人民日报》是中国共产党的中央机关报,是中国最权威的报纸,1948年6月创刊,编辑部在北京,面向全国发行。每日一期,每期12版(华东、华南分版不在研究之列),周六8版,周日4版。周一至周五有"国际"2版,周六有"国际"1版,周日无专门国际版,驻外记者38名(1998年),在33个国家设有常驻记者站(2000年);《联合报》是台湾地区发行量最大的几家报纸之一,1951年创刊,总部设在台北,在欧美亚洲都有专门驻外记者,是台湾地区最大报团"联合报系"的主体,是对台湾地区政治、经济、社会影响巨大的民营报纸,它的篇幅是:每天报纸的第1至16版用来刊载世界时事和台湾地区本地新闻及相关评论[1]。由于这两家报纸各有特点,且彼此构成参照性,可比性强。

2. 时段界定

从2001年9月11日"9·11"事件发生,至10月10日,将在此时间段内《人民日报》和《联合报》上发表的有关"9·11"事件的任何主题和体裁的新闻、评论、新闻图片,都列为分析样本。据统计,《人民日报》上共发表稿件135篇,新闻图片14幅;《联合报》上共发表稿件962篇,新闻图片226幅[2]。

3. 分析单位

以所选媒体对"9·11"事件的相关报道为对象,每一条新闻为分析单位。主要分析变量为媒体(Media)、报道数量(Amount)、报道日期(Date)、录入位置(Location)、地点(Place)、新闻来源(Source1)、消息来源(Source2)、新闻事件框架(Accident structure)、评估(Comment)、重合度(Coincidence)10项,然后进行相关分析,得出研究结果。

三、报道比较分析及相关讨论

1. 报道数量及日期分布[3]

经过统计,《人民日报》和《联合报》在2001年9月11日—10月10日这个月内关于"9·11"事件的报道数量随时间而变化的情况(如

---

[1] 刘燕南:《台湾地区报业征战纵横》,九洲图书出版社1999年版。
[2] 取自2001年9月11日—10月10日的《人民日报》和《联合报》。
[3] 戴元光、苗正民:《大众传播学的定量研究方法》,上海交通大学出版社2000年版。

图14-4-2所示)。

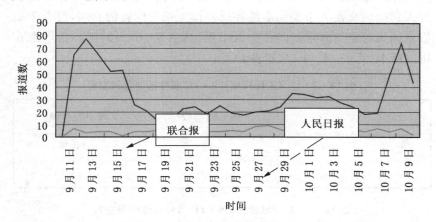

图14-4-2 《人民日报》与《联合报》"9·11"报道数

单纯从数量上来看,《联合报》对于"9·11"事件的报道数量与《人民日报》相应报道的比是962∶135,即7.12∶1,而同期《联合报》刊载的关于"9·11"事件的新闻图片有226幅,《人民日报》为14幅,比值达到16∶1。

从时间分布上看,《人民日报》和《联合报》作为日报,都没有在美国纽约、华盛顿两地遭受恐怖袭击的当天(2001年9月11日)作出反应。在其后列入考察范围的29天时间里天天都有关于"9·11"事件进展的报道。数量变化表显示,《人民日报》基本上以4篇为标准上下浮动,只有9月27日和9月28日两天达到这一阶段的顶峰,有8篇和9篇,主要内容是围绕美国将要对支持恐怖主义国家进行军事打击前夕,国际范围外交磋商活跃。

《联合报》的报道数量随时间的变化呈驼峰状分布,明显有两个最高点:9月11日以后的五天内,每天的报道数都在50篇以上,总数达314篇,占报道总数的32.6%;10月8日,美国开始对支持本·拉登的阿富汗塔利班政权进行军事打击,10月8日、9日和10日三天内的日报道数也一下剧增至49篇、74篇和43篇。其他时段的日报道量基本维持在20至30篇之间(见图14-4-2)。

2. 位置安排

在可取的样本中,《人民日报》和《联合报》在报道的位置安排上也各具特色。《人民日报》上关于"9·11"事件的报道上头版的共有14

篇,占全部报道数的 10.37%,但全都是中国党政领导人与世界各国领导人通电话交换关于恐怖事件和反恐怖主张为内容的新闻,没有单独以别国为对象的国际新闻在头版出现,其余 89.63% 的国际报道都在国际版上(见表 14-4-1 和表 14-4-2)。

表 14-4-1 《人民日报》"9·11"事件报道位置安排

位　　置	报　道　数	所占比例
第　一　版	14	10.37%
国　际　版	121	89.63%

表 14-4-2 《联合报》"9·11"事件报道位置安排

版　　面	报　道　数	所占比例
头　版	25	2.60%
要闻及国际	54	5.61%
"惊爆美利坚"专题	298	30.98%
"美军部署攻击"专题	78	8.11%
"美阿战争危机"专题	293	30.47%
"美阿开战"专题	144	14.97%
民意论坛	52	5.41%
其　　他	18	1.87%

《联合报》30 天内有 25 天的头版上有关于"9·11"事件的报道,由于《联合报》头版下半版一般安排广告,所以"9·11"事件占据了这一时期相当多读者的视线。而没有头版报道的那 5 天正是台湾地区遭受纳莉台风袭击的时候。此外,《联合报》还适时地在报上先后开辟了"惊爆美利坚"、"美军部署攻击"、"美阿战争危机"和"美阿开战"四个专题报道栏目,这四个专题的报道数占全部样本的 84.53%。《联合报》有重视言论的传统,"民意论坛"栏目这一时期有来自台湾地区民间的 52 篇相关言论,占到全部报道的 5.41%(如表 14-4-2)。

3. 地点分布

地点指的是主要新闻事件发生和报道发出的地点,从中可以看出媒体关注的焦点到底在什么地方。"9·11"事件发生在美国,但无疑对全世界都产生了深远影响。如表14-4-3、14-4-4所示,《人民日报》和《联合报》的报道最大来源地是事发地点美国纽约、华盛顿,分别占到全部报道的31.85%和30.04%。从恐怖袭击事件发生到美国寻找凶手,直至决定对支持恐怖主义的阿富汗塔利班政权进行打击,美国遭袭的城市和决策的中心——首都华盛顿一直为世人所关注(如表14-4-3和表14-4-4)。

表14-4-3 《人民日报》"9·11"事件报道地点分布

地 点	报 道 数	所占比例
北 京	14	10.37%
纽约、华盛顿	43	31.85%
联 合 国	12	8.89%
伊斯兰堡	15	11.11%
其 他	51	37.78%

表14-4-4 《联合报》"9·11"事件报道地点分布

地 点	报 道 数	所占比例
纽约、华盛顿	289	30.04%
巴基斯坦	36	3.74%
阿 富 汗	30	3.12%
美国各地	17	1.77%
台湾地区	227	23.60%
北 京	24	2.49%
东 京	30	3.12%
香 港	19	1.98%
英 国	25	2.60%
其 他	265	27.55%

资料反映,海峡两岸媒体除了注目事发地点外,其次就是关心自身"位置"。《人民日报》上发自北京的报道占全部的 10.37%,《联合报》发自台湾地区的消息所占比例高达 23.60%。对同一国际突发事件,不同媒介上出现的新闻版本的不同,对相同事件不同的媒介叙述,对自身利益关注反映出不同的价值选择。主流意识形态、政治经济利益不同,媒体作为利益的反映器,总是会选择符合当局对外政策和自身利益的报道角度。

4. 新闻来源

从新闻来源的媒体类型来看,《人民日报》"9·11"事件报道比较单一,基本上依赖新华社消息和人民日报驻外记者的采访。尤其是新华社通稿占全部报道的比例已逾六成(样本中的 14 幅新闻图片均为新华社发。见表 14-4-5)。所引用的新华社稿件均为动态消息,而在本报记者采写的 42 篇稿件中,多数为通讯、特写、综述或其他深度报道,因此所占版面面积并不亚于新华社稿件,数量虽少,分量却重。这印证了该报原国际部负责人马世琨的话:"《人民日报》国际部不与新华社抢消息,不搞重复劳动,以便腾出时间和版面撰写深层次的报道,如述评、新闻分析、热点对话等。"[①]

表 14-4-5 《人民日报》"9·11"报道新闻来源分布

新闻来源	报道数	所占比例
《人民日报》	42	31.11%
新华社	85	62.96%
《人民日报》、新华社	8	5.93%

尽可能多地采用本社人员采编的稿件,以展示自己的实力,体现自己的特色。《联合报》的"9·11"事件报道中,39.71%是本报记者采访所得的稿件,所占比例最高。而且,《联合报》还大量引用来自事发国家的媒体第一线消息,如《纽约时报》(4.89%)、《华盛顿邮报》(3.22%)、CNN(1.77%),增强新闻的可信度和感染力(见表 14-4-6)。新闻图

---

① 宋鸿刚:《让〈人民日报〉国际版成为一部世界编年史——访〈人民日报〉国际部》,载《国际新闻界》,1998 年第一期,第 42 页。

片的来源也显示出多样性:美联社(76幅)、路透社(70幅)、法新社(51幅)、联合报(28幅)、CNN(1幅)。值得一提的是,《联合报》在"9·11"事件发生后和美国动武以前,延揽台湾地区各界人士对事件进行讨论,刊登大量分析评论和预测文章,本文将其列入《联合报》外邀范围,这一部分占到样本的5.41%;还有,《联合报》引述了大量不说明来历的外电消息(25.36%),一方面扩大了新闻来源,开阔了读者的视野,但不免真假混杂,真实性颇受怀疑。

表14-4-6 《联合报》"9·11"事件报道新闻来源

新闻来源	报道数	所占比例
《联合报》	382	39.71%
《联合报》外邀	52	5.41%
外 电	244	25.36%
法新社	33	3.43%
《华盛顿邮报》	31	3.22%
《纽约时报》	47	4.89%
路透社	21	2.18%
CNN	17	1.77%
其 他	135	14.03%

5. 信息来源

新闻媒体除了采用或不采用某些素材外,他们也常常通过消息来源的选择与排序来形成特殊的框架,尤其是新闻媒体在单一议题或事件中所引用消息来源的广度与深度,以及在连续事件中如何通过消息来源建构对话。

把消息来源作如下表的分类可能不算很科学,但简单易操作,并能说明问题:主要消息来源是官方,表现出在重大政治事件发生过程中对官方信源的依赖。《人民日报》的主要消息来源是美国官方,31.11%的报道是由美国政府透露的。其次就是中国政府的态度,占18.52%的篇幅。随后就是来自国际组织和世界各国官方的消息：联合国(9.63%)、各国官方(8.15%)、巴基斯坦官方(7.41%)，总计来自官方的消息占《人民日报》全部"9·11"事件报道的77.78%（见表14-4-7）。原因在美国是事件当事国；中国在反恐怖问题上表态与美国一致；联合国是世界上最有影响的国际组织，国际舆论公认的反恐怖主导力量；盟国以军事协作支持美国，北约又是实施这种合作的中介；巴基斯坦是阿富汗的邻国，美国的军事行动要受到巴的支持，所以官方始终是主要消息渠道，这也使《人民日报》的报道真实性处于高水平。

表 14-4-7

来源方	《人民日报》		《联合报》	
	报道数	所占比例	报道数	所占比例
美国官方	42	31.11%	261	27.13%
美国民间	7	5.19%	138	14.35%
中国官方	25	18.52%	26	2.70%
联合国	13	9.63%	0	0
各国官方	11	8.15%	0	0
巴基斯坦官方	10	7.41%	10	1.04%
北约	4	2.96%	57	5.93%
塔利班/神学士	3	2.22%	27	2.81%
台湾地区当局	0	0	67	6.96%
台湾地区民间	0	0	108	11.23%
其他	20	14.81%	268	27.86%

与《人民日报》一样，《联合报》的最主要信源也是美国官方(27.13%)。官方消息也是台湾地区媒体所关注的，台湾地区当局(6.96%)、盟国官方(5.93%)、中国官方(2.70%)和巴基斯坦官方(1.04%)都是获取信息的渠道。但是，《联合报》对民间消息的关注更甚，美国民间(14.35%)

和台湾地区民间(11.23%)构成其报道的四分之一,远高于《人民日报》民间消息5.19%的比例。从实际报道看,主要是描写美国人在事件中的感受和台湾地区民众因"9·11"事件所受的经济生活影响,突出人情味的一面。

6. 事件框架

表 14-4-8

事件框架	《人民日报》		《联合报》	
	报道数	所占比例	报道数	所占比例
口语反应	45	33.33%	176	18.30%
事件景况	49	36.30%	264	27.44%
事件结果	36	26.67%	217	22.56%
评论分析	3	2.22%	198	20.58%
先前片段	2	1.48%	54	5.61%
预测	0	0	53	20.58%

表14-4-8显示,《人民日报》和《联合报》的新闻事件框架都以事件景况为主,陈述"9·11"事件报道客观事实的占了绝对多数,分别占36.30%和27.44%,即传递关于"9·11"事件的即时动态。《人民日报》中反应由"9·11"事件造成非口语事件结果的报道占26.67%,世界各国政府首脑的口语反应占33.33%,陈述事实的报道合计占96.3%,说明《人民日报》着重事件的过程和后果的客观报道、陈述事实,评论分析和背景介绍相对就要少得多,所占比例均在5%以下,没有对于形势的预测前瞻。而这又是《联合报》的优势,《联合报》的样本中,评论分析的内容占20.58%,先前片段占5.61%,预测占5.51%,总计31.63%的报道带有媒体本身的风格和态度,融入了《联合报》自身的立场。

由此可见,从新闻体裁的角度讲,消息是海峡两岸媒体国际报道的"主角",但《联合报》在"9·11"事件的深度报道比《人民日报》多得多,不光如此,该报消息的信息容量都较《人民日报》丰富,其间穿插背景资料纵横捭阖,相关各方观点一应俱全,因此不少与"深度报道"的界限非常模糊,这是台湾地区报纸的一个显著特点。相比之下,《人民日报》的大多报道只能给人一个大概的印象,知道有这么一回事,至于来龙去脉、内部花絮,就无从可知了;并且相当部分的政治外交报道,还是沿袭国内会议报道的模式,只知其粗,不知其细;只知其然,不知其所以然。

7. 事件评估①

由于本研究涉及的中心事件是"9·11"事件,而美国对阿富汗塔利班政权的军事打击是最重要的后果,所有样本的报道都是围绕着这两个核心展开的。不同的事件产生的评估态度也是不同层面的。为了研究的方便,本文中主要把评估归结为下面七种态度:

(1) 支持:对新闻事件中主体的语言和行为表示认同。
(2) 同情:对新闻事件中陈述对象表示怜悯。
(3) 中立:对新闻事件的客观报道,无任何褒贬色彩的断语。
(4) 保留:对新闻事件中主体的语言和行为态度介于中立和反对之间。
(5) 反对:对新闻事件中主体的语言和行为表示异议。
(6) 悲观:对新闻事件中主体的发展趋势表示担忧。
(7) 乐观:对新闻事件中主体的发展趋势表示看好。

事件评估表现出记者本人或媒体组织对主要事件的评价,主要是通过对新闻事件的选择来表明自己的见解。从汇总情况来看,《人民日报》和《联合报》作为主流媒体,都做到了公正中立地报道新近发生的事实,其"9·11"事件样本中分别有51.11%和54.05%的报道属于中立报道,只是《联合报》中立报道比例较《人民日报》略高近3个百分点(见表14-4-9)。

根据《人民日报》的报道评估,表示悲观的报道占13.33%,显示中国政府和民间对"9·11"事件后的世界政治、经济前景的担忧,且样本中没有对事件发展前景表示乐观的报道。保留态度的报道占14.07%,反映了中国政府对美国主导、使用武力打击所谓"支持恐怖主义"国家的方式和后果持有的立场,对美国人民遭受恐怖主义袭击表示同情的报道占9.63%,体现人道主义的原则。虽然中国对美国动武持保留态度,但直接表示反对的倒不多,只占1.48%。值得注意的是,《人民日报》上对美国表示支持的报道也占一成,不过其中包含的是对美国反恐怖立场支持和客观报道盟国协作动武情况的情况,并不能反映中国对美国军事打击的态度。

---

① 陈崇山、弭秀玲:《中国传播效果透视》,沈阳出版社1989年版。

表 14-4-9

态 度	《人民日报》		《联合报》	
	报道数	所占比例	报道数	所占比例
支 持	14	10.37%	110	11.43%
同 情	13	9.63%	72	7.48%
中 立	69	51.11%	520	54.05%
保 留	19	14.07%	72	7.48%
反 对	2	1.48%	36	3.74%
悲 观	18	13.33%	130	13.51%
乐 观	0	0	22	2.29%

《联合报》的客观报道占相对多数,对"9·11"事件造成的灾难表示悲观和同情的占 13.51% 和 7.48%,比例和《人民日报》相差无几,集中反映了台湾地区人在"9·11"事件后的复杂心态。非常明显的是,作为台湾地区主流媒体,反映出支持美国动武(11.43%)的样本较持保留态度(7.48%)和反对意见(3.74%)的样本所占比例之和都要高,原因在于表示支持的报道多来源于台湾地区当局,表示保留态度和反对的言论多来自于台湾地区民间。总体上看,《联合报》上表明媒体立场是很巧妙的,往往通过中立报道中对事实的陈述和新闻的选择来实现。本研究中,只能从《联合报》报道的总基调来判断其评估倾向,实际上客观报道的比重要较统计显示的百分比要低。

8. 重合度[①]

本研究中,将报道主题和围绕主题展开叙述内容大致相同的样本,列入重合的范围。当然,允许在重合样本中出现不同的判断和评论,前提是不影响整个报道的主倾向。由此得出,在所有样本中,有 82 篇报道重合,这一比例占到《人民日报》总样本数的 60.74%,《联合报》总样本数的 8.52%。

---

① 姜秀珍:《新闻统计学》,新华出版社 1998 年版。

从时间分布上看,供研究的这 30 天中,每天都有报道重合。10 月 7 日重合最多(6 篇),主要是国际社会斡旋反恐怖事宜的报道;9 月 12 日、9 月 27 日和 10 月 9 日,主要是事件进程和军事打击开始的信息传播,有 5 篇;9 月 17 日、9 月 22 日、9 月 23 日、9 月 29 日各有 4 篇重合,其余天数都在 3 篇以下。

在消息来源方面,重合报道中,美国官方仍是最大的消息源:36 篇报道来源于美国政府,占重合样本的 43.9%,和总样本中呈现的情况相同。以下顺次是联合国 13.4%(11 篇),世界各国官方 9.76%(8 篇),巴基斯坦官方、中国官方和美国民间各 6.1%(各 5 篇),塔利班 2.44%(2 篇)。

在事件框架方面,重合的样本中,依次排列是事件景况 37.8%(31 篇)、口语反应 32.9%(27 篇)、事件结果 26.8%(22 篇)、评论分析 2.44%(2 篇)。

在事件评估方面,中立的样本数量最多,占 59.76%(49 篇),以下依次为保留态度 12.2%(10 篇)、支持 10.9%(9 篇)、悲观和同情立场的 8.54%(7 篇)。

总的看来,重合样本的总体结构和总样本反映情况基本一致,表现出海峡两岸主流媒体在选择新闻的价值取向上的趋同和差异。

四、结论与启示

如社会学家埃特曼(Entman)所观察到的"框架存在于新闻叙述的特殊性质之中,这些性质促使那些观察和思考事件的人去发展对它们的特定理解"。如果受众对某议题或事件缺乏丰富的直接经验,那么他们对议题或事件的理解就极大地依赖于新闻媒体,依赖于新闻叙述的性质。通过对事件的选择和重组,新闻媒体为没有相关直接经验的受众创造了可得的有限视角[①]。主流媒体由于传播信息相对权威和完备的特点,对"9·11"事件,在跨度 1 个月的专题报道中,汇集了各方资料,基本框限了受众对此事件的认知。

框架没有正确错误之分,对一个事件总存在多种可供选择的框架。

---

① 臧国仁等:《新闻媒体与公共关系(消息来源)的互动:新闻框架理论的再省》,载陈韬文等主编:《大众传播与市场经济》,香港:炉峰出版社 1997 年版。

一般,媒体有一定的常规性框架用于报道政治性冲突,每个新闻机构都有他们自己的政治信仰系统,这个系统反映于他们架构政治冲突的方式之中。在所选的两岸媒体中,表现出不同的报道框架,集中反映在所选主题、消息来源和评估上。同时,我们发现,政治冲突的发展会导致媒体框架的显著改变。当冲突的一方被框架视为极端分子时,他们将发现很难调动公众的支持,很难使媒体接受他们的框架。所以,我们发现无论《人民日报》还是《联合报》,塔利班的声音都很微弱,只占2.22%和2.81%,反世界潮流肯定陷于孤立。

综合本研究,可以得出以下结论:

(1) 两岸主流媒体都非常重视对"9·11"事件的报道,花费了大量人力、物力,对事件的经过、舆论的反映和发展的结果都进行了详尽的报道,在本报的国际报道历史上都是前所未有的。相对而言,以《联合报》为代表的台湾地区媒体,有关报道的数量较多,篇幅比较大,形式比较丰富,呈现出某种程度上的传播不均衡状态。

(2) 就海峡两岸主流媒体的比较而言,可以概括为:中国内地主流媒体立足于和政府立场高度一致,在报道国际事务时均离不开本国,注重报道和反映本国的国际地位和影响。而台湾地区报纸则用更商业化的方式来操作重视信息的传播,在新闻制作方面追求"可读性",注意捕捉精彩的戏剧性细节,反映当局的立场同时,也反映个人在事件中的境遇。

国际报道不可能完全客观。海峡两岸主流媒体报纸对同一个世界有不同反映,对同一个事件有不同报道,本身就说明了国际报道不可能完全客观。国际报道与任何报道一样,都是对现实世界的"主观映象",经过了加工劳动。相对来说,中国内地报纸国际报道消息文体占绝对多数,一般只提供事实,满足于回答"是什么"的问题;而台湾地区报纸深度报道多,不时夹杂着议论,把"为什么"放在重要位置[①]。

(3) 海峡两岸主流媒体的国际报道,尤其是国际灾难性事件报道,标志着两岸不同的新闻传播体制和运作模式。中国内地新闻媒介是党和人民的喉舌,与党和政府的立场保持高度一致。中国内地报纸的国际报道之所以把"中国外交"作为绝对重点,之所以很少对别国事务评头论足,之所以对发展中国家表达着良好的感情,就是为了尽可能地展

---

① 刘夏塘:《比较新闻学》,北京语言文化大学出版社1997年版。

示中国的国际形象,反映中国日益提升的国际地位,激发民族自信心和自豪感,不热衷报道别国的负面新闻和耸人听闻事件。而台湾地区主流新闻媒介是在"发达传播学"的模式下运作,有不同的政治背景和政治势力支持,需要表明本集团的立场,但表面上都是民营的企业化集团,新闻报道完全是以商品形式出现,以受众市场为中心。因此,他们的报纸热衷于报道国际性大事,尤其是灾难性消息,事无巨细,不厌其烦,根本原因是受众的瞩目。

在当前的全球化时代,各地区各民族的利益联系越来越紧密,人们之间的整体相关性、利益共同性、相互依存性更加突出和增强。在此背景下,人们对新闻信息的需求,在指向上从国内扩展到世界上每个角落,通过传媒,受众放眼世界,对国内外新闻信息都高度关注。

国际上大量的突发性事件往往具有偶然性,出人意料,爆发时间短,变化节奏快。由于无法预期知道事件的结果,也无从预料事态的进程,报道难度比较大,所以要求报道者以领先于事件的强烈的新闻敏感,从职业的角度保持清醒的头脑,力求在最短的时间内弄清现场事态和变化趋势,掌握事件的发展规律加以报道[①]。

从媒体对国际性突发事件的报道流程,加上对《人民日报》和《联合报》"9·11"事件报道的比较研究,我们认为主要可以分三个阶段来重新架构国际报道体系:

第一,对突发事件的快速指向与信息抵达。

新闻要讲时效,要快,国际上发生的突发事件,尤其是重大事件,能激起受众的兴趣,往往引发各媒介新闻报道的猛烈竞争。如果一个媒体在报道上总是"慢三拍",引起受众第一关注的总是别的媒介,那么不用多久,这一媒介对受众的吸引与受众对该媒介的依赖将会大大削弱。如果某一媒介对国际范围内重大突发事件总能及时抢先报道,拔得头筹,吸引受众的关注,受众也就会对该媒介另眼相看,并有可能对它逐渐形成心理依赖。使自己的所发信息先于别人在第一时间抵达,在社会的信息场中突显自己的声音,才能对受众形成首发或首因效应,才有可能谈得上用自己的观点和立场去影响人[②]。

台湾地区主流媒体在对国际突发事件的报道上向来竞争激烈,从

---

① 许必华:《新闻摄影学概论》,新华出版社1999年版,第232页。
② 郑兴东:《受众心理与传媒引导》,新华出版社1999年版。

"9·11"事件报道可以看出,一旦有事件突发,往往毫不犹豫地空出大量版面,连篇累牍地进行消息报道和相关评论。

第二,报道随事件的发展在时间纵向上和逻辑横向上扩展。

媒介通过报告事件的突发使受众对事件产生明确的心理指向,而受众通过媒介获知事件的突发后,会进一步关注事件的相关信息,产生更多的期待。如果媒介想吸引受众的继续关注,接下来至关重要的,就是不断提供相当信息,保持受众心理期待高度的同一。

按照受众心理特点,主要是按事件发展的时间纵向与逻辑的横向来展开[①]。受众一般关注那些既熟悉又陌生的东西。完全熟悉的事件,就没有关注的必要,完全陌生的事物,又会因与自己的认知结构格格不入而不去注意它。吸引受众直接兴趣的既不是完全知晓的内容,也不是完全不知晓的内容,而是那些受众原先已有所了解,而又能增加新的认识的内容。媒介按照时间顺序,根据事件的发展,对应、重叠、覆盖旧的事件信息,而又向前延伸报道新的内容,也就构成既熟悉又陌生的信息,吸引了受众的兴趣。

如果说时间进度是纵向的,因果关系是横向的,为满足受众"后来呢"、"为什么"的期待心理的报道过程则是由时间进度与逻辑进度纵横相互交织而成的。随着事件的发展,受众在媒介的报道中从期待走向满足,再从满足走向期待;媒介抓住受众的兴奋点与时间和逻辑两个认知进度,报道在立体交织中不断前进,一步步走向深入。台湾地区媒体在这一点上做得比中国内地要好。

第三,对事件的阶段综合回顾。媒介紧跟事件发展进行纵深持续的报道,在事件经过一个阶段或完全结束后,有必要进行一个综合的整体性回顾[②]。如新闻综述运用综合的、鸟瞰式的写法,展示新闻事件发生、发展及其演变过程,对事件进行评述,揭示其意义、发展趋势及影响。

中国内地新闻传媒一度对于某些重要的国际突发事件不是采用连续立体的报道方法,而是采用一次性的终结式报道方法,即是在事件发展基本终结时才对新闻事实进行一次总的回顾,实践检验效果不尽如人意。但是,在 2003 年中国"非典"疫情中,内地传媒对其部分报道还

---

① 戴元光、金冠军:《传播学通论》,上海交通大学出版社 2000 年版。
② 刘海贵、尹德刚:《新闻采访与写作新编》,复旦大学出版社 1996 年版。

是有所改进的,并且也经受了一次针对突发性事件如何正确报道的洗礼。

　　台湾地区媒体,常常通过对事件运动过程的叙述进行阶段综合回顾,穿插背景材料和作者对事件的评价,夹叙夹议地介绍与评述事件,这并不是流水账式的记述罗列,而是媒介对国际突发事件进行报道整个流程中的一个重要组成部分。它有助于受众站在一个更高处,对事件的前前后后、方方面面从总体上做一宏观角度的回望与思考,使受众通过再思考,温故而知新,形成更全面的认识,获得更深刻的启迪与领悟。好的综合回顾、述评可有效地影响受众的立场,引导受众对事件的把握上升到一个新的高度。

第五节　第三道数字鸿沟：互联网上的知识沟[*]

　　此前关于数字鸿沟的研究皆聚焦于数字技术的接入和使用上,即所谓的第一道和第二道数字鸿沟。对数字鸿沟的这两个维度的研究,的确较为清晰地勾勒出了数字技术的分布和应用不平等的社会景象。然而,一个更为重要的问题,即数字技术接入和使用上的鸿沟,是否导致了人们知识上的鸿沟,却被研究者们忽略了;在当今信息社会,这直接关涉到个人与社区的生存和发展。考虑到数字技术的接入和使用鸿沟对社会的影响往往被研究者视为是理所当然的,且从未被纳入到相关研究设计中这一事实,本研究假设：(1) 由互联网的接入差异可预测人们政治知识的获取；(2) 由人们对互联网上政治信息的使用可预测其政治知识的获取；(3) 互联网使用比互联网接入能更佳预测人们政治知识的获取。对一个在美国进行的全国性调查数据的再分析,结果在不同程度上支持了上述三个假设。本研究的发现为"数字技术的

---

　　[*]　原载《新闻与传播研究》2006年第4期,作者为韦路、张明新。
　　本文原稿为英文,曾于2005年11月发表于在芝加哥举行的美国中西部舆论研究年会(Midwest Association of Public Opinion Research [MAPOR], Chicago, USA, November 2005)。本研究受到国家教育部青年基金项目"网络传播与国家安全"资助。

分布和使用的不公带来了不利的社会影响"这一论断提供了经验证据，譬如,知识沟便是这种负面社会影响的一个方面。更重要的是,相对于互联网接入而言,互联网使用对于人们的知识获取有更大影响。因此,在互联网接入日渐普及的今天,有关政策应对人们的互联网使用予以更多关注。此外,就传播理论而言,知识沟一方面可被视为是数字鸿沟研究的一个方向,是一个介于接入沟、使用沟和其他社会不公之间的中间变量;另一方面,借助于对数字鸿沟的研究,知识沟研究亦有了不断发展的潜能,在各种影响知识沟的因素之中,新媒介技术成为一个显著影响和型塑知识沟的变量。在这样的意义上,可将数字鸿沟理论与知识沟理论贯通起来。

一、引言

作为一个比喻,"数字鸿沟"(digital divide)使人们有机会认识到技术富有者和技术贫穷者之间存在的不平等。在过去的10年中,不论在学术界还是业界,这一概念十分流行;它成功地将这一不平等的议题引入社会、政治与学术领域的讨论之中,成为社会政策甚至政治主张中的一种关怀(金兼斌,2003)。

在传播学、社会学、管理学、经济学等学术领域,此前关于数字鸿沟的研究聚焦于数字技术的"接入"(access)和"使用"(use)上(如Goslee, 1998; Lenhart, 2000; National Telecommunication and Information Administration [NTIA], 1995, 1998, 1999, 2000, 2002; Norris, 2001; Papadakis, 2000; UCLA Internet Report, 2000; Wilhelm, 2000;胡鞍钢、周绍杰,2002;刘文新、张平宇,2003;王良刊、刘庆,2004;汪明峰,2005;柯惠新、王锡苓,2005;等等)。这两个层面也被学者们称为第一道和第二道数字鸿沟(Attewell, 2001; Natriello, 2001)。然而,一个更加重要的问题却没有引起学者们足够的重视,那就是,在数字技术接入和使用上存在的鸿沟是否最终会而且一定会导致人们在知识获取上的鸿沟,而这种知识上的鸿沟将直接关系到信息社会中个人和社区的生存和发展。换言之,第一道和第二道数字鸿沟对于人们知识的获取究竟有何影响? 它们是否会必然导致第三道数字鸿沟——数字化时代的知识沟?

在上一世纪70年代,明尼苏达研究小组所倡导的经典的"知识沟"

假设认为,当大众媒介信息在一个社会系统中不断增加时,拥有较高社会经济地位(socioeconomic status, SES)的人将会比拥有较低社会经济地位的人更快地获取信息(Tichenor, Donohue & Olien, 1970)。数十年来,虽然学术界对知识沟假设已有了广泛支持,但这一假设是否能适用于数字媒体,在数字技术(特别是因特网)接入和使用上的差距是否会导致知识获取上的差距,人们却没有明确的答案。

在发展中的我国大陆,迄今互联网的扩散率已接近10%,就网民的绝对数量而言,总数已达1.23亿;在不少大中城市,互联网的渗透率则已接近甚至超过30%(中国互联网络信息中心[CNNIC], 2006)。在这一新的数字环境下,考察互联网的接入和使用对人们知识获取的影响,便具有显著的现实针对性和前瞻性。考虑到数字鸿沟和知识沟研究在美国已经具有相当的规模,有大量研究成果可供借鉴,本研究以美国的一组全国性调查数据为基础,试图对数字鸿沟、知识沟和互联网的研究提供一个新的思路,并为互联网在我国大陆的扩散和应用提供有益的参考;本研究更试图从理论上探讨前两道数字鸿沟与第三道数字鸿沟之间的关系,寻求将数字鸿沟理论与知识沟理论贯通起来的可能方法与模式,为开辟互联网研究的可能的新方向做出贡献。

二、文献综述

不论是对"数字鸿沟"还是"知识沟",皆已有大量研究;然而,却几乎没有学者正式将此二者联结起来。大量有关"数字鸿沟"的研究,主要聚焦于第一道和第二道数字鸿沟,即接入沟和使用沟;但由于这两道数字鸿沟所带来的对于人们知识获取上的影响,却被学者们忽略了。至于有关知识沟的研究,尽管在此前既有的研究中,媒介或渠道的差异是一个备受研究者关注的变量,但就人们对数字技术在接入和使用上的差别所可能导致的知识获取上的差异,却几乎没有人注意到。

1. 第一道数字鸿沟:接入沟

"数字鸿沟"这一术语最先出自报纸的新闻报道。1995年美国政府发布"Falling through the Net"的研究报告使这一术语开始流行(Servon, 2002;NTIA, 1995)。

传播学者Norris(2001)认为,数字鸿沟的概念包括三个层面。首先是全球鸿沟,指的是工业化国家和发展中国家之间在因特网接入上存在的差距。其次是社会鸿沟,其关注的是在每个国家内部信息富有者和信息贫穷者之间存在的差距。第三是民主鸿沟,强调的是人们在是否使用数字技术参与公共生活方面的差距。

除了这种较为宏观的分类之外,Attewell(2001)从较为微观的角度出发,将数字鸿沟分为两个层面。他将电脑和因特网接入上存在的差距称为"第一道数字鸿沟",将电脑和因特网使用上存在的差距称为"第二道数字鸿沟"。进一步,van Dijk(2002)指出,接入的概念可以分为四种:(1)由于缺少兴趣、电脑焦虑和新技术缺乏吸引力而导致的基本的数字经验的缺乏,他将其称为"精神接入"(mental access);(2)电脑和网络连接的缺乏,他将其称为"物质接入"(material access);(3)由于技术界面不够友好、教育和社会支持不足而导致数字技能的缺乏,他将其称为"技能接入"(skills access);(4)使用机会的缺乏以及这些机会的不平等分布,他将其称为"使用接入"(usage access)。

虽然 Attewell 和 van Dijk 使用了不同的名称和术语,但他们对数字鸿沟的分类大体上是一致的。van Dijk 归纳的头两种接入与第一道数字鸿沟紧密相关,因为它们直接决定了人们是否在物质层面上接入因特网。后两种接入则直接联系到第二道数字鸿沟,因为技能水平会对用户如何使用因特网具有重要的影响。

由于数字鸿沟的概念在传统上被定义为"技术接入拥有者和技术接入缺乏者之间的差距"(Besser,2004),大多数数字鸿沟的研究都集中在第一道数字鸿沟,也就是 van Dijk 指出的第二种接入——物质接入差距。这一研究群体的中心在于调查有哪些社会因素影响物质接入上存在的鸿沟。如普林斯顿大学社会学教授 DiMaggio 等人(2001)所指出的:数字鸿沟研究的"重心应该放在研究不平等是如何被各种社会因素所影响的,这些社会因素包括政府项目、工业结构和价格政策,等。"因此,经济实力、电信设施和政府决策成为影响第一道数字鸿沟的最为显著的社会因素。

大量研究(Hargittai,1999;Norris,2001;NTIA,1995,1998,1999,2000,2002)证明了经济发展和数字技术接入之间的联系。美国国家电信和信息管理局(The National Telecommunications and Information Administration,NTIA)自从 1994 年开始就一直在跟踪调查数字鸿沟的问题。虽然它近期发布的报告显示,基于收入、教育和地理位置的数字鸿沟开始在上个十年的末期急剧缩小,建立在经济基础之上的因特网接入差距仍然在持续(NTIA,2000)。

除经济因素外,一些个案研究(Gutierrez & Berg,2000;Fuentes-Bautista, et al.,2002;Hawkins & Hawkins,2003)显示,政府政策在改善因特网接入方面发挥着重要的作用。Cullen(2001)在国家的层面研究了美国、英国、加拿大和新西兰的数字鸿沟,发现国家政策是影响数字鸿沟的一个重要因素,拥有较大政策主动权的国家在减小数字鸿沟方面具有较大优势。Wade(2002)则从发展中国家的角度出发对这一问题进行了考察。他指出,欠发达国家在接入方面存在劣势,这不仅因为收入、技能和基础设施方面的缺乏,更源于根植于国际系统的各种有利于发达国家的标准和规范。

2. 第二道数字鸿沟:使用沟

鉴于舆论和公共政策牢牢地被物质接入鸿沟所占据,van Dijk(1999;2002)指出,数字技术的接入问题应该慢慢地从他所归纳的前两种接入转向后两种。换言之,当精神和物质接入的问题得到部分倘若不是完全的解决之后,技能和使用上的结构差异就开始登上舞台。

传统的数字鸿沟研究将这一比喻转化为电脑拥有者和非电脑拥有者之间的二元对比,或者因特网接入拥有者和非接入拥有者之间的对比。虽然这种转化对于研究技术扩散来说是适用的,但它却无法帮助我们理解技术扩散的社会后果(Jung et al,2001)。换言之,拥有相同的物质接入并不一定意味着人们按照完全相同的方式和以相同的程度来使用因特网。因此,数字鸿沟的研究开始从第一道鸿沟转向第二道鸿沟。

有关因特网使用鸿沟的早期研究主要集中在上网时间的差距上(Kraut et al.,1998;Nie & Erbring,2000;Robinson et al.,2000;UCLA,2000)。例如,Nie & Erbring(2000)比较了因特网经常使用者和非经常使用者的特征,得出以下结论:(1)上网时间越长,人们失去的社会联系就越多;(2)上网时间越长,花在传统媒介上的时间就越短;(3)上网时间越长,在家里工作的时间就越长;(4)上网时间越长,花在有形商店里的购物时间就越短。

观察到相等的上网时间并不一定意味着人们以相同的方式使用因特网(Hawkins & Pingree,1981;Moy,Scheufele,& Holbert,1999;Norris,1996;Shah,McLeod,& Yoon,2001),一些学者超越时间维度的测量尺度,开始对人们使用因特网的多种方式进行研究。Wilhelm

(2000)将信息和电信技术缺乏者分为三类:(1)对技术进步免疫者,这些人或者从未听说过因特网,或者从未使用过电脑;(2)边缘接入者,这些人或者拥有公共电脑和因特网接入,或者拥有私人电脑却没有因特网接入;(3)边缘使用者,这些人使用网络服务,但并不主要当作信息和传播工具。他指出,这些群体可以通过在更大的社区参与社会和经济生活的不同能力而得到区分。

传播学者 Norris(1998)则将因特网使用者分为四个类别:(1)研究者,他们为了电子邮件和调查研究目的而使用因特网;(2)消费者,他们为了购物和获取财经资源而使用因特网;(3)表达者,他们为了表达自己的观点和看法而使用因特网;(4)娱乐者,他们为了娱乐目的而上网,玩游戏从事其他娱乐活动。她发现相对于其他类别而言,研究者具有较多的政治知识。

将数字技能划分为工具技能、信息技能和策略技能这三个等级递进的技能层次,van Dijk(1999,2000,2002)提出了使用鸿沟的假设。他指出,一部分人能够系统地将高级数字技术用于工作和教育,并从中受益;另一部分人则只能使用基本的数字技术和简单的应用,并主要以娱乐为目的。通过这一假设,他强调了电脑网络的多用性(multifunctionality)。正是这种多用性使得人们使用它的方式千差万别。

更进一步,南加州大学传播学院的 Jung 及其同事(2001)提出了一个新的研究因特网使用的指标——因特网联系指标(Internet Connectedness Index,ICI)。这一指标纳入了传统的时间、历史和环境尺度,并超越这些尺度,增添了上网目的、网络活动和网络在生活中的中心性等尺度。通过将数字鸿沟重新定义为因特网联系上的差距,他们认为数字鸿沟与人们在日常生活中不同的上网目的、网络活动和传播方式紧密相关。通过这一新的指标,他们试图弄清人们在获得因特网接入之后,与因特网之间关系的多维属性。

运用这一新的指标,Loges & Jung(2001)发现老年人和青年人之间的数字鸿沟超越了简单的接入问题。一旦上网,老年人在因特网使用的性质和环境上较青年人表现出很大的不同,这些差异在使用范围和强度上尤为显著。也就是说,老年人上网的目的和活动在范围上比青年人窄,使用较少的网络应用,使用网络的地理位置也较少。

第三道数字鸿沟:知识沟

van Dijk(2002)强调了一个惊人的发现,那就是:人们往往对接入差异的效果想当然,从而没有将其作为数字鸿沟研究的一部分。新媒介接入和使用上的差异究竟会产生什么样的社会后果？对于人们的生存和发展有何影响？对于社会接受和排斥有何影响？在数字技术上的"贫穷",是否会导致在社会生活中的"贫穷"？回答这些问题的一个关键点就在于因特网对于知识获取的影响。由于信息和知识能够被转化为社会和政治力量,人们在知识获取上的不平等必然会对人们的社会和政治生活产生直接的影响。因此,一旦接入和使用鸿沟的问题开始得到解决,知识鸿沟的问题将成为人们下一步关注的焦点。

传统上,知识沟的研究集中在知识获取和社会经济地位之间的关系,而正规教育,则经常被用来当作社会经济地位的指标(Gaziano, 1983, 1997; Tichenor et al., 1970; Tichenor, Rodenkirchen, Olien, & Donohue, 1973; Moore, 1987; Viswanath & Finnegan, 1996)。然而,后续的研究发现,其他因素也会对知识沟的形成产生影响,于是学者开始对基于教育的知识沟假设提出挑战。例如,Gaziano(1983)对一系列因素的作用进行了考察,这些因素包括媒介议题类型、传播地理范围、知识的操作性定义、传播渠道的类别、研究设计以及数据收集方法等。在一篇综述中,Viswanath & Finnegan (1996)探讨了影响知识沟的几种条件,包括媒介内容和议题差异、信息功能、地理范围、知识的复杂性、传播渠道差异,以及媒介宣传在策划传播和非策划传播中的作用。

随着新传播技术在人们日常生活中的作用越来越重要,在以上因素当中,传播渠道差异成为学者关注的一个焦点。以往有关渠道差异的研究发现主要强调的是印刷媒介的独特作用、印刷媒介与广播媒介在促成知识沟的有效性方面的比较,以及电视作为知识平衡者(也就是减少知识沟)的巨大潜力(Viswanath & Finnegan, 1996)。

新媒介技术,尤其是互联网的迅猛发展进一步刺激了人们关于新技术对知识沟的影响的争论。技术狂热者宣称因特网能够通过降低信息成本来减少不平等,增强低收入人群获取社会资本和参与职业竞争的能力,并进而增加他们的人生机会(Anderson et al., 1995)。另一方面,技术怀疑者则指出技术所带来的最大利益将会归于高社会经济地位者,他们能够利用他们的资源更快地、更有成效地使用因特网,而这一趋势又会被更好的网络连接和更多的社会支持所进一步强化(DiMaggio & Hargittai, 2001)。

因此,因特网接入和使用上的数字鸿沟是否会转化成知识获取上的鸿沟,并进而导致其他社会后果,对于我们理解数字化时代的不平等现象极为重要。尽管在论及由互联网所带来的社会不公之时,数字鸿沟与知识沟这两个概念不时交织在一起(Bucy,2000;DiMaggio et al.,2001;Hindman,2000;Kingsley & Anderson,1998;van Dijk & Hacker,2003),但少有研究者将此二者联系起来考察。事实上,虽然诸多研究者和政策制订者皆在推测,人们往往藉由互联网接入而得到诸如商品、服务及其他社会利益,但迄今为止尚未有研究者以经验证据支持这一结论(DiMaggio et al.,2001)。而且,正如 Bonfadelli(2002)所说的,"在既有的文献中,不仅缺乏坚实的经验数据来证实互联网接入要优于传统媒介的使用;而且,从理论的角度来看,我们并不清楚互联网接入是否会成为个人成功的必要条件,我们甚至无法确知人们对互联网的接入是否与人们的生活密切相关。"

根据上述的文献检阅,本研究的第一个研究假设将致力于检验接入沟与知识沟之间的关系。

H-1:由个人的互联网接入可预测其政治知识的获取。

较之于互联网接入研究,有关计算机与互联网使用的研究,的确积累了不少经验数据。譬如 Attewell & Battle(1999)发现,家庭电脑使用与学生的阅读与数学成绩显著相关:男孩、白种以及富裕的学生,往往在这两科成绩更好。

在近年来的研究中,Bonfadelli(2002)试图就数字化时代的知识沟现象做出理论解释。这位学者认为,相对于传统媒介而言,人们在互联网使用上的鸿沟更为显著。这些鸿沟包括信息供给上的差异、信息使用上的差别(信息选择上不同的兴趣与偏好)以及不同的信息接收策略(不同的媒介内容需求与满足,譬如信息和娱乐)等。所有这些鸿沟都可能导致知识沟。Bonfadelli 以最近在欧洲进行的两个调查为例总结到,教育程度更高的人往往在使用互联网时更具主动性,其使用也偏向信息导向型,而教育程度较低者的互联网使用往往更多局限于网络的娱乐功能。

因此,本文的第二个和第三个假设,试图检验使用沟对知识沟的影响,以及比较接入沟与使用沟对知识沟的影响力。

H-2:由个人对互联网上政治信息的使用可预测其政治知识的获取。

H-3:互联网使用比互联网接入能更佳预测个人政治知识的获取。

三、研究方法

1. 抽样及样本

本研究的数据来自于"皮尤人民与媒介研究中心"(The Pew Research Center for the People and the Press)在2004年1月上旬所做的政治传播研究项目[①]。皮尤研究中心(Pew Research Center)是美国著名的非党派、公益性舆论和社会科学研究中心,其宗旨在于为公众提供更多信息以帮助他们了解影响美国和世界的重要议题、态度和趋势。作为该中心的旗舰研究组织,皮尤人民与媒介研究中心侧重研究公众对媒介、政治和公共政策议题的态度,并以常规性全国调查著称。由皮尤公益信托基金(The Pew Charitable Trusts)资助,该组织的所有调查数据均可免费获取,因此受到社会各界的广泛使用。权威性、公益性和中立性是本研究选择该中心调查数据的主要原因。

具体到本研究所使用的数据,其调查于2003年12月19日至2004年1月4日之间进行。在"普林斯顿调查研究协会"(Princeton Survey Research Associates)的指导之下,该调查共电话访问了全美1 506位18岁及以上的成人公民。根据全美人口总体,在95%的置信水平上,由抽样或其他随机性因素所导致的误差为±3%。在2004年美国总统选举的背景下,该调查的原始意图在于揭示美国社会的不同阶层和群体如何从不同的媒介来源获取政治选举新闻,并试图勾画人们媒介使用的新趋势和影响(The Pew Research Center for the People and the Press,2004)。其具体内容包括美国民众获取政治新闻的媒介来源及其结构变化、人们对政治选举知识的获取情况、互联网在人们政治新闻和知识获取中的作用,以及人们对政治新闻偏见的认知情况等。由于本研究所涉及的核心变量(互联网接入和使用、政治知识)在该调查中也是极为重要的变量,其数据对本研究具有很高的适用性。在以下"变量的测量"部分,我们将具体介绍本研究在该调查数据中所使用的具体数据及其操作方法。

2. 变量的测量

· 因变量

政治知识。调查中用于测量受访者政治知识的是四个陈述。其中

[①] 数据来源:http://people-press.org/dataarchive/#2004。

的两个是询问受访者关于(a)美国副总统戈尔对民主党内候选人Howard Dean 的支持,(b) Howard Dean 关于"希望成为那些皮卡车箱内悬挂南部联邦战旗者的候选人"的言论[1]。根据受访者的回答,他们被分为四个类别:(1)知道较多,(2)听说了一些,(3)从来没有听说过,(4)不知道或者拒绝回答。为了分析的便利,前两类被编码为1,其余的被编码为0。另两个问题是:"你知道在总统候选人中,(c)哪一位曾是陆军将军(正确答案为 Wesley Clark),(d)哪位曾经是众议院多数派的领导人(正确答案为 Richard Gephardt)?"正确回答的被编码为1,其余为0。测量政治知识的这四个陈述所构成的量表的信度值为.70。

• 控制变量

受此前研究的启发(如 Delli Carpini & Keeter,1996; Eveland, Jr. & Scheufele, 2000; McLeod, Scheufele, & Moy, 1999; Verba et al.,1995),几个人口统计学变量能在一定程度上预测媒介使用和政治知识;因此,本研究将受访者的年龄、性别、收入和教育程度控制起来。除此之外,传统媒介使用也曾被证实对个人的政治知识获取有显著影响,因此也被作为控制变量处理。

传统媒介使用。对"传统媒体的政治使用"这一变量的测量采用一个由15个陈述所组成的李克特量表($\alpha = .70$),其中的10个问题是关于电视的,3个与广播有关,1个关于报纸,1个关涉杂志。受访者被询问自己在多大的频度上自己曾在这些传统媒体上获取有关总统候选人的信息,可供选择的选项为:(1)常常,(2)有时,(3)极少,(4)从不。在下文的分析中,前三类被编码为1,最后一类被编码为0。

• 自变量

互联网接入。互联网接入这一变量的测量由两个"是—否"问题构成:(a)请问您是否在工作场合、学校、家里或者其他任何地方曾经使用过电脑?(b)您是否曾经上过网或者曾经收发过电子邮件? 回答

---

[1] Confederate flag 为美国南北战争时期的南部联邦战旗,该旗被视为奴隶制度和种族隔离的标志。包括3K党在内的 500 多个极端组织使用该旗作为标志之一。Howard Dean 是美国 2004 年总统选举民主党内的候选人之一,其竞选政策是尽力争取南方选民的支持。他曾发表言论说"希望成为那些皮卡车箱内悬挂南部联邦战旗者的候选人"。此语激起包括民主党其他候选人在内的社会人士的广泛批评。对该评论的详细报道可参见: http: // www. usatoday. com/news/politicselections/nation/2003 - 11 - 02 - dean-flax_x. htm。

"是"者被编码为"1",回答为"否"则被编码为"0"。这两个陈述之间的相关性达 .73($p<$ .01)。

互联网使用。如同在上文的文献综述部分所指出的,对"互联网使用"这一变量的测量应超越传统的采用"使用时间"这一单一维度的测量方法。因此,本研究根据"皮尤人民与媒介研究中心"的调查数据,除了选用其中的一个问题用以询问受访者使用互联网的频度之外,还选择了其中的另外七个用以测量受访者对互联网政治信息使用的问题,分别是:(a) 应用电子邮件来了解有关候选人或选举活动有关的信息;(b) 为了参与与选举有关的活动使用互联网,诸如阅读新闻组、签名,或者捐款;(c) 参加网上在线聊天、讨论与选举有关的事情;(d) 在网上搜寻候选人就某些问题所持观点的信息;(e) 寻找在自己所在地区的与选举组织和活动有关的信息;(f) 访问候选人的竞选网站;以及(g) 访问支持某位候选人或其所持主张的、由相关团体或者组织所建立的网站。受访者被要求在一个6级李克特量表上表明自己使用互联网的频度(1 = 一天内至少使用一次,2 = 每天使用一次,3 = 每周有3到5天使用互联网,4 = 每周有1到2天使用,5 = 使用很少,6 = 不使用或者从来都没有使用)。其中,在下文的分析中,1,2,3,4,5 被编码为"1",6 则被编码为"0"。后面的7个问题采用"是"(1) 和"否"(0) 的形式要求受访者回答。这8个问题构成一个用以测量受访者对互联网的政治信息使用的量表,其内在一致性为 α = .83。

四、研究发现

用以预测受访者传统媒介使用、互联网接入、互联网使用与政治知识的多元阶层回归分析的结果整理于表1之中。其中,人口变量解释了互联网接入的绝大部分的总变差(调整后的 R^2 增量为31.3%,$p<$ .001),其中年龄(β = − .36,$p<$ .001)、教育程度(13 = .36,$p<$ .001)与收入(β = .13,$p<$ .001)是可显著预测受访者互联网物质接入的变量。本研究的这一发现与既有的研究完全吻合(如 NTIA,1995,1998,1999,2000,2002)。

至于互联网的政治使用,人口变量组又解释了总变差的最大份额(调整后的 R^2 增量为7.3%,$p<$ .001),其中教育程度(β = .12,$p<$ .001)、性别(β = − .07,$p<$ .001)与年龄(β = − .04,$p<$ .05)是显著

的预测变量。互联网接入则仅仅解释了受访者互联网政治使用的4.2%的调整后的总变差。这一结果也与此前的相关结论一致(如Bonfadelli,2002;Loges & Jung,2001),这表明人们即使有着同样的互联网物质接入并不意味着以同样的方式使用互联网。有着较高教育程度的、男性以及年轻人对互联网的政治使用更多。

人口变量组解释了人们政治知识的26.2%的调整后的总变差,其中年龄($\beta = .34, p < .001$)、教育程度($\beta = .25, p < .001$)与性别($\beta = -.21, p < .001$)是显著的预测变量。分析表明传统媒介使用仍然是一个显著影响人们政治知识获取的变量($\beta = .20, p < .001$),其在 $p < .001$ 的水平上解释了5.6%的因变量的调整后的总变差。

当在控制了人口变量与传统媒介使用变量之后,互联网接入($\beta = .07, p < .001$)仅仅解释了因变量1.1%的调整后的总变差($p < .001$)。虽然这一影响在统计上是显著的,但数据对研究假设1所提供的支持却很弱。

表14-5-1 预测传统媒介使用、互联网接入、互联网政治使用与政治知识的多元阶层回归分析

	传统媒介使用	互联网接入	互联网使用	知识
人口变项				
年龄	.10***	−.36***	−.04*	.34***
性别	−.08***	.01	−.07***	−.21***
收入	−.01	.13***	.00	.05***
教育程度	.06***	.36***	.12***	.25***
调整后增加的 R^2%		31.3***	7.3***	26.2***
传统媒介使用		.08***	.13***	.20***
调整后增加的 R^2%		.6***	2.3***	5.6***
互联网接入			.25***	.07***
调整后增加的 R^2%			4.2***	1.1***
互联网使用				.21***
调整后增加的 R^2%				3.6***
调整后 R^2%的总和	1.7***	31.9***	13.8***	36.5***

注:$N=1,506$,表中的回归系数皆为标准化回归系数。
* $p < .05$,*** $p < .001$。

在上文的研究假设 2 中我们假设,由个人对互联网上政治信息的使用可预测其政治知识的获取状况。当在控制了人口变量和传统媒介使用变量之后,受访者对互联网的政治使用($\beta=.21, p<.001$)可在一定程度上显著影响其政治知识(调整后 R^2 的增量为 $3.6\%, p<.001$)。尽管在这一模型之中,调整后 R^2 的增量相当有限,但其标准化回归系数却相当的高($\beta=.21$),超过了传统媒介使用,甚至快达到了教育程度($\beta=.25$)对政治知识获取的影响力。因此,在相当程度上,假设 2 得到了证实,整个模型对因变量也达到了较高的解释力,共解释了 36.5% 的调整后的总变差。

正如研究假设 3 所猜测的,较之于互联网接入,互联网使用被证实为是受访者政治知识的更加有效的预测变项。不论是回归模型中的标准化 beta 值还是调整后 R^2 的增量,互联网使用皆明显高于互联网接入,这为研究假设 3 提供了强有力的经验支持。

五、结论与讨论

考虑到数字技术的接入和使用上的鸿沟往往被研究者视为是理所当然的、且从未被纳入到相关研究设计中这一事实(van Dijk, 2002),同时考虑到互联网在我国大陆的扩散和使用的政治和社会寓意,本研究以美国的一个全国性调查数据为基础,探讨了互联网的接入和使用对人们知识获取的可能影响,阐释了第一道和第二道数字鸿沟与第三道数字鸿沟之间的关系。

本研究的结论为"传播技术的分布和使用不公会带来负面的社会影响"这一论断提供了实证依据。知识上的差距便是这些负面社会影响中的一个方面。就本研究来说,拥有着互联网接入的个人,相对于那些没有互联网接入的个人有着更多的关于总统候选人的知识。同时,在控制住了人口因素、传统媒介使用和互联网接入这些变量之后,对互联网的政治使用愈多的个人,则相对于其对互联网的政治使用更少的同伴而言,拥有更多的政治知识。事实上长期以来,在缺乏实证检验的情形下,这些关于数字鸿沟的社会影响的假设被人们理所当然地认为是正确的。本研究的贡献在于,拓展了人们关于数字鸿沟的认识——将其由接入沟和使用沟发展到知识沟,并以经验数据证实,人们对于数字技术的接入和使用的确对人们的知识获取有着显著影响,而人们所拥有的知识,众所周知,对其参与社会和政治生活是至关重要的。

本文更为重要的发现在于,相对于互联网接入,人们的互联网使用能更好地预测其知识获取。即使拥有着同样的互联网物质接入,对互联网的政治使用更多的个人,相对于那些对互联网的政治使用较少的个人而言往往拥有更多的与总统候选人有关的知识。互联网接入的确可预测人们的知识,但这仅仅是知识获取过程的一个开端,因此它仅仅解释了因变量的极小的一部分变差;而互联网使用这一包含着多个维度的概念(如使用的时间、目标、参与方式等),对个人的知识获取则有着更大的影响。正如 Bonfadelli(2002)所指出的,既然有着同样互联网接入的人们使用互联网的方式可能千差万别,故相对于接入沟而言,使用沟应该对人们之间的知识沟贡献更大的份额。因此,当愈来愈多的人拥有了互联网接入之后,我们应该将注意力投注于人们的互联网使用上。同时,政府致力于缩小数字鸿沟的努力,也不应止步于人们的互联网物质接入;一旦物质接入这一问题解决之后,应将更多的资源和政策倾斜于改善人们的互联网使用这一难题上。

更进一步说,我们可采用如图 14-5-1 的表述方式,将数字鸿沟理论与知识沟理论联结起来。一方面,知识沟研究可被认为是数字鸿沟研究领域的一个部分。如果数字鸿沟对人们的日常生活没有真实的影响,那么近十年关于数字鸿沟的研究将鲜有实际意义。而如本研究所揭示的,数字鸿沟对人们政治知识获取所存在的影响,则为数字鸿沟的社会后果提供了一个例证。由于知识的获取是人们相关社会或政治态度与行为的基础,因此,知识沟便有可能成为继第一道和第二道数字鸿沟之后的第三道数字鸿沟。此外,它也可能是介于技术的接入沟、使用沟和其他社会不平等之间的中间变量。另一方面,借助于对数字鸿沟的研究,知识沟的研究亦有了不断发展的潜能。由于传播技术的飞速发展,在各种影响知识沟的因素之中,媒介渠道的差异愈来愈受到更多关注。然而,已有的关于数字鸿沟的大量研究却并未被系统地利用来帮助我们理解技术对知识沟的型塑作用。正如本研究所揭示的,相对而言,历史更为短暂的数字鸿沟研究,的确为我们提供了不少关于经典知识沟假说的新的理解。在数字化时代,这一路径将新兴媒介技术视为可显著预测和影响知识沟的因素之一。需要指出的是,将知识沟称为是第三道数字鸿沟,并不意味着知识沟假说是数字鸿沟理论的子理论。它所揭示的是，两个理论如何在这一点上交叉在一起，并如何相得益彰，以促进我们对数字鸿沟的社会影响和知识沟的型塑因素及其相互关系的理解。

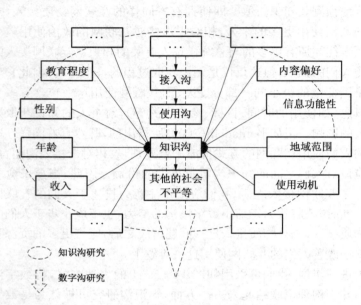

图 14-5-1　数字鸿沟研究与知识沟研究间的关系

作为一个二次数据分析，本研究在对相关概念的测量上存在着一些局限。譬如"政治知识"的概念，仅仅只采用了四个陈述来测量。有关"政治知识"不同类别的相关问题，比如对候选人的喜好/厌恶、候选人所持观点、不同党派的政见、有关意识形态方面的知识，等等，都能显著提升对"政治知识"这一本研究中核心概念的测量效果。再如对于"传统媒介使用"这一变量的测量也存在问题，本研究中共采用 15 个指标来测量这一概念，其中大多数指标是用来测量人们的电视收看的，而有关人们的报纸阅读的指标仅有 1 个。但此前的研究已表明（如 Donohue et al., 1973; Kwak, 1999; McLeod et al., 1979; Neuman et al., 1992; Tichenor et al., 1970），电视新闻收看有着平衡人们知识差异的功能，与报纸阅读相比，它往往与人们政治知识获取的相关要弱。因此，采用一个主要关注电视收看而非报纸阅读的量表来测量"传统媒介使用"这一概念，其结果当然是与我们所预期的相比，较少地解释了政治知识获取这一因变量的总变差。

今后的研究,可在更为精确地测量相关变量的基础上,继续就数字鸿沟的社会后果进行探讨。后续研究也可对数字鸿沟"社会影响"的更多维度予以探讨,比如议程设置的层级效果、政治知识的不同水平、人们态度的差异,以及人们的社会和政治参与的不同,等等。此外,本研究的调查数据取自美国这一与中国大陆完全不同的社会环境,其结论是否适用于我国的现实,则有待今后的实证研究予以检验。

参考文献

〔美〕E·M·罗杰斯：《传播学史——一种传记式的方法》，上海译文出版社，2002年版。

〔美〕沃纳·塞弗林、小詹姆斯·坦卡德著：《传播理论：起源、方法与应用》，华夏出版社，2000年版。

Matthew David and Carole D. Sutton 著：《研究方法的基础》，韦伯文化国际，2007年版。

Allen Rubin，Earl Babbie 著：《研究方法》，学富文化事业有限公司，2003年版。

《人民日报》2003年3月24日—6月15日。

《解放日报》2003年3月24日—6月15日。

《羊城晚报》2003年3月24日—6月15日。

《云南日报》2003年3月24日—6月15日。

《新闻大学》2003年。

《新闻与传播研究》2000年。

吴岱明：《科学研究方法学》，湖南人民出版社，1987年版。

吴元梁：《科学方法论基础》，中国社会科学出版社，1984年版。

胡明扬：《语言与语言学》，湖北教育出版社，1985年版。

林秉贤：《社会心理学》，群众出版社，1985年版。

施拉姆：《大众传播的过程与效果》，纽约伊利诺伊大学出版社，1957年版。

戴元光、金冠军：《传播学通论》，上海交通大学出版社，2000年版。

叶蜚声、徐通锵：《语言学纲要》，北京大学出版社，1984年版。

刘晓红、卜卫：《大众传播心理研究》，中国广播电视出版社，2001年版。

钟蔚文：《从媒介真实到主观真实》，台湾"中正书局"，1992年版。

郑日昌:《心理测量》,湖南教育出版社,1987年版。

戴元光、苗正民:《大众传播学的定量研究方法》,上海交通大学出版社,2000年版。

戴元光:《撞击下的浮躁与选择》,兰州大学出版社,1992年版。

张咏华:《媒介分析:传播技术神话的解读》,复旦大学出版社,2002年版。

戴元光等:《传播学原理与应用》,兰州大学出版社,1988年版。

〔美〕沃纳·赛弗林、小詹姆斯·坦卡特著:《传播学的起源研究与应用》,福建人民出版社,1985年版。

张隆栋主编:《传播学概论》,新华出版社,1984年版。

施拉姆:《传播学概论》,新华出版社,1984年版。

德弗勒:《大众传播通论》,华夏出版社,1989年版。

柯惠新、祝建华、孙江华:《传播统计学》,北京广播学院出版社,2002年版。

复旦大学丁未博士论文:《社会结构与媒介效果——"知沟"现象研究》。

〔法〕基亚:《比较文学》,北京大学出版社,1983年版。

刘燕南:《台湾地区报业征战纵横》,九洲图书出版社,1999年版。

宋鸿刚:《让〈人民日报〉国际版成为一部世界编年史——访〈人民日报〉国际部》,载《国际新闻界》,1998年第1期。

陈崇山、弭秀玲:《中国传播效果透视》,沈阳出版社,1989年版。

姜秀珍:《新闻统计学》,新华出版社,1998年版。

臧国仁等:《新闻媒体与公共关系(消息来源)的互动:新闻框架理论的再省》,载陈韬文等主编《大众传播与市场经济》,香港炉峰出版社,1997年版。

刘夏塘:《比较新闻学》,北京语言文化大学出版社,1997年版。

许必华:《新闻摄影学概论》,新华出版社,1999年版。

郑兴东:《受众心理与传媒引导》,新华出版社,1999年版。

刘海贵、尹德刚:《新闻采访与写作新编》,复旦大学出版社,1996年版。

James A. Anderson and Timothy P. Meyer, *Mediated Communication*, London: Sage Publications, 1988.

J. Klapper, *The Effects of Mass Communication*, New York:

Free Press, 1960.

Windahl et al., *Using Communication Theory*, London and Newbury Park: Sage Publications, 1992.

G. Lang and K. Lang, "Mass Communication and Public Opinion: Strategies for Perspectives", in M. Rosenberg and R. H. Turnor (eds), *Social Psychology*, New York: Basic Books, 1981.

Denis McQuail, *Mass Communication Theory*, London: Sage Publications, 1996.

W. Gamson and A. Modigliani, "Media Discourse and Public Opinion on Nuclear Power: A Constructivist Approach", *American Journal of Sociology*, 1995.

S. Price, *Communication Studies*, London: Longman, 1996.

E. Noelle-Neumann, "The Return to the Concept of Power of Mass Media", in *Studies of Broadcasting*, 1973.

H. Medelsohn "Listening to Radio", in L. A. Dexter and D. M. White (eds), *People, Society and Mass Communication*, New York: Free Press, 1964; *Mass Entertainment*, New Haven: College and University Press, 1966; "Some Reasons: Why Information Campaigns Can Succeed", *Public Opinion Quarterly*, 1973.

T. Gitlin, *The Whole World is Watching-Mass Media in Making and Unmaking of the New Left*, Berkeley: University of California Press.

Van Zoonen, "The Women's Movement and Media: Constructing a Public Identity", *European Journal of Communication*.

S. Heavon A. Lowery and Melvin DeFleur, *Milestones in Mass Communication Research*, London: Longman, 1995.

Herbert Blumer, *The Movies and Conduct*, New York: Macmillan, 1933.

Ruth C. Peterson and L. L. Thurston, *Motion Pictures and the Social Attitudes of Children*, New York: Macmillan, 1933.

Hadley Cantril, *The Invasion from Mars*, Princeton: Princeton University Press, 1940.

C. Hovland et al., *Experiments in Mass Communication*, Princeton: Princeton University Press, 1949; S. H. Chaffee, "Involvement and Consistency of Knowledge, Attitudes and Behavior", *Communication Research*.

J. R. P. French and B. H. Raven, "The Bases of Social Power", in D. Castwright and A. Zandeer (eds), *Group Dynamics*, London: Tavistook.

H. Kelman, "Processes of Opinion Change", *Public Opinion Quarterly*.

W. Schramm, J. Lyle and E. Parker, *Television in the Lives of Our Children*, Stanford: Stanford University Press, 1961.

C. H. Cooley, *Social Organization*, New York: Charles Scribner's Sons, 1909.

Fritz J. Rothlisberger and William J. Dickson, *Management and Worker*, Cambridge: Harvard University Press, 1939; W. Lloyd Warner and Paul S. Lunt, *The Social Life of Modern Community*, New Haven: Yale University Press, 1949.

Gabriel Tarde, *The Laws of Imitation*, trans. E. C. Parsons, New York: Henry Holt, 1903.

Bryce Ryan and Neal C. Cross, "The Diffusion of Hybrid Seed Corn in two Iowa Communities", *Rural Sociology* 8 (March 1941).

E. Rogers, *Diffusion of Innovations*, New York: Free Press, 1963; E. Rogers and F. Shoemaker, *Communication of Innovations: A Cross Cultural Approach*, New York: Free Press, 1976.

E. Katz et al., "Traditions of Research on the Diffusion of Innovation", in *American Sociological Review*.

D. Lerner, *The Passing of Traditional Society*, New York: Free Press, 1958.

H. Schiller, *Mass Communication and American Empire*, Westriew Press, 1992.

H. Herzog "What Do We Really Know about Daytime Serial Listeners?", in P. F. Lazarsfeld (ed.), *Radio Research 1942-1943*, New York: Duel, Solan and Pearce, 1942.

B. Berelson, "What Missing the Newspaper Means" in P. F. Lazarsfeld (ed.), *Radio Research 1948 - 1949*, New York: Duel, Solan and Pearce, 1949.

D. Katz, "The Functional Approach to the Study of Attitudes", *Public Opinion Quarterly*.

E. Katz et al., "On the Use of Mass Media for Important Things", *American Sociological Review*, 1973; "Utilization of Mass Communication by the Individual", in J. G. Blumler and E. Katz (eds), *The Uses of Mass Communication*, CA and London: Sage Publication, 1974.

A. A. Berge, *Essential of Mass Communication Theory*. CA and London: Sage Publications, 1995.

Maxwell E, McCombs and Donald L. Shaw, "The Agenda Setting Function of the Press", *Public Opinion Quarterly*.

B. Cohen, *The Press and Foreign Policy*, NJ: Princeton University Press, 1963.

K. Lang and G. Lang, "The Mass Media and Voting", in Bernard Berelson and Morris Janowitz (eds), *Read in Public Opinion and Communication*, New York: Free Press, 1966.

E. M. Rogers and J. W. Dearing, "Agenda Setting Research: Where Has It Been? Where Is It Going?" in J. Anderson (ed.), CA and London: Sage Publication, 1987.

S. D. Reese, "Setting The Media's Agenda: A Power Balance Perspective", In J. Anderson (ed.), *Communication Yearbook* 14, Newbury Park. CA and London: Sage Publication, 1991.

K. M. Wolfe and M. Fiske, "Why They Read Comics", in P. E. Lazarsfeld and F. M. Stanton (eds), *Communication Research 1948 - 1949*, New York: Harper and Brothers, 1949; H. T. Himmelweit et al., *Television and Child*, London: Oxford University Press, 1958; G. Noble, *Children in the Front of Small Screen*, London: Lollien-Macmillan, 1976.

M. L. DeFleur, "Occupational Roles as Portrayed on Television", in *Public Opinion Quarterly*; J. Tuchman, *Making*

News: A Study in the Construction of Reality, New York: Free Press,1978.

R. MaCron "Changing Perspectives in the Study of Mass Media and Mass Socialization", in J. Halloran (ed.), *Mass Media and Socialization*, Leicester: International Association for Mass Communication Research. 1976.

J. Lang and K. Lang, "The Unique Perspective of Television and Its Effect", in *American Sociological Review*, 1953.

G. Gerbner "Mass Media and Human Communication Theory", in F. E. X. Dance (ed.), *Human Communication Theory*, New York: Holt, Rinehart and Winston, 1967; "Culture Indicators: The Third Voice", in G. Gerbner et al. (eds), *Communications Technology and Social Policy*, New York: Wiley,1973 ; L. P. Gross, "Television as a Trojan Horse ", *School Media Quarterly*, Spring, 1977.

John Fiske, "British Culture Studies and Television", in Robert C. Hellen (ed.), *Channels of Discourse: Television and Contemporary Criticism*, Carolina: University of North Carolina Press, 1987; Stuart Hall, "Coding and Encoding in the Television Discourse", in Stuart Hall et al. (eds), *Mass Communication and Society*, London: Edward Arnold, 1980.

M. L. Ray, "Marketing Communication and Hierarchy of Effects", in P. Clarke (ed.), *New Models for Communication Research*, CA and London: Sage Publications, 1973.

T. NewComb, "An Approach to the Study Communicative Acts", *Psychological Review*.

K. Osgood and Percy Tannenbaum, "The Principle of Congruity in the Prediction of Attitude Change ", *Psychological Review*.

L. Festinger, A Theory of Cognitive Dissonance, New York: Row Peterson, 1957.

Mass Media Research-An Introduction by Wadsworth, A division of Wadsworth,Inc.

E. Goffman, *Framing Analysis Am Essay on the Organization of Experience*, New York: Harper & Row, 1974.

Allan Bell, "The Discourse Structure of News Stories", In Allan Bell and Peter Garrett (eds), *Approaches to Media Discourse*, Blackwell Publishers, 1998.

附录一

关键词解释

F 检验(F Assay)

F 检验即变异数分析,也即方差分析,详见方差分析概念。

R 检验(R Assay)

R 检验是非参数分析的一种方法,是通过从对两个总体中随机抽取的两个独立样本的某种趋势(平均数)和离散(离差)趋势的检验,来分析这两个总体的分布是否有差异。

t 检验(t Assay)

t 检验是一种常用的参数统计方法。在一些大众传播研究中,常将实验对象分为两组进行实验,一组是实验组,一组是对照组,实验后进行比较,以确定两组间是否存在显著差异。t 检验就是比较每一组的平均值,以了解实验对检验结果有无影响。

百分比(Percentage)

百分比用于反映质量指标的集中趋势,是某一次特殊资料在总体资料中所占的比例。

比例分层抽样(Stratified Sampling in Proportion)

比例分层抽样法是分层随机抽样的一种形式,是以研究总体中所占的比例为分层的根据。

比率水平(Ratio)

比率水平是用于测量定比率变量的值。测量的零点有确定的实际意义。

变量(Variable)

把问卷中所提出问题或者实验中被观察、测样和控制的事物或现象归结为变量(也叫指标)。

变异数分析(Analysis of Variance)

即方差分析,详见方差分析。

标准差(Standard Error)

标准差与方差一样,它们都反映数据对其均值中心的某种离散程度,标准差的值是方差的正的平方根。标准差较小,则分布一定是比较集中在均值附近的,反之,则是比较离散的。

标准常态分布(Standard Normal Distribution)

标准常态分布是常态分布中最简单的一种分布,为计算简单,常将常态分布转化为标准常态分布。在标准常态分布中,横轴单位长度即标准差长度,即 μ(均值)$=0$,σ(标准差)$=1$。任何常态曲线分布的变量都可以利用标准分数转化为标准常态分布的变量,即 $z=\frac{x-\mu}{\sigma}$。

标准分数(Standard Fraction)

标准分数即离开均值的标准差的倍数。通常在将常态分布转化为标准常态分布时所使用。公式为 $z=\frac{x-\mu}{\sigma}$,其中 x 是常态分布中的变量,μ 为常态分布中的均值,σ 为标准差,z 为标准分数。

常态分布(Normal Distribution)

常态分布对于许多连续型随机变量来说,其概率分布是一种呈铃状的对称曲线,它的平均数就是它的中位数和众数,也叫正态曲线或者高斯曲线。

抽样(Sampling)

抽样就是从符合调查要求的社会总体中抽取一部分样本,把它当成总体的代表加以综合研究。

抽样误差(Sampling Error)

抽样误差是由于从总体中抽取样本才出现的误差,统计上称为抽样误差(或抽样波动)。抽样误差愈小,表示其样本愈能代表总体。

单向变异数分析(Univariate Analysis)

单向变异数分析也叫单因素方差分析,即因变量只依赖于一个自变量的改变而变化。

地区抽样(Area Sampling)

地区抽样在一个城市的所有街道区中随机抽取几个街道,并进行逐个普查的抽样方法。

电话调查(Telephone Survey)

电话调查指由访问员通过电话向被访者询问问题、搜集信息的方法。

调和平均数(Harmonic Mean)

调和平均数是两个数 a 和 b 的调和平均数等于 $\dfrac{2}{\dfrac{1}{a}+\dfrac{1}{b}}$。

定量研究(Quantitative Analysis)

定量研究是要寻求将数据定量表示的方法,并要采用一些统计分析的形式。一般考虑进行一项新的调研项目时,定量研究之前常常都要以适当的定性研究开路。有时候定性研究也用于解释由定量分析所得的结果。

定性研究(Qualitative Analysis)

定性研究是以小样本为基础的无结构式、探索性的调查研究方法,目的是对问题的定位或启动提供比较深层的理解和认识。

多段抽样(Multi-Stage Sampling)

多段抽样也叫多阶抽样或阶段抽样。当抽样单元为各级行政单位时，一般采用多级抽样。例如进行全国性的调查时，先抽几个省，再抽取市，以此类推。

多元分析（Multiple Analysis）

多元分析是运用数理统计方法来研究解决多变量问题的理论和方法。

方差分析（ANOVA）

方差分析（ANOVA）又称变异数分析或F检验，其目的是推断两组或多组资料的总体均数是否相同，检验两个或多个样本均数的差异是否有统计学意义。方差分析是描述变异的一种指标，是假设检验的一种方法，方差分析也就是对变异的分析，是对总变异进行分析，看这些变异是由哪些部分组成的，这些部分间的关系如何。

非参数分析（Non-Parameter Analysis）

如果所要分析的统计量（例如t、F等）不服从正态分布（常态分布），则称为分布自由或者非参数分析方法。

非随机抽样（Non-probability Sampling）

不符合随机原则的抽样方法叫做非随机抽样。

非重复随机抽样法（Non-Re-Probability Sampling）

从研究总体中选取的单位不再返回总体，就叫非重复随机抽样方法。

分层随机抽样（Stratified Random Sampling）

分层随机抽样又叫分类抽样或类型抽样。是将总体中的所有基本单位分成若干相互排斥的组，然后分别从各组中随机抽样。

复本信度（Alternative-form Reliability）

复本指与调查使用的问卷在内容、数量、形式、难易程度等方面都保持一致，而只是在问法和用词上不同的问卷。根据一群被试者接受两个复本测量的结果计算相关系数，就得到复本信度。

复回归（Multiple Regression）

复回归是线性回归的扩展，它是分析两个或更多自变量和一个简单因变量的关系的参数统计法。

个案（Case）

个案是对个别单元进行研究。个案可以是人、组织、机构、家庭等。

个案研究法（Case Study Method）

个案研究法是非比较研究法，常以一个个体，或以一个组织（例如：一个家庭、一个社会、一所学校或是一个部落等）为对象，研究某项特定行为或问题的一种方法。个案研究偏重于探讨当前的事件或问题，尤其强调对于事件的真相、问题形成的原因等等的方面，作深刻而且周详的探讨。所谓个案，狭义而言是指个人。广义来说，个案可以是一个家庭、机构、族群、社团、学校等。个案往往不限于一个人，个案研究是指对特别的个人或团体，搜集完整的资料之后，再对其中问题的前因后果作深入的剖析。

构念效度分析法（Validity Method）

构念效度分析法是最理想的效度分析方法，利用与所测相关的理论命题或假设中的其他变量，即通过对相关变量的测量来说明测量结果对于概念的反映程度。

函件调查（Postal Survey/Mail Survey）

也叫信件调查或邮件调查，是将调查的问卷及相关资料寄给被访者，由被访者根据要求填写问卷并寄回的方法。

黑箱方法（Black Box Method）

黑箱方法亦称"黑箱系统辨识法"，即通过观测黑箱外部输入信息（外界对黑箱的影响）和输出信息（黑箱对外界的反应）以研究和认识其功能、特性、结构、机理的科学方法。如卢瑟福通过高速粒子冲击原子（信息输入黑箱）观测粒子散射特征（黑箱输出信息）以推测原子的内部结构。黑箱方法以整体和功能考察事物和系统，便于研究在完整状态下和解剖状态下具有不同性质和功能的高级复杂系统如人脑等；它根据观测的输入(因)和输出(果)的数据建立黑箱模型(数学模型、框图模型等)进行分析预测,化繁为简。便于研究规模庞大、结构复杂、因素繁多、功能错综的系统如生态系统、经济系统、社会系统等。

或然率(Probability)

或然率即概率,也叫几率,即事情发生的可能性。概率函数介于 0 和 1 之间,0 表示没有可能发生,1 表示肯定发生。

集体随机抽样(Clustered Sampling)

集体随机抽样也叫群体抽样,将研究总体分成若干区域,然后再从若干区域中抽取一部分区域作为样本。

加权(Weighting)

加权就是根据各级、各项指标在整个指标体系中的地位和重要性程度,给有关指标分派代表其地位和重要性程度的不同的数值(这个数值一般被称为权重值)。

假设检验(Testing)

假设检验是指先对总体提出某项假设,然后利用从总体中抽样所得的样本值来检验所提的假设是否正确,从而做出接受或拒绝的决策。

检验(Assay)

检验在社会科学研究中,检验是用检验表格来记录所选择的个案中选定的分类码所发生的次数。

简单随机抽样(Simple Random Sampling)

简单随机抽样是最基本的抽样方法,理论上最符合随机原则。从 N 个抽样单元的总体中,一次抽取 n 个单元,使每个单元在当前总体(抽取之后的样本单元不放回总体)中被抽取的机会相等,就叫做简单随机抽样。具体方法有抽签法和随机数字表法。

简单线性回归(Simple Linear Regression)

简单线性回归是用于检测一非独立变量(因变量)与一组独立变量

（自变量）之间的关系。

结构性问题（Structured Questions）

汇集资料方法。当研究的问题与顺序是事先制订的时，就称为结构性问题。

聚类分析（Assembly Analysis）

聚类分析：一个样本集合中包含了若干个性质不同的子集，聚类分析的任务是要寻找这些子集。"物以类聚"是聚类分析的基本出发点。任何一个子集内部样本间的相似性大于不同子集间的样本。聚类分析就是通过建立一些法则或算法来进行较直观的分类。

卡方分析法（Chi-Square Analysis）

卡方分析法是调查研究中最常用的手法之一，用于研究两个变量之间是相互独立还是存在某种关联性。适用于分析两个定类变量的关系。

肯德尔等级相关法（Kendall Tau, a, b and c）

肯德尔等级相关法是等级相关的其中一种研究方法。等级相关包括斯皮尔曼等级相关及肯德尔和谐系数两种方法。等级相关是根据两种顺序变量数据中，各对等级数据的差数来计算相关系数的方法。

控制实验法（Control Experimental）

控制实验法是根据一定的目的，人为地设计一个特定的、非自然状态的环境，在研究者控制下，进行测验的方法。

控制组（Control Group）

控制组也称为对照组，它是各方面与实验组都相同，但在实验过程中并不给予实验刺激的一组对象。

离散型随机变量（Randon Variables of Dispersion）

离散型随机变量指在一定区间内变量取值为有限个，或数值可以一一列举出来。例如某地区某年人口的出生数、死亡数。

立意抽样(Purposive Sampling)

立意抽样是根据研究人员对其研究领域的了解与兴趣,用非随机抽样方法抽样,并进行研究,这一样研究与扎根理论或其他质化研究相配合使用。

连续型随机变量(Continuing Random Variables)

连续型随机变量指在一定区间内变量取值有无限人,或数值无法一一列举出来。例如某地区男性健康成人的身长值、体重。

量表(Scale)

量表是将所要测量变量进行数量化的一种工具或手段。

列联表分析(Contigency Table Analysis)

列联表分析是交互分析中所采用的一种格式,即将数据用列联表的表格形式加以整理。

列名水平(Nominal Level)

用于测量定类变量的值、定类变量自身的大小及加减等运算有没有实际意义。

描述性统计分析(Descriptive Statistics Analysis)

对调查样本中所包含的大量数据资料所作的整理、概括和计算,就是描述性统计分析。

民族志方法(Ethnomethodology)

以自然资料汇集形式为基础的研究传统。通常与人类学的田野调查联想在一起。民族志方法有许多不同的资料收集方式,但基本前提在于研究者亲自参与研究的内容,甚至要花时间生活在"那里"。

内容分析法(Content Analysis)

内容分析法亦称为信息分析(informational analysis)或文献分析(documentary analysis)。

内容分析法是一种注重客观、系统及量化的研究方法,其范围包含传播内容与整个传播过程的分析,针对传播内容作叙述性解说,并推论该内容对传播过程所造成的影响,是对传播内容的客观、有系统的和定量的研究。

内容效度分析法(Content Validity Analysis)

内容效度分析法也称为表面效度分析,主要用于分析测量量表的内容效度。所谓内容效度指的是量表的语句陈述能否代表所要测量的内容或主题。

拟和优度(Goodness of Fit)

拟和优度就是研究这一数据与原假设拟和的程度或一致的程度。

偶然性抽样(Accidentally Sampling)

偶然性抽样是非随机抽样的一种方法,按照表面特征或某种特征要求偶然选择调查对象。

判别方法(Judgemental Method)

用来判别哪个变量能够将两个或多个自然发生组区别出来的方法。

皮尔逊相关法(Pearsonian Correlation)

皮尔逊相关法是指采用皮尔逊系数(r)来测量两个变量间的关联程度的相关分析法,它通常测量的是两个定距变量的线性相关关系。

平均数(Arithmetic Mean)

平均数即均值,所有样本的观测值的和除以样本含量得到的数,叫做平均数。平均数反映的是数量指标的集中趋势,即测量资料的趋中性的分离度。

前测与后测(Pre-test and Post-test)

在一项实验设计中,通常需要对因变量(或结果变量)进行前后两次相同的测量。第一次在给予实验刺激之前,称为前测(pre-test)。第二次则在给予实验刺激之后,称为后测(post-test)。

区间水平(Interval Level)

区间水平是用于测量定距变量的值,不但可以比较大小顺序,还可以说明到底大多少或小多少,即两个值的差是有意义的。

实地调查(Field Research)

实地调查是指应用客观的态度和科学的方法,对某种社会现象,在确定的范围内进行实地考察,并收集大量资料以统计分析。

实地访问(Field Work)

实地访问主要是用嘴去问,用眼睛去看,用耳朵去听,是直接感知社会、获取第一手资料的方法。

实验方法(Experimental Method)

实验方法是指人们根据一定的研究目的,利用仪器设备,在人为控制或模拟的特定条件下,排除各种干扰,对研究对象进行观察的方法。

实验组(Experimental Group)

实验组是实验过程中接受实验刺激的那一组对象。即使是在最简单的实验设计中,也至少会有一个实验组。

实证主义(Positivism)

用合理的、科学的方法研究和了解社会行为,相对于宗教、迷信、伪科学行为。实证主义支配着大多数社会科学研究。这一现象面临挑战。

随机(Random)

随机是指在全体中的任何分子或成员具有相同的机会被选为样本。

随机抽样(Random Analysis)

总体中每个个体被抽取的几率是相等的,按照这个原则进行的抽样方法叫做随机抽样。

随机抽样(Random Sampling)

随机抽样是在目标总体中以随机方式抽出样本。此抽样方式使总体中每个样本单位被抽出的机率相等,以减少抽样误差。

田野调查(Field Research)

同实地调查。

推断性统计分析(Inferential Statistics Analysis)

推断性统计分析用于研究样本同总体的关系,包括检验和评估两个层次。

伪变量(Fake Variable)

任何一个能导致对结果有对抗性解释的变量就是伪变量。

文本(Textual)

文本以狭义看,就是书面资料,从广义看,文本包含任何可阅读且有意义的资料(如广告、音乐、影视片、网络资料)。因此,文本资料包括了所有社会现象。

文献(Archive)

文献是图书馆、博物馆、组织或个人的资料或文本,被分成不同主题,供分析用。

误差(Errors)

误差是指实际观察值与客观真值之差、样本指标与总体指标之差。

系统抽样(Systematic Sampling)

系统抽样是介于随机抽样和非随机抽样之间的抽样方法,将总体中每个单元都排列编号,然后随机抽取一个编号作为样本的第一个单元,样本的其他单元则按照某种确定的规则抽取。

相对频率(Relative Frequency)

全称为或然率的相对频率,或者概率的相对频率。是用来解释或然率的方法。一个事件将要出现的或然率等于总体中该事件发生的相对频率。如果样本空间所有事件发生的可能性均相同,则事件 A 的或然率计算方法如下:$P(A)=\frac{n_A}{N}$。$P(A)$:事件 A 的或然率;n_A:事件 A 发生的方法数目;N:样本空间的总数目。

相关测度(Measure of Correlation)

两个变量,一个变量随另一个变量改变的程度,就是相关测度,也叫结合测度。

相关分析(Correlation Analysis)

相关分析有比较广泛的意义,泛指两个变量间的关联(联系)程度的分析。这两个变量可以是任意测量级别的变量。

相关系数(Correlation Coefficient)

相关系数(r)表示的是两变量之间的线性关系。如果将相关系数平方,得到的结果(R^2 决定系数)则表示两变量共同方差比例(相关的强度或大小)。

效度(Validity)

效度是指使用的测量工具(问卷)能否正确衡量出研究者所欲了解的特质。

信度(Reliability)

信度是指所用的测量工具所衡量出来的结果之稳定性及一致性。

样本(Sample)

样本是指总体中抽出的若干个个体组成的集体。

因变量(Dependent)

因变量则往往是研究所测量的变量。实验研究的中心目标是探讨变量之间的因果关系,其基本内容是考察自变量对因变量的影响,即考察实验刺激对因变量的影响,也称结果变量。

因子分析(Factor Analysis)

因子分析是用少数几个因子描述许多变量之间的关系。它的思想是将观测变量分类,将相关性较高即联系比较紧密的变量分在同一类中,而不同类的变量之间的相关性则较低。每一类变量就代表了一个本质因子。

再测信度(Test-Retest Reliability)

再测信度是用同一种测量,对同一群被试者测量两次,根据两次测量的结果计算其相关系数,就得到该测量的再测信度。

摘要与索引(Abstracts and Indexes)

摘要是文本内容的核心内容总结。过去依靠摘要可编成索引便于查询,现在可用关键词在网络上搜索。

折半信度(Half Reliability)

将被试者的测量结果,按题目的单、双数分成两半记分,再计算这两半得分的相关系数,得到折半信度,以此为标准来衡量问卷和量表的信度。

置信度(Reliability)

置信度表示某一时间的可靠程度。

中位数(Median)

中位数就是第 50 个百分位数点上的值。也就是说中间位置的值就叫中位数。

众数(Mode)

众数就是出现次数最多的变量值。

重复随机抽样法(Reprobability Sampling)

将从总体中抽取的单位重新放回总体中,叫做重复随机抽样,即首次被选中的单位有第二次被选中的几率。在较复杂的研究中,通常采用重复随机抽样方法。

主题性调查(Subject Survey)

主题性调查是指按照事先设计好的访问大纲进行，访问的内容虽然已经在事前有一定的规定性，但根据现场情形进行调控，研究人员可根据场景及时调整访问内容、时间、顺序，只要不离开调查主题。

准则效度(Criterion)

准则效度也称实用效度，它指的是用一种不同于以前的测量方式或指标对同一事物或变量进行测量时，以原有的测量方式或指标为准则，将新的测量方式或指标所得结果与原有准则的测量结果相比较，如果新的测量方式或指标具有与原有测量方式或指标同样的效度，那么就可以认为该测量方式或指标具有准则效度。

自变量(Independent)

自变量是引起其他变量变化的变量，故也称作原因变量。在实验研究中，自变量又称作实验刺激(experimental stimulus)。

自由度(Degrees of Freedom)

自由度是相对于计算方差来说的。如果样本中有 n 个观测值，即 n 个信息或自由度，其中一个自由度再计算均值时被使用掉了，留下 $n-1$ 个给方差。

总体(Population)

总体是指研究对象的全部。

最小二乘法法则(Least Square Method)

它的目的是要从代数上对数据拟和一条直线，直线方程式为 $\overline{Y}=a+bX$，为此，要找到一条直线，使所有的点偏离该线的 Y 值最小，为了避免偏离的正负抵消，就要将所有的偏差平方，然后求所有的偏差的平方和使之最小，就是最小二乘法法则。即 $\sum d^2 = \sum (Y-\overline{Y})^2$ 为最小。

附录二

t 分布

df	单尾检验显著性水平					
	10	05	025	01	005	0005
	双尾检验显著性水平					
	20	10	05	02	01	001
1	3.078	6.314	12.706	31.821	63.657	636.619
2	1.886	2.920	4.303	6.965	9.925	31.598
3	1.638	2.353	3.182	4.541	5.841	12.941
4	1.533	2.132	2.776	3.747	4.604	8.610
5	1.476	2.015	2.571	3.365	4.032	6.859
6	1.440	1.943	2.447	3.143	3.707	5.959
7	1.415	1.895	2.365	2.998	3.499	5.405
8	1.397	1.860	2.306	2.896	3.355	5.041
9	1.383	1.833	2.262	2.821	3.250	4.781
10	1.372	1.812	2.228	2.764	3.169	4.587
11	1.363	1.796	2.201	2.718	3.106	4.437
12	1.356	1.782	2.179	2.681	3.055	4.318
13	1.350	1.771	2.160	2.650	3.012	4.221
14	1.345	1.761	2.145	2.624	2.977	4.140
15	1.341	1.753	2.131	2.602	2.947	4.073
16	1.337	1.746	2.120	2.583	2.921	4.015
17	1.333	1.740	2.110	2.567	2.898	3.965
18	1.330	1.734	2.101	2.552	2.878	3.992
19	1.328	1.729	2.093	2.539	2.861	3.883
20	1.325	1.725	2.086	2.528	2.845	3.850
21	1.323	1.721	2.080	2.518	2.831	3.819
22	1.321	1.717	2.074	2.508	2.819	3.792
23	1.319	1.714	2.069	2.500	2.807	3.767
24	1.318	1.711	2.064	2.492	2.797	3.745
25	1.316	1.708	2.060	2.485	2.787	3.725
26	1.315	1.706	2.056	2.479	2.779	3.707
27	1.314	1.703	2.052	2.473	2.771	3.690
28	1.313	1.701	2.048	2.467	2.763	3.674
29	1.311	1.699	2.045	2.462	2.756	3.659
30	1.310	1.697	2.042	2.457	2.750	3.646
40	1.303	1.684	2.021	2.423	2.704	3.551
60	1.296	1.671	2.000	2.390	2.660	3.460
120	1.289	1.658	1.980	2.358	2.617	3.373
∞	1.282	1.645	1.960	2.326	2.576	3.291

附录三

t 分布（常态曲线以下部分）

$\frac{x}{\sigma}$ or z	00	01	02	03	04	05	06	07	08	09
0	.0000	.0040	.0080	.0120	.0160	.0199	.0239	.0279	.0319	.0359
1	.0398	.0438	.0478	.0517	.0557	.0596	.0636	.0675	.0714	.0753
2	.0793	.0832	.0871	.0910	.0948	.0987	.1026	.1064	.1103	.1141
3	.1179	.1217	.1255	.1293	.1331	.1368	.1406	.1443	.1480	.1517
4	.1554	.1591	.1628	.1664	.1700	.1736	.1772	.1808	.1844	.1879
5	.1915	.1950	.1985	.2019	.2054	.2088	.2123	.2157	.2190	.2224
6	.2257	.2291	.2324	.2357	.2389	.2422	.2454	.2486	.2517	.2549
7	.2580	.2611	.2642	.2673	.2704	.2734	.2764	.2794	.2823	.2852
8	.2881	.2910	.2939	.2967	.2995	.3023	.3051	.3078	.3106	.3133
9	.3159	.3186	.3212	.3238	.3264	.3289	.3315	.3340	.3365	.3389
1.0	.3413	.3438	.3461	.3485	.3508	.3531	.3554	.3577	.3599	.3621
1.1	.3643	.3665	.3686	.3708	.3729	.3749	.3770	.3790	.3810	.3830
1.2	.3849	.3869	.3888	.3907	.3925	.3944	.3962	.3980	.3997	.4015
1.3	.4032	.4049	.4066	.4082	.4099	.4115	.4131	.4147	.4162	.4177
1.4	.4192	.4207	.4222	.4236	.4251	.4265	.4279	.4292	.4306	.4319
1.5	.4332	.4345	.4357	.4370	.4382	.4394	.4406	.4418	.4429	.4441
1.6	.4452	.4463	.4474	.4484	.4495	.4505	.4515	.4525	.4535	.4545
1.7	.4554	.4564	.4573	.4582	.4591	.4599	.4608	.4616	.4625	.4633
1.8	.4641	.4649	.4656	.4664	.4671	.4678	.4686	.4693	.4699	.4706
1.9	.4713	.4719	.4726	.4732	.4738	.4744	.4750	.4756	.4761	.4767
2.0	.4772	.4778	.4783	.4788	.4793	.4798	.4803	.4808	.4812	.4817
2.1	.4821	.4826	.4830	.4834	.4838	.4842	.4846	.4850	.4854	.4857
2.2	.4861	.4864	.4868	.4871	.4875	.4878	.4881	.4884	.4887	.4890
2.3	.4893	.4896	.4898	.4901	.4904	.4906	.4909	.4911	.4913	.4916
2.4	.4918	.4920	.4922	.4925	.4927	.4929	.4931	.4932	.4934	.4936
2.5	.4938	.4940	.4941	.4943	.4945	.4946	.4948	.4949	.4951	.4952
2.6	.4953	.4955	.4956	.4957	.4959	.4960	.4961	.4962	.4963	.4964
2.7	.4965	.4966	.4967	.4968	.4969	.4970	.4971	.4972	.4973	.4974
2.8	.4974	.4975	.4976	.4977	.4977	.4978	.4979	.4979	.4980	.4981
2.9	.4981	.4982	.4982	.4983	.4984	.4984	.4985	.4985	.4986	.4986
3.0	.4987	.4987	.4987	.4988	.4988	.4989	.4989	.4989	.4990	.4990
3.1	.4990	.4991	.4991	.4991	.4992	.4992	.4992	.4992	.4993	.4993
3.2	.4993	.4993	.4994	.4994	.4994	.4994	.4994	.4995	.4995	.4995
3.3	.4995	.4995	.4995	.4996	.4996	.4996	.4996	.4996	.4996	.4997
3.4	.4997	.4997	.4997	.4997	.4997	.4997	.4997	.4997	.4997	.4998
3.5	.4998									
4.0	.499 97									
4.5	.499 997									
5.0	.499 999 7									

附录四

卡方分布

df	或然率					
	.02	.10	.05	.02	.01	.001
1	1.642	2.706	3.841	5.412	6.635	10.827
2	3.219	4.605	5.991	7.824	9.210	13.815
3	4.642	6.251	7.815	9.837	11.345	16.266
4	5.989	7.779	9.488	11.668	13.277	18.467
5	7.289	9.236	11.070	13.388	15.086	20.515
6	8.558	10.645	12.592	15.033	16.812	22.457
7	9.803	12.017	14.067	16.622	18.475	24.322
8	11.030	13.362	15.507	18.168	20.090	26.125
9	12.242	14.684	16.919	19.679	21.666	27.877
10	13.442	15.987	18.307	21.161	23.209	29.588
11	14.631	17.275	19.675	22.618	24.725	31.264
12	15.812	18.549	21.026	24.054	26.217	32.909
13	16.985	19.812	22.362	25.472	27.688	34.528
14	18.151	21.064	23.685	26.873	29.141	36.123
15	19.311	22.307	24.996	28.259	30.578	37.697
16	20.465	23.542	26.296	29.633	32.000	39.252
17	21.615	24.769	27.587	30.995	33.409	40.790
18	22.760	25.989	28.869	32.346	34.805	42.312
19	23.900	27.204	30.144	33.687	36.191	43.820
20	25.038	28.412	31.410	35.020	37.566	45.315
21	26.171	29.615	32.671	36.343	38.932	46.797
22	27.301	30.813	33.924	37.659	40.289	48.268
23	28.429	32.007	35.172	38.968	41.638	49.728
24	29.553	33.196	36.415	40.270	42.980	51.179
25	30.675	34.382	37.652	41.566	44.314	52.620

续 表

df	或然率					
	.02	.10	.05	.02	.01	.001
26	31.795	35.563	38.885	42.856	45.642	54.052
27	32.912	36.741	40.113	44.140	46.963	55.476
28	34.027	37.916	41.337	45.419	48.278	56.893
29	35.139	39.087	42.557	46.693	49.588	58.302
30	36.250	40.256	43.773	47.962	50.892	59.703
32	38.466	42.585	46.194	50.487	53.486	62.487
34	40.676	44.903	48.602	52.995	56.061	65.247
36	42.879	47.212	50.999	55.489	58.619	67.985
38	45.076	49.513	53.384	57.969	61.162	70.703
40	47.269	51.805	55.759	60.436	63.691	73.402
42	49.456	54.090	58.124	62.892	66.206	76.084
44	51.639	56.369	60.481	65.337	68.710	78.750
46	53.818	58.641	62.830	67.771	71.201	81.400
48	55.993	60.907	65.171	70.197	73.683	84.037
50	58.164	63.167	67.505	72.613	76.154	86.661
52	60.332	65.422	69.832	75.021	78.616	89.272
54	62.496	67.673	72.153	77.422	81.069	91.872
56	64.658	69.919	74.468	79.815	83.513	94.461
58	66.816	72.160	76.778	82.201	85.950	97.039
60	68.972	74.397	79.082	84.580	88.379	99.607
62	71.125	76.630	81.381	86.953	90.802	102.166
64	73.276	78.860	83.675	89.320	93.217	104.716
66	75.424	81.085	85.965	91.681	95.626	107.258
68	77.571	83.308	88.250	94.037	98.028	109.791
70	79.715	85.527	90.531	96.388	100.425	112.317

附录五

随 机 数 表

随 机 数 表									
26 804	29 273	79 811	45 610	22 879	72 538	70 157	17 683	67 942	52 846
90 720	96 215	48 537	94 756	18 124	89 051	27 999	88 513	35 943	67 290
85 027	59 207	76 180	41 416	48 521	15 720	90 258	95 598	10 822	93 074
09 362	49 674	65 953	96 702	20 772	12 069	49 901	08 913	12 510	64 899
64 590	04 104	16 770	79 237	82 158	04 553	93 000	18 585	72 279	01 916
06 432	08 525	66 864	20 507	92 817	39 800	98 820	18 120	81 860	68 065
02 101	60 119	95 836	88 949	89 312	82 716	34 705	12 795	58 424	69 700
19 337	96 983	60 321	62 194	08 574	81 896	00 390	75 024	66 220	16 494
75 277	47 880	07 952	35 832	41 655	27 155	95 189	00 400	06 649	53 040
59 535	75 885	31 648	88 202	63 899	40 911	78 138	26 376	06 641	97 291
76 310	79 385	84 639	27 804	48 889	80 070	64 689	99 310	04 232	84 008
12 805	65 754	96 887	67 060	88 413	31 883	79 233	99 603	68 989	80 233
32 242	73 807	48 321	67 123	40 637	14 102	55 550	89 992	80 593	64 642
16 212	84 706	69 274	13 252	78 974	10 781	43 629	36 223	36 042	75 492
75 362	83 633	25 620	24 828	59 345	40 653	85 639	42 613	40 242	43 160
34 703	93 445	82 051	53 437	53 717	48 719	71 858	11 230	26 079	44 018
01 556	58 563	36 828	85 053	39 025	16 688	69 524	81 885	31 911	13 098
22 211	86 468	76 295	16 663	39 489	18 400	53 155	92 087	63 942	99 897
01 534	70 128	14 111	77 065	99 358	28 443	68 135	61 696	55 241	61 867
06 647	32 348	56 909	40 951	00 440	10 305	58 160	62 235	89 455	73 095
97 021	23 763	18 491	65 056	95 283	98 232	86 695	78 699	79 666	88 574
25 469	63 708	78 718	35 014	40 387	15 921	58 080	03 936	15 953	59 658
40 337	48 522	11 418	00 090	41 779	54 499	08 623	49 092	65 431	11 390
33 491	98 685	92 536	51 626	85 787	47 841	95 787	70 139	42 383	44 187
44 764	14 986	16 642	19 429	01 960	22 833	80 055	39 851	47 350	70 337
96 779	94 885	33 674	52 860	39 750	47 056	59 836	10 552	26 093	40 520
06 973	61 333	00 465	70 079	02 538	83 123	86 995	05 706	71 111	40 435
22 366	71 653	64 852	69 137	36 552	25 495	85 845	71 503	31 631	58 633
37 197	91 054	45 316	64 212	63 635	68 992	02 608	93 110	21 593	56 327
15 234	35 530	10 147	65 273	07 553	78 481	62 311	36 134	89 043	56 110
75 554	64 074	37 544	34 863	36 478	79 281	58 549	44 237	19 801	31 240
47 230	79 000	08 569	74 977	06 680	99 658	07 458	17 435	08 308	11 027
30 159	83 599	72 906	07 861	13 625	35 611	03 043	69 904	55 051	74 144
28 979	73 275	87 178	48 764	58 960	40 528	14 378	03 612	90 075	96 905
65 855	05 534	44 208	08 903	19 491	82 126	66 860	32 840	54 979	22 213
95 348	50 091	44 611	49 700	54 373	80 200	76 787	16 563	18 303	66 995
41 774	64 236	05 346	57 370	74 027	46 196	05 323	43 858	84 458	81 397
03 354	96 795	86 666	35 232	38 206	24 653	39 718	80 864	28 193	86 369
88 886	09 883	77 679	07 972	20 542	81 125	54 583	70 123	13 780	74 558
48 189	54 316	64 441	32 520	06 350	71 271	93 086	52 857	63 361	98 260

续 表

随 机 数 表

29 323	88 380	34 403	29 290	29 057	74 103	18 949	37 051	93 231	73 949
57 944	15 793	46 141	77 291	54 098	37 292	71 554	16 467	07 860	47 556
26 473	35 895	03 768	48 263	09 733	22 819	43 269	63 159	38 560	13 548
90 941	14 121	32 494	52 627	65 420	12 249	66 149	47 064	51 607	98 475
15 200	48 466	68 764	30 111	29 052	75 579	92 279	88 993	69 782	27 641
03 704	21 488	23 373	27 179	78 622	98 536	85 425	92 276	97 238	28 716
06 976	19 232	77 725	26 152	82 770	07 884	32 089	25 244	20 896	06 246
58 784	61 149	89 620	88 225	38 005	81 411	29 645	40 186	35 101	89 938
92 687	63 644	39 013	63 475	45 033	98 679	44 963	28 862	51 162	71 792
68 635	28 907	63 317	16 301	35 291	27 832	49 665	26 975	36 918	71 635
25 136	53 356	21 610	96 745	14 276	83 374	38 793	27 121	02 809	18 908
10 939	52 366	77 537	80 180	98 287	14 191	09 983	42 701	69 101	73 946
98	61 960	02 082	44 879	33 803	64 194	41 519	20 487	22 554	69 494
34 201	75 389	40 418	63 925	01 612	60 875	27 928	54 277	23 320	23 997
94 946	95 350	19 640	24 501	58 261	86 334	12 535	12 853	97 546	80 748
92 459	46 807	00 742	98 068	05 715	91 914	30 368	76 830	01 471	31 879
01 990	61 688	21 317	58 136	81 372	32 479	89 450	54 188	15 032	52 447
56 357	03 811	04 824	53 455	88 755	30 122	02 839	71 763	49 139	06 246
36 783	05 002	71 761	35 852	40 640	630	26 769	02 587	44 623	95 577
88 822	11 796	28 561	27 091	93 013	04 939	94 299	98 240	57 450	18 672
03 478	89 017	30 466	54 463	32 998	45 826	92 196	84 866	90 728	60 701
15 272	84 614	27 404	33 686	51 283	72 980	53 589	61 318	78 649	06 703
29 596	47 534	89 805	95 170	89 816	58 314	03 649	64 285	14 682	12 486
71 904	81 693	94 887	45 573	76 874	74 548	36 851	48 630	77 916	78 922
05 201	51 312	78 986	27 330	63 194	98 096	93 212	74 891	55 099	02 679
16 510	95 406	39 078	31 468	43 577	67 990	11 287	27 068	37 874	61 734
83 816	94 852	73 159	76 123	05 010	08 393	62 827	13 728	37 709	39 578
19 962	86 326	99 855	14 146	28 341	93 570	34 163	59 623	14 103	63 367
66 852	52 392	32 115	75 977	80 723	96 562	19 388	64 446	73 949	83 823
84 161	37 020	79 694	35 717	73 417	15 617	93 437	46 981	94 838	12 418
58 837	30 960	84 272	38 937	27 926	95 403	61 816	32 202	11 343	99 925
12 971	62 671	87 151	80 924	08 413	22 879	51 701	84 303	65 556	20 152
21 036	13 175	77 916	31 978	78 898	69 869	22 225	13 043	49 858	81 615
34 152	24 555	54 366	40 704	33 111	00 490	53 198	52 317	77 478	38 052
50 434	17 800	99 805	32 819	71 033	83 674	84 640	67 470	60 922	25 920
74 643	91 686	64 861	13 547	47 668	02 710	11 434	82 867	40 442	23 126
30 774	56 770	07 259	58 864	02 002	78 870	29 737	79 078	03 891	96 198
52 766	31 005	71 786	78 399	41 418	73 730	44 254	81 034	81 391	60 870
30 583	57 645	02 821	46 759	21 611	81 875	75 570	71 403	95 020	90 567
11 411	87 781	95 412	14 734	68 216	24 237	64 399	57 190	62 003	08 072
65 154	65 573	06 505	85 246	28 223	48 663	84 092	80 996	62 804	25 062
71 484	49 166	54 358	28 045	90 602	26 369	18 826	34 129	11 186	02 587
36 886	15 978	25 701	88 856	99 666	72 497	28 170	74 573	66 399	98 915
31 911	32 493	55 851	22 810	77 446	47 338	58 709	00 366	76 974	89 213
57 668	83 978	67 201	95 886	02 009	87 160	63 753	12 256	84 441	23 567
20 180	80 993	05 486	83 908	29 691	75 989	16 955	24 709	66 116	55 376
29 450	78 893	24 478	40 084	96 185	64 091	74 278	19 220	59 232	79 651
10 645	25 607	05 493	66 388	14 886	10 433	13 541	60 814	84 317	56 135
86 989	65 289	55 234	46 428	57 719	18 708	88 916	98 692	40 281	81 694
81 822	31 790	27 929	60 106	04 794	50 792	52 855	69 708	54 471	98 480

附录六

标准化正态分布表

Z	.00	.01	.02	.03	.04	.05	.06	.07	.08	.09
0.0	0 000	0 040	0 080	0 120	0 159	0 199	0 239	0 279	0 319	0 359
0.1	0 398	0 438	0 478	0 517	0 557	0 596	0 636	0 675	0 714	0 753
0.2	0 793	0 832	0 871	0 910	0 948	0 987	1 026	1 064	1 103	1 141
0.3	1 179	1 217	1 255	1 293	1 331	1 368	1 406	1 443	1 480	1 517
0.4	1 554	1 591	1 628	1 664	1 700	1 736	1 772	1 808	1 844	1 879
0.5	1 915	1 950	1 985	2 019	2 054	2 088	2 123	2 157	2 190	2 224
0.6	2 257	2 291	2 324	2 357	2 389	2 422	2 454	2 486	2 518	2 549
0.7	2 580	2 612	2 642	2 673	2 704	2 734	2 764	2 794	2 823	2 852
0.8	2 881	2 910	2 939	2 967	2 995	3 023	3 051	3 078	3 106	3 133
0.9	3 159	3 186	3 212	3 238	3 264	3 289	3 315	3 340	3 365	3 389
1.0	3 413	3 438	3 461	3 485	3 508	3 531	3 554	3 477	3 599	3 621
1.1	3 643	3 665	3 686	3 718	3 729	3 749	3 770	3 790	3 810	3 830
1.2	3 849	3 869	3 888	3 907	3 925	3 944	3 962	3 980	3 997	4 015
1.3	4 032	4 049	4 066	4 083	4 099	4 115	4 131	4 147	4 162	4 177
1.4	4 192	4 207	4 222	4 236	4 251	4 265	4 279	4 292	4 306	4 319
1.5	4 332	4 345	4 357	4 370	4 382	4 394	4 406	4 418	4 430	4 441
1.6	4 452	4 463	4 474	4 485	4 495	4 505	4 515	4 525	4 535	4 545
1.7	4 554	4 564	4 573	4 582	4 591	4 599	4 608	4 616	4 625	4 633
1.8	4 641	4 649	4 656	4 664	4 671	4 678	4 686	4 693	4 699	4 706
1.9	4 713	4 719	4 726	4 732	4 738	4 744	4 750	4 758	4 762	4 767
2.0	4 773	4 778	4 783	4 788	4 793	4 798	4 803	4 808	4 812	4 817
2.1	4 821	4 826	4 830	4 834	4 838	4 842	4 846	4 850	4 854	4 857
2.2	4 861	4 865	4 868	4 871	4 875	4 878	4 881	4 884	4 887	4 890
2.3	4 893	4 896	4 898	4 901	4 904	4 906	4 909	4 911	4 913	4 916
2.4	4 918	4 920	4 922	4 925	4 927	4 929	4 931	4 932	4 934	4 936
2.5	4 938	4 940	4 941	4 943	4 945	5 946	4 948	4 949	4 951	4 952
2.6	4 953	4 955	4 956	4 957	4 959	4 960	4 961	4 962	4 963	4 964
2.7	4 965	4 966	4 967	4 968	4 969	4 970	4 971	4 972	4 973	4 974
2.8	4 974	4 975	4 976	4 977	4 977	4 978	4 979	4 980	4 980	4 981
2.9	4 981	4 982	4 983	4 984	4 984	4 984	4 985	4 985	4 986	4 986
3.0	4 986.5	4 987	4 987	4 988	4 988	4 988	4 989	4 989	4 989	4 990
3.1	4 990.0	4 991	4 991	4 991	4 992	4 992	4 992	4 992	4 993	4 993
3.2	4 993.129									
3.3	4 995.166									
3.4	4 996.631									
3.5	4 997.674									
3.6	4 998.409									
3.7	4 998.922									
3.8	4 999.277									
3.9	4 999.519									
4.0	4 999.683									
4.5	4 999.966									
5.0	4 999.997 133									

再版后记

由于这本书列入了国家规划教材，自己承诺再作一次修改，只好用一段时间来再看看已经印刷多次的书。原来的设想是给研究生、博士生作为参考教材的，现在看来在本科生中也有很大需求。其实，这本书只介绍了传播学研究的基本方面，对于本科同学也是很合适的。

我自己从80年代中后期开始对传播学研究方法有点兴趣，也作了几个研究，但总体讲未能深入下去。这几年国内传播学的研究已有相当的深入，研究方法颇受重视，这方面书也有几本。但如何提供一本适合中国在校学生使用的教科书还有讨论的空间。

我目前的想法是，明后年再用些精力修改此书，附送一片SPSS使用方法的光盘。希望大家能用得上！

作者2008年7月于上海大学

选用本书作为教材的教师可获赠助教光盘，可致电021-65105932，或发电子邮件：journalism@fudanpress.com

图书在版编目(CIP)数据

传播学研究理论与方法/戴元光著.—2版.—上海：复旦大学出版社,2008.8(2023.7重印)
(复旦博学·新闻与传播学系列教材)
ISBN 978-7-309-06211-3

Ⅰ.传… Ⅱ.戴… Ⅲ.传播学-高等学校-教材 Ⅳ.G206

中国版本图书馆 CIP 数据核字(2008)第 114458 号

传播学研究理论与方法(第二版)
戴元光 著
责任编辑/章永宏

复旦大学出版社有限公司出版发行
上海市国权路 579 号 邮编：200433
网址：fupnet@fudanpress.com http://www.fudanpress.com
门市零售：86-21-65102580 团体订购：86-21-65104505
出版部电话：86-21-65642845
盐城市大丰区科星印刷有限责任公司

开本 787×960 1/16 印张 22.25 字数 352 千
2023 年 7 月第 2 版第 11 次印刷
印数 19 001—20 600

ISBN 978-7-309-06211-3/G·776
定价：40.00 元

如有印装质量问题,请向复旦大学出版社有限公司出版部调换。
版权所有　侵权必究